Winfried Schulze
Die Verdrängung

Schriftenreihe
der Vierteljahrshefte
für Zeitgeschichte

—

Im Auftrag des
Instituts für Zeitgeschichte München–Berlin
herausgegeben von
Jörn Leonhard, Stefanie Middendorf,
Margit Szöllösi-Janze und Andreas Wirsching

Redaktion:
Johannes Hürter und Thomas Raithel

Band 127

Winfried Schulze

Die Verdrängung

Der Weg des Juristen Helmut Schneider
von Auschwitz nach Goslar

ISBN 978-3-11-108539-5
e-ISBN (PDF) 978-3-11-108578-4
e-ISBN (EPUB) 978-3-11-108616-3
ISSN 0506-9408

Library of Congress Control Number: 2023940026

Bibliografische Information der Deutschen Nationalbibliothek
Die Deutsche Nationalbibliothek verzeichnet diese Publikation in der Deutschen Nationalbibliografie; detaillierte bibliografische Daten sind im Internet über http://dnb.dnb.de abrufbar.

© 2023 Walter de Gruyter GmbH, Berlin/Boston
Titelbilder: Die Buna-Werke bei Monowitz, 1945, Foto: © bpk, Bild-Nr. 30023315; Plakat für die „Chantiers de la jeunesse française", Foto: Par Leroypy — Travail personnel, CC BY-SA 3.0, https://commons.wikimedia.org/w/index.php?curid=26694296; Empfang im Rathaus während des ersten CDU-Parteitags in Goslar, 20.–22.10.1950 (Helmut Schneider links hinter Adenauer), Foto: Goslarsche Zeitung
Satz: bsix information exchange GmbH, Braunschweig
Druck und Bindung: CPI books GmbH, Leck

www.degruyter.com

*Für Christiane und Wolfgang Grillo (†)
in alter Freundschaft*

Inhalt

1 Einleitung —— 1

2 „Wenn ich fassungslos Hitler habe reden hören"
Jugend und Jurastudium —— 7

3 Erste Berufsjahre in Distanz zum Nationalsozialismus —— 14

4 „Die ganze Schinderei des Häftlingseinsatzes"
Nachdenklichkeit und Zweifel eines funktionierenden Juristen —— 19

5 „Tout ce centralise sur un seul Allemand, SCHNEIDER"
Verhältnis zu den französischen Zwangsarbeitern —— 42

6 Von Auschwitz nach Goslar —— 69

7 „Nichts Illegales oder Strafbares gesehen"
Zeugenaussage im IG-Farben-Prozess 1947/48 —— 78

8 „Nur Statist meines eigenen Schicksalsfilms"
Erneute Entnazifizierung und Strafprozess —— 92

9 „En souvenir des nos heures d'angoisse"
Kontakte zu den französischen Freunden —— 105

10 „Harte Arbeit und herausragende Initiative"
Tätigkeit als Oberstadtdirektor in Goslar bis 1968 —— 112

11 „Erinnerndes Überlegen"
Wie verarbeitet man die Erfahrung von Auschwitz? —— 119

12 Eine Bilanz? —— 137

Dank —— 142

Abbildungen —— 144

Abkürzungen —— 144

Quellen und Literatur —— 146

Personenregister —— 153

1 Einleitung

„Die in Auschwitz geboren wurden", so lautet eine Kapitelüberschrift in der klassischen Dokumentation über „Menschen in Auschwitz", die Hermann Langbein, selbst überlebender KZ-Häftling in Auschwitz, 1972 zusammengestellt hat. Das klingt zunächst hoffnungsvoll, aber dann folgt ein erschütternder Bericht darüber, wie im KZ Auschwitz mit den dort geborenen Kindern umgegangen wurde; sie wurden getötet, nicht immer direkt, aber kaum eines der Kinder überlebte. Den meisten wurde noch eine Häftlingsnummer auf den Oberschenkel tätowiert, damit konnte dann ihr Tod im Standesamt des Lagers korrekt dokumentiert werden.[1]

Aber in diesem Standesamt, denn das Lagerstandesamt Kasernenstraße gehörte bis Januar 1943 zum Standesamt I Auschwitz, wurden auch Kinder registriert, die die Chance hatten zu überleben. Um den Fall eines solchen Kindes soll es hier gehen, wenn im Folgenden versucht wird, die Lebensgeschichte des Vaters dieses Kindes zu beschreiben. Warum ich das tue, will ich kurz erklären.

Nicht immer merkt man auf, wenn man den Geburtsort eines Menschen erfährt. Wenn man aber von einer gleichaltrigen Freundin erfährt, dass sie im April 1942 in Auschwitz geboren wurde, dann ist man – zumal als Historiker – unwillkürlich alarmiert und direkt interessiert, man will Näheres wissen. Viele werden diesen Geburtsort gar als Belastung empfinden, wollen ihn verschweigen oder verdrängen. Auschwitz gilt heute als Ort der Hölle, er ist zum Symbol der Vernichtung von Millionen jüdischer Menschen aus ganz Europa geworden, der Tag der Befreiung des Lagers durch sowjetische Truppen am 27. Januar 1945 ist zum weltweit anerkannten Gedenktag des Holocaust geworden.[2] Sofort drängt sich die Frage auf: Wie konnte es geschehen, dass dieses Kind in Auschwitz geboren wurde und dort bis zum Anfang des Jahres 1945 behütet aufwuchs, wo zur gleichen Zeit Hunderttausende Menschen ermordet wurden?

Ja, man konnte in Auschwitz mit der guten Aussicht auf ein weiteres Leben geboren werden, wenn man einen Vater hatte, der in Auschwitz-Monowitz eine verantwortliche Position für die IG Farben (Interessen-Gemeinschaft Farbenindustrie AG) bekleidete, die seit Frühjahr 1941 in Monowitz – in unmittelbarer Nachbarschaft zum Stammlager Auschwitz und zum späteren Vernichtungslager Birkenau – ein großes Chemiewerk zur Treibstoff- und Kunststoffproduktion aufbaute.

Das Leben dieses Mannes mit Namen Helmut Schneider, der nach der Rückkehr aus Auschwitz 1945 schnell sein bürgerliches Leben als Jurist wieder aufnahm und in der Kommunalverwaltung der Stadt Goslar bis an die Spitze aufstieg, hat mich sofort

---

[1] Hermann Langbein, Menschen in Auschwitz, Wien 1972, S. 268 ff. – Zu den Morden an und den begrenzten Überlebenschancen von Kindern vgl. den genaueren Bericht bei Helena Kubica, Pregnant Women and Children born in Auschwitz, Oświęcim Auschwitz-Birkenau State Museum 2010, S. 7–13.
[2] Vgl. dazu Jan Eckel/Claudia Moisel (Hrsg.), Universalisierung des Holocaust. Erinnerungskultur und Geschichtspolitik in internationaler Perspektive, Göttingen 2009, Einleitung S. 9–25.

interessiert. Sein scheinbar normales Leben über die deutschen Systemwechsel hinweg zu verfolgen, schien mir nicht nur aus der persönlichen Interessenlage her der näheren Analyse wert, sondern auch als Fallstudie über einen deutschen Juristen im 20. Jahrhundert, der in eine moralische Zwangslage geraten war.

Bemerkenswert erscheint die Biografie auch deshalb, weil er in seiner Zeit in Monowitz als Mitorganisator des Systems der Zwangsarbeit von KZ-Häftlingen daneben aber auch zum Beschützer einer großen Gruppe französischer Arbeiter wurde, die u. a. als Angehörige der von der Vichy-Regierung organisierten „chantiers de la jeunesse française" („Werkstätten der französischen Jugend") nach Auschwitz geraten waren, de facto als Zwangsarbeiter, auch wenn die Vichy-Regierung dem Einsatz zugestimmt hatte. Durch die Verbindungen des Anführers des französischen Lagers mit der französischen Résistance geriet er auch selbst in die Nähe der Widerstandsbewegung. So erwies sich Assessor Helmut Schneider schon auf den ersten Blick als eine komplexe, nicht leicht einzuordnende Persönlichkeit, die näher zu untersuchen mich sofort reizte. Dieser Eindruck verstärkte sich noch nach dem ersten Blick in seine Aussagen im Nürnberger IG-Farben-Prozess, die Entnazifizierungs- und Strafprozessakten, seine erhaltenen Tagebücher und Briefe und schließlich bei der Lektüre seiner politisch-philosophischen Traktate, die er zwischen 1946 und 1965 verfasste.

Die Quellenlage für eine genauere Untersuchung ist zumindest ausreichend, was die groben Daten seines Lebens angeht, auch wenn nicht alle biografischen Details ermittelt werden konnten: Die Abfolge der beruflichen Tätigkeiten, seine Position in der IG Auschwitz, seine und seiner Kollegen Aussagen im IG-Farben-Prozess in Nürnberg, seine langwierige Entnazifizierung mit einem abschließenden Strafprozess in Braunschweig und seine Tätigkeit als leitender Kommunalbeamter in Goslar, all dies ist relativ gut dokumentiert.[3] Ebenso sind die Kontakte zu den französischen Arbeitern in Monowitz und seine lebenslange Freundschaft mit ihnen quellenmäßig gut zu erschließen. Neben den Standardquellenbeständen für die Themen wie IG Auschwitz, Nürnberger Prozess, Entnazifizierung konnte ich auch auf einen Teilnachlass im Besitz der jüngeren Tochter Schneiders und auf familiäre Erinnerungen seiner beiden Töchter zurückgreifen.

Die Quellenlage ist sehr viel weniger befriedigend, oder besser gesagt, weniger aussagekräftig, wenn man danach fragt, wie er mit der Erfahrung von Auschwitz umgegangen ist, ob und wie er seine eigene Rolle als mitwirkender Teil der systematischen „Vernichtung durch Arbeit" reflektiert hat. Sein umfangreicher, scheinbar autobiografischer Text, dessen Titel „Traumatinische Irrfahrt. Dokumentation einer Lage"

---

[3] Die Entnazifizierungsakten lagern im Niedersächsischen Landesarchiv Wolfenbüttel (NLA), die Personalakte (PA) im Stadtarchiv Goslar, Unterlagen zu dem Prozess in beiden Beständen. Im Rahmen dieser Studie war es nicht möglich, das gesamte, in unterschiedlichen Archiven lagernde Material zum Auschwitz-Komplex und zum Nürnberger Prozess durchzusehen. Die notwendige Auswahl ergab sich durch das unmittelbare Interesse an den Funktionen Helmut Schneiders und des für ihn wichtigen Personenkreises.

mehr verspricht, als er bei näherer Untersuchung halten kann,[4] erweist sich letztlich als wenig ergiebig für diese drängende Frage. Seine erhaltenen, leider nur fragmentarischen Tagebuchaufzeichnungen für die Jahre 1947/48, 1956/57 und 1966/67 und seine relativ vielen zeitdiagnostisch-philosophischen Texte, die er zwischen 1946 und dem frühen Ende seines Lebens im Jahr 1968 zum Teil unter dem Pseudonym Georges Jacques Déplaisant verfasste, gewähren immer wieder für seine Person interessante, aber doch nur bruchstückhafte und keine wirklich tieferreichenden Einblicke in sein persönliches Denken über seine Zeit in Auschwitz. Ebenso bieten seine noch erhaltenen Briefe nur wenige Ansätze für kritische Reflexionen seiner Person und seiner Rolle im System der IG Auschwitz. Der einzige erhaltene Briefordner aus den Jahren 1949/50 befasst sich fast ausschließlich mit der strategischen Vorbereitung auf seinen Strafprozess im Dezember 1949 und dessen Ausgang.

Schneider schreibt bemerkenswert viel über Politik, Gesellschaft und Geschichte, umgibt sich mit intellektuell anregenden Zeitgenossen, wird zum Freund Ernst Jüngers, aber seine eigene Rolle im historischen Prozess wird nicht zum Gegenstand der Reflexion, er verweigert sich dieser Selbstprüfung bis zum Schluss. So bleibt nur der schwierige Weg, seine Tätigkeit, so gut es geht, genauestens zu rekonstruieren, seine wenigen persönlichen Aussagen sorgfältig zu interpretieren, Widersprüchliches herauszuarbeiten und in den jeweiligen Zeitkontext einzuordnen. Vielleicht hilft dieser Weg, um das Leben dieses Menschen zu verstehen. Als Historiker habe ich mich in früheren Arbeiten immer wieder mit den Aussagen von Menschen des 16. Jahrhunderts über sich selbst beschäftigt, mit Zeugenverhören, Bekenntnissen und Geständnissen, also den Quellen, die wir gemeinhin „Ego-Dokumente" nennen.[5] Insofern war die Beschäftigung mit dem zeitgeschichtlichem Material seiner vielen Aussagen vor Gerichten eine willkommene Erweiterung meiner methodischen Erfahrungen. Die Rekonstruktion eines so vielfältigen, ja auch widersprüchlichen Lebens in historisch brisanten Phasen birgt immer die Gefahr der Fehldeutung, ja der Verzerrung, denn die Quellen sind nicht immer von der Eindeutigkeit, die der Historiker sich wünschen würde. Insofern unterliegt auch dieser Versuch der Rekonstruktion eines Lebens – trotz aller methodischen Sorgfalt – der Gefahr des Irrtums.

Für die historischen Rahmenbedingungen des KZ Auschwitz, den Bau der großen Chemiefabrik in Monowitz, die Geschichte des Nürnberger Prozesses gegen die IG Farben und die Politik der Entnazifizierung konnte ich auf die Ergebnisse der intensiven deutschen und internationalen Forschung der letzten Jahrzehnte zurückgreifen, die inzwischen einen hohen Grad an Spezialisierung erreicht hat.[6] Schneiders eigene Entna-

---

[4] Ohne Verfasser [Helmut Schneider]: Traumatinische Irrfahrt. Dokumentation einer Lage, Goslar (Barbara Schneider Verlag) 1960, 444 S. Vgl. dazu auch Kap. 11 im vorliegenden Band.
[5] Exemplarisch sei genannt Winfried Schulze, Ego-Dokumente. Annäherung an den Menschen in der Geschichte, Berlin 1996.
[6] Ich verweise hier für den Bereich der KZ-Forschung etwa auf den Beitrag von Karin Orth, Die Historiographie der Konzentrationslager und die neuere KZ-Forschung, in: Archiv für Sozialgeschichte 47

zifizierungsakten sind im Niedersächsischen Landesarchiv Wolfenbüttel erhalten, seine Personalakte im Stadtarchiv Goslar, biografische Einzelfragen konnten in Stadt- und Universitätsarchiven geklärt werden. Auch die Geschichte der französischen Zwangsarbeiter, die im Leben Schneiders seit der gemeinsamen Zeit in Auschwitz eine große Rolle spielten, ist inzwischen gut erforscht. Demgegenüber ist der biografische Hintergrund Schneiders in der französischen Forschung ganz vernachlässigt worden, der immer wieder zitierte „anti-nazi assesseur Schneider" blieb dort bislang eine Chiffre ohne inhaltliche Füllung.[7]

Ich habe mich allerdings bemüht, diese jeweils sehr breiten Forschungsstränge nur insoweit heranzuziehen, als sie für die Einordnung der Person Schneiders und seiner Tätigkeiten in die Lebensbedingungen seiner Zeit unverzichtbar waren. Insofern wird diese biografische Arbeit vielleicht nur begrenzte Ergebnisse für die großen Forschungsfragen des deutschen 20. Jahrhunderts bieten können. Aber da die Erforschung des Nationalsozialismus und seiner Nachgeschichte inzwischen eine Reihe beeindruckender Beispiele für lebensgeschichtliche und kollektivbiografische Studien kennt, mag diese Perspektive auch hilfreich sein, wie sie zuletzt Mary Fulbrook für ihre Biografie eines nationalsozialistischen Landrats in der direkten Nachbarschaft von Auschwitz gewählt hat.[8] Gerade über tiefe historische Brüche hinweg kann die genaue Untersuchung einer einzelnen Person in ihren Lebenszusammenhängen eine wichtige Verständnishilfe sein, sie liefert eine willkommene „Konkretisierung von komplexen historischen Phänomenen und Prozessen". Michael Wildt hat zuletzt seine Darstellung der deutschen Geschichte im 20. Jahrhundert an individuellen Tagebucheintragungen orientiert und damit den Versuch unternommen, „das Zerklüftete, das Zerborstene in den Blick zu nehmen".[9] Schließlich gilt auch für diesen Versuch das Diktum des großen französischen Historikers Marc Bloch, der den Historiker mit einem „Menschenfresser" verglich: „Wo er menschliches Fleisch wittert, weiß er seine Beute nicht weit."[10]

Im Zentrum soll das Leben eines Juristen in der Mitte des „deutschen Jahrhunderts" stehen, der trotz seiner kritischen Distanz zum Nationalsozialismus in das industrielle Umfeld des KZ Auschwitz geriet, sich dort arrangierte und funktionierte,

---

(2007), S. 579–598 oder auf Martin Cüppers/Jürgen Matthäus/Andrej Angrick, Vom Einzelfall zum Gesamtbild. Klaus-Michael Mallmann und die Holocaust-Forschung, in: dies. (Hrsg.), Naziverbrechen. Täter, Taten, Bewältigungsversuche, Darmstadt 2013, S. 7–17.

7 Dazu plane ich einen eigenen Beitrag in der Zeitschrift Francia des Deutschen Historischen Instituts (DHI) Paris.

8 Exemplarisch sei verwiesen auf die methodischen Erörterungen bei Ulrich Herbert, Best. Biographische Studien über Radikalismus, Weltanschauung und Vernunft 1903–1989, Bonn 1996, S. 15 ff. und Cornelia Rauh/Hartmut Berghoff, Fritz K. Ein deutsches Leben im 20. Jahrhundert, München 2000 sowie Mary Fulbrook, Eine kleine Stadt bei Auschwitz. Gewöhnliche Nazis und der Holocaust, Essen 2015. Generell zum biografischen Ansatz in der neueren NS-Forschung vgl. den Literaturbericht von Johannes Koll, Biographik und NS-Forschung, in: Neue Politische Literatur 57 (2012), S. 67–127, hier S. 69 (für das folgende Zitat).

9 Michael Wildt, Das zerborstene Zeitalter. Deutsche Geschichte 1918 bis 1945, München 2022, S. 15.

10 Marc Bloch, Apologie der Geschichte oder Der Beruf des Historikers, München 1985, S. 25.

aber zugleich darum bemüht war, sich eine Art „moralisches Ausgleichskonto" anzulegen. Ich hoffe, dass die Analyse dieses Lebens aus der Einzelperspektive vielleicht neue Einblicke in den am meisten belasteten Teil unserer Geschichte bieten kann. Auch gut 80 Jahre nach Schneiders Arbeitsbeginn in Monowitz scheint mir dies eine sinnvolle und immer noch notwendige Aufgabe zu sein.

In der deutschen historischen Forschung ist Helmut Schneider bislang nur von dem niedersächsischen Regionalhistoriker Peter Schyga wahrgenommen worden, der u. a. zur Zeitgeschichte der Stadt Goslar gearbeitet hat. In einem Vortragsmanuskript von 2014 ordnete er die Goslarer Karriere Schneiders von 1945 bis 1968 in die breite Tendenz des gemeinsam gewollten Verschweigens der NS-Vergangenheit in der Stadt Goslar ein. Niemand habe genauer nach seiner Tätigkeit in Auschwitz gefragt, seinen Aufstieg zum Chef der Stadtverwaltung sah er als Produkt von Kameraderie, politischen Zweckzüberlegungen und antikommunistischer Grundhaltung an. Schyga lässt keinen Zweifel daran, dass hier politische und juristische Fehler gemacht worden seien, die von Schneiders Freispruch vor Gericht im Dezember 1949 und dem definitiven Abschluss seines Entnazifizierungsverfahrens 1951 nur zugedeckt wurden.[11] Diesen Text hat Schyga gekürzt und mit leichten Veränderungen auch als eigenes Kapitel in seine 2017 erschienene Geschichte der Stadt Goslar von 1945 bis 1953 übernommen.[12]

Auch wenn Schyga einige Kritikpunkte richtig bewertet, lässt sich nur feststellen, dass er nicht den ganzen Helmut Schneider wahrgenommen hat, weder den in Auschwitz noch den in Goslar oder gar in seinen Beziehungen zu Frankreich. Er geht weder auf seine schon in frühen Jahren erwiesene dezidiert kritische Haltung zu Hitler und zum Nationalsozialismus noch auf seine ganze Tätigkeit in Auschwitz-Monowitz ein. Schyga übersieht vor allem, dass Schneider in der französischen Zeitgeschichtsforschung schon früh als bedeutsame Persönlichkeit herausgestellt wurde, die in Auschwitz französischen Zwangsarbeitern vielfach half und sie unter großen persönlichen Gefahren beim Marsch nach Westen begleitete. Auch die daraus entstandene lebenslange Freundschaft mit den jungen Franzosen ist gerade von neueren französischen Forschungen betont worden, wo der „anti-nazi assesseur Schneider" – wenn auch, wie erwähnt, ebenso eindimensional – inzwischen seinen festen Platz gefunden hat. Die von Schneider und seinem französischen Freund aus Auschwitz-Zeiten André Laxague gemeinsam entwickelte Städtepartnerschaft zwischen Arcachon und Goslar findet

---

[11] Der Vortragstext ist abrufbar unter: https://docs.google.com/file/d/0B98B44DkmoviUER3UmZqSlV-tejdiY3NPenBIWi1iU1B5SmpN/view?resourcekey=0-wadYegsJaiP3QEtR82V3hw (12.4.2023).
[12] Peter Schyga, Goslar 1945–1953. Hoffnung, Realitäten, Beharrung, Bielefeld 2017, S. 280–287. Allein auf der Grundlage dieses Vortrags hat Helmut Kramer (Schreibtischtäter und ihre vergessenen Opfer. Biographien aus der NS-Zeit und die Probleme institutionalisierter Gedenkkultur, Dähre 2022, S. 23–26) eine kurze Skizze zu Schneider geschrieben, die voller unrichtiger Behauptungen steckt und dem aufklärerischen Anliegen des Autors eklatant widerspricht. Kramer ist ein entfernter Verwandter Schneiders (seine Frau Barbara ist seine Cousine) und war in den 1950er und 60er Jahren ein geschätzter Gast im Hause Schneider, der sich in dieser Zeit nie mit der Vergangenheit Schneiders auseinandergesetzt hat.

ebenfalls keine Berücksichtigung. Die beinahe ironisch klingende Schlussbemerkung im Vortragsmanuskript, dass 1978 in Goslar eine Straße nach Helmut Schneider benannt wurde, muss man als verfehlte späte Belobigung eines vermeintlichen Auschwitz-Täters und nicht als Ehrung des Mannes verstehen, der die Städtepartnerschaft begründete.

Es geht in meinem Versuch über Helmut Schneider nicht darum, einige Fehler und Unvollständigkeiten der Darstellung Schygas zu korrigieren. Auch soll nicht Frankreich gegen Auschwitz aufgewogen werden. Aber ich glaube, dass der Lebensweg Schneiders, differenziert betrachtet, ein Beispiel für ein individuelles moralisches Dilemma und für die komplexen deutschen Lebenswege im 20. Jahrhundert sein kann. Die Frage nach seinen Handlungsmöglichkeiten und -grenzen soll dabei ebenso im Vordergrund stehen wie sein späterer Umgang mit seinen Erfahrungen in Auschwitz.

2 „Wenn ich fassungslos Hitler habe reden hören"
Jugend und Jurastudium

Nichts deutet in der Kindheit und Jugend Helmut Schneiders darauf hin, dass ihn sein Lebensweg einmal in die Nähe eines Vernichtungslagers im Osten Europas führen würde. Am 9. Mai 1910 wird er mit dem Vornamen Hermann Helmut in eine durchaus gut situierte bürgerliche Familie hineingeboren. Sein Geburtsort ist zwar Schkeuditz bei Leipzig,[1] aber seine gesamte Schulzeit verbringt das einzige Kind seiner Eltern in der Wohnung der Familie am Magdeburgertor 5 in der alten Universitätsstadt Helmstedt, wo er Volksschule und humanistisches Gymnasium absolviert. Sein Vater ist seit 1911 als Prokurist in der Helmstedter Margarinefabrik G.m.b.H. angestellt, einem erst in diesem Jahr gegründeten Zweigunternehmen der zunächst in Leipzig-Schkeuditz angesiedelten Firma Richard Held, was auch den Geburtsort Schkeuditz erklären mag, wo der Vater zuvor gearbeitet hatte.[2] Erst 1911, nach der Gründung des Zweigwerks in Helmstedt, zieht die Familie in diese Stadt.[3]

Schneiders Vater hat keinen akademischen Hintergrund, offensichtlich ist er aber ein wirtschaftlich gut gestellter Mann. Aus dieser Zeit ist nur wenig bekannt. Der Junge wird 1926 evangelisch konfirmiert, doch fällt auf, dass er als Abiturient mit seiner Mutter, mit der er sich gut versteht, eine Reise nach Paris und Giverny zu Claude Monets Garten unternimmt und dabei offenbar in ihm ein tieferes Interesse an der Sprache und Kultur dieses Landes geweckt wird, das ihn sein Leben lang begleitet. Eine Postkarte an einen Schulfreund spricht zwar von dem Lärm und der Unruhe der Stadt Paris, aber offenbar entstanden hier bleibende Eindrücke, die für ihn im späteren Verlauf seines Lebens wichtig werden sollten. Die Sprache wird ihm so vertraut, dass er nach Beginn des Zweiten Weltkriegs vom April bis Oktober 1940 kurze Zeit in einer Dienststelle des Oberkommandos der Wehrmacht arbeitet, wo es um die Zensur von Briefen französischer Kriegsgefangener geht. Auch beruflich wird er seine Sprachkenntnisse später noch nutzen können. Bedenkt man die in der deutschen Jugend der Nachkriegszeit vorherrschende Feindschaft gegen Frankreich, dann lässt sich bei dem jungen Helmut Schneider in seiner Frankophilie eine erste, nicht unwichtige Abweichung von der Haltung sehr vieler seiner Altersgenossen ausmachen.

Doch zunächst beginnt er nach dem Abitur offenbar ohne alle Geldsorgen sein über mehrere Studienorte führendes Jurastudium in Kiel (Sommersemester 1929), setzt es dann in München (Wintersemester 1929 – Sommersemester 1930) und Berlin (Wintersemester 1930), schließlich im nahe gelegenen Göttingen fort. Er gehört damit zur nach 1919 stark anwachsenden Zahl von Jurastudenten, die sich nach dem Abschluss

---

[1] Nach dem Auszug aus dem Standesamt der Stadt Schkeuditz.
[2] Vgl. auch Klaus Henseler, Werbung für die Margarine, Cuxhaven 2019, S. 141. Laut Reichsanzeiger erlosch die Prokura für seinen Vater 1933, Gründe dafür sind nicht bekannt.
[3] Freundliche Auskunft des Stadtarchivs Helmstedt. Zur Margarinefabrik vgl. Hans-Erhard Müller, Helmstedt – die Geschichte einer deutschen Stadt, Helmstedt 1998, S. 696 f.

des Studiums vor Probleme gestellt sahen, weil ihnen viel zu wenig mögliche Arbeitsplätze zur Verfügung standen. Die beiden letzten Semester lässt er sich für die Examensvorbereitung beurlauben, im Oktober 1933 besteht er vor dem Oberlandesgericht Celle das Erste Juristische Staatsexamen mit der Note „ausreichend", kurz darauf beginnt er sein Referendariat am Amtsgericht Hötensleben und bei der Staatsanwaltschaft am Landgericht Braunschweig, um sich auf das Zweite Staatsexamen vorzubereiten. Auch dies gelingt vor dem Reichsjustizprüfungsamt Zweigstelle Dresden, er schließt es am 27. April 1938 mit derselben Note ab.

Über den Verlauf des Studiums, thematische Schwerpunkte oder Interessen über das Fach hinaus ist leider wenig Genaues bekannt. In einem späteren Lebenslauf ist zu lesen, dass er sich früh auf Fragen des Sozial-, Arbeits-, Handels- und Wirtschaftsrechts spezialisierte und an finanzwissenschaftlichen Fragen interessiert war. Nur von seinem Studium in Göttingen lassen sich die belegten Vorlesungen und Seminare nachvollziehen, allein die Kurse bei dem Rechtshistoriker Wolfgang Kunkel (Bürgerliches Recht) und dem Öffentlichrechtler und späteren Richter am Bundesverfassungsgericht Gerhard Leibholz (Öffentliches Recht) fallen heute noch auf.[4] Aber – wir werden es noch sehen – er ist politisch hochinteressiert, besucht Versammlungen von Parteien und verfügt über ein klares und scharfes Urteil, das er keinesfalls verbirgt.

Abb. 1: Helmut Schneider als Student in Göttingen 1932

Über seine sozialen Kontakte als Student ist kaum etwas bekannt. Wir wissen lediglich von seinem ihm auch in politischen Ansichten eng verbundenen Studienfreund Werner Brauns, der nach der Rückkehr aus sowjetischer Kriegsgefangenschaft 1948 ebenfalls nach Goslar kam und dort Geschäftsführer bei der „Goslarschen Zeitung" wurde.[5] Allerdings gibt es einen plausiblen Beleg dafür, dass Schneider schon während des Stu-

---

[4] Universitätsarchiv Göttingen, Matr. 82 (Karteikarte), Belegschein Z104584 und Abgangszeugnis 1933/1271.
[5] Freundliche Auskunft von Herrn Gerd Krause (Goslar), dem Enkel von Dr. Karl Krause. Über Brauns Tätigkeit als Geschäftsführer der „Goslarschen Zeitung" (GZ) ab 1947 unterrichtet sein handschriftli-

diums in München mit der Person Hitlers in Berührung kommt und dabei das Fundament seiner kritischen Haltung zum Nationalsozialismus gelegt wird. Beim Betrachten von Bildern aus der NS-Zeit während einer Einladung bei der befreundeten Goslarer Familie Martos im Oktober 1947 ergibt sich die folgende Szene, die er im Tagebuch beschreibt:

> „Dort Bilder aus Zeit des Dritten Reiches gesehen: Adolf, Röhm usw. Es wird dem heute solche Dokumente der deutschen Schande Betrachtenden noch viel klarer als in jener Zeit dem Kritischen, welchen Scharlatanen und Minderwertigen dieses unglückliche Volk ins Garn gegangen ist. Aber wie entsetzlich teuer ist heute der Preis.
> Martos wird eine Zeichnung des 16jährigen Adolf photographieren: ein Bild eines – vielleicht epileptischen – jedenfalls bläßlich-kranken Schwächlings mit dem Auge eines Fanatikers, eines Monomanen. Hinterher läßt sich das gut sagen? Nein! Ich habe so bereits als junger Student 1930 in München geurteilt, wenn ich fassungslos Hitler im Löwenbräu- oder Bürgerbräu-Keller habe reden hören, ohne die faszinierte Zuhörerschaft begreifen zu können."[6]

Damit zeichnete sich ab, dass der junge Jurist wie sein Studienfreund Werner Brauns im heraufziehenden „Dritten Reich" in schwierige Situationen kommen würde. Für ihn sollte es darauf ankommen, die komplizierte Balance zwischen dem notwendigen beruflichen Engagement und seiner Distanz zur NSDAP zu halten. Vor diesem Hintergrund wird sein späterer beruflicher Weg zur IG Farben verständlicher, weil dieser mächtige Großkonzern ihm neben neuen Karrieremöglichkeiten und dem Schutz vor dem Fronteinsatz als Soldat auch einen politischen Schutzraum bot, der ihm die Zumutungen der Partei ersparen konnte.

Noch während des Referendariats heiratet er im September 1936 Barbara Pfister, die ältere Tochter des pensionierten Direktors der Braunschweigischen Kohlen-Bergwerke Dr. Ing. e. h. Fritz Pfister und seiner Frau Elisabeth. Er war der zwei Jahre jüngeren, in Helmstedt geborenen Kommilitonin schon während der gemeinsamen Schulzeit nähergekommen. Als sie ihr Abitur in dem Internat Stift Keppel im Siegerland abschließen musste, hatte der findige junge Verehrer während dieser Zeit der Trennung den Briefkontakt mit ihr gehalten, indem er die Briefkontrolle des Instituts durch fliederfarbenes Briefpapier und das Pseudonym Euryanthe von Weber überwand.[7] So gelingt es ihm, mit seiner Freundin in engerem Kontakt zu bleiben.

---

ches Ms. GZ – Res gestae im Archiv der GZ, das mir Philipp Krause dankenswerterweise zur Verfügung stellte.
6 Nachlass (NL) Helmut Schneider, Tagebuch 1947, Eintrag vom 9.10.1947. Der Abgleich mit den dokumentierten Hitler-Reden in dieser Zeit weist eine Rede im Hofbräuhaus und zwei Reden im Bürgerbräukeller aus, die für diese Beobachtung in Frage kommen. Vgl. Christian Hartmann (Hrsg.), Hitler. Reden, Schriften, Anordnungen, Bde. III, 2 und 3 (Zwischen den Reichstagswahlen Juli 1928 – September 1930), München 1995.
7 Er verband hier den Namen einer Oper („Euryanthe") mit dem Nachnamen ihres Komponisten Carl Maria von Weber.

Ihre Eltern sind jedoch mit der sich anbahnenden Verbindung ihrer Tochter mit einem jungen Mann aus einem nichtakademischen Elternhaus nicht einverstanden und zwingen sie deshalb, ihr Studium der Romanistik und Geografie in Göttingen abzubrechen. Ihre längere erzwungene Abwesenheit auf einem weit entfernten pommerschen Landgut mit Hauswirtschaftsausbildung kann die jungen Leute aber nicht auseinanderbringen, sie beweisen Standhaftigkeit dem konservativen Elternhaus gegenüber. Sie ziehen zunächst noch unverheiratet zusammen und setzen schließlich ihre Hochzeit durch, um eine dauerhaft glückliche Ehe zu beginnen. Noch lange bis nach Kriegsende spricht Schneider seinen Schwiegervater mit dem formellen Sie an.

Man kann in diesen Jahren des Studiums und des Referendariats seine Distanz zum Nationalsozialismus feststellen, ohne genau definieren zu können, welche Punkte des Programms der Nazis er dezidiert ablehnte und welchen er möglicherweise zustimmte. Seine ablehnende Grundhaltung ist gewiss eine Besonderheit in dieser Hochzeit der nationalen Bewegung, die viele gleichaltrige Kommilitonen anzog, die dann bald die Führungselite des Nationalsozialismus bilden sollten.[8] Er war gewiss kein typischer Vertreter der sogenannten Kriegsjugendgeneration, die das fehlende Fronterlebnis durch Radikalität, Härte, kalte Sachlichkeit und Durchsetzungswillen zu ersetzen suchte.[9] Er gehörte – das verdient festgehalten zu werden – eben nicht zu dem „offenbar nicht kleinen Teil der jungen deutschen Intelligenz in den 30er und 40er Jahren", der bereit war, die nationalsozialistische Unterdrückungs- und Vernichtungspolitik mitzutragen (Ulrich Herbert). Er neigte nicht zu „völkischem Radikalismus", er war kein Mitglied der „Generation des Unbedingten", er wollte einen anderen Weg gehen.[10] Er gehörte auch keiner studentischen Verbindung an, durchaus ungewöhnlich in diesen Jahren.[11] Es gibt auch keine Hinweise auf antisemitische Ressentiments Schneiders.

Ansonsten sehen wir einen jungen Mann aus gutem Hause, der den Weg in ein traditionelles Studienfach findet, der die damals üblichen – vom Vater finanzierten – Wechsel der Studienorte vollzieht und sich so auf seine Karriere als Jurist in der Wirtschaft vorbereitet, der aber zugleich nicht bereit ist, bürgerliche Moralkonventionen um jeden Preis anzuerkennen. Eine Karriere im Staatsdienst scheint er nicht erwogen zu haben, man kann vermuten, dass er zum einen dem Bewerberstau und zum anderen den dort noch stärkeren politischen Zwängen entgehen wollte. Auch seine wirtschafts- und sozialpolitischen Interessen sprachen gegen eine Karriere im Staatsdienst. Die Vermutung ist auch deshalb naheliegend, weil sein Studienfreund Werner Brauns die gleiche Entscheidung traf und zunächst lieber eine Beschäftigung in einer Buch-

---

8 Vgl. dazu die Analyse der Radikalisierung der Studenten bei Michael Wildt, Generation des Unbedingten. Das Führungskorps des Reichssicherheitshauptamtes, Hamburg 2003, S. 81 ff.
9 Nach Ulrich Herbert, Drei politische Generationen im 20. Jahrhundert, in: Jürgen Reulecke (Hrsg.), Generationalität und Lebensgeschichte im 20. Jahrhundert, München 2003, S. 95–114, hier S. 98.
10 Herbert, Best, S. 12.
11 Ersichtlich aus der Göttinger Matrikelstammkarte, deren entsprechende Rubrik leer blieb.

handlung annahm, als sich für den Staatsdienst zu bewerben. Sowohl der Hintergrund seines eigenen Elternhauses als auch der seiner zukünftigen Ehefrau und nicht zuletzt die kritische Haltung gegenüber dem Nationalsozialismus sprachen bei Schneider für eine solche Richtung der beruflichen Tätigkeit.

Auffällig ist allerdings, dass er nach seinen ersten negativen Eindrücken von Hitler und seiner Bewegung in München schon während des Studiums seine kritische Position gegenüber dem Nationalsozialismus weiterentwickelt. Damit lassen sich zumindest zwei wichtige Dissenspunkte ausmachen. Diese Ablehnung findet zunächst ihren Ausdruck in seiner scharfen Kritik an der Bewegung der „Deutschen Christen", die er in einem mehrere Seiten langen, einem juristischen Gutachten gleichenden Text formuliert („Über das Verhältnis des staatlichen und politischen Lebens zur Kirche"). Diese Kritik wird grundsätzlich aus dem Charakter des jetzt gefährdeten Rechtsstaates heraus entwickelt:

> „Ein Ermächtigungsgesetz, das die Rechtswirksamkeit seiner Entstehung, und damit seine rechtsverbindliche Kraft für das künftige politische Geschehen ausschließlich der wohl kaum ohne Zugeständnisse seitens der NSDAP (Konkordatsfrage?) erlangten Zustimmung der politischen Mandatarin der una sancta, des Zentrums, verdankt, gibt der Reichsregierung alle denkbaren politischen Vollmachten, und zwar in einem seit Jahrhunderten in Deutschlands Geschichte unbekannten Umfang, so daß es nur Wenigen noch zweifelhaft sein kann, ob das Deutsche Reich noch als Rechtsstaat angesehen werden kann oder nicht."[12]

Für den jungen Juristen besteht kein Zweifel daran, dass der Staat den Kirchen nicht nur Organisationsfreiheit, sondern vor allem „Glaubens- und Überzeugungsfreiheit gewähren" muss, andernfalls werde er reiner „Machtstaat".

In ähnlicher Weise äußert er sich in einem zweiten Text gegenüber seinem Helmstedter Religionslehrer und Pfarrer mit Namen Otto Oelker, der ihn 1926 konfirmiert hatte. Er hatte im Gemeindeblatt vom November 1933 vom „neuen deutschen Menschen" geschwärmt und damit seine Kritik provoziert.[13] Schneider, der von Hitler immer als dem „Tyrannen" spricht, antwortet theologisch fundiert und eindeutig ablehnend gegen eine solche Parteinahme des Pfarrers, er verweist stattdessen auf seine Überzeugung:

> „Die Einführung des weltlichen Führerprinzips in die evangelische Kirche widerspricht dem Wesen des Protestantismus. Protestantismus kennt keine Hierarchie. Für ihn gibt es nur zwei Autoritäten, nur ‚zwei Schwerter', die weltliche des Staates und ihr übergeordnet die Gottes."

---

12 Über das Verhältnis des staatlichen und politischen Lebens zur Kirche, in: Traumatinische Irrfahrt, S. 2–10, hier S. 3.
13 Die Texte finden sich in der Traumatinischen Irrfahrt, S. 2–23, wo Schneider nur vom Pfarrer O. spricht. Umso wichtiger war es, den Pfarrer zu identifizieren. Die von Schneider kritisierte Ausgabe des Gemeindebriefs vom November 1933 lässt sich nach der Auskunft der Gemeindesekretärin im Archiv der St.-Stephanus-Gemeinde Helmstedt leider nicht mehr ermitteln.

Pfarrer Oelker äußerte sich auf die von großem Ernst geprägten Thesen seines ehemaligen Schülers allerdings nur beschwichtigend, ohne auf dessen theologisch konsequente Position wirklich einzugehen. Schneider zieht nicht zuletzt wegen dieser Antwort die Konsequenz und tritt aus der Evangelischen Kirche aus, erfährt aber bald, dass sein kritischer Brief in Abschriften ohne Nennung des Verfassers verbreitet wurde.[14]

Ein weiterer parteikritischer Text beschäftigt sich mit der von Hitler schon am 23. März 1933 attackierten unabhängigen Rechtsprechung.[15] Schneider schreibt:

> „Sehr typisch für unsere politische Entwicklung sind unsere Zeitschriften. So finde ich beispielsweise von unserem stets so mutigem Freunde S. einen bereits recht verhüllten und vorsichtigen, wenngleich noch immer offen gegen die Diktatur opponierenden Aufsatz in einer Fachzeitschrift unter dem Titel ‚Recht, Rechtsfindung und die Unabhängigkeit der Richter'".

Dem Aufsatz ist ein Zitat aus der Rede Hitlers vom 23. März 1933 vorangestellt, der Rede zum Ermächtigungsgesetz.

Der entscheidende Satz der Erklärung des „Tyrannen" lautete: „Nicht das Individuum muß Mittelpunkt der gesetzlichen Sorge sein, sondern das Volk". Schneider schreibt, dass dieser Satz Hitlers „Wunder nehmen" müsse, und fragt, warum der Unabhängigkeit des Richters die vom „Führer" gewünschte „Elastizität der Urteilsfindung" entgegengesetzt werden solle, und nach der Bedeutung dieses „Kautschuk-Begriffs". Er prophezeit dem kritischen Kollegen, dem Verfasser eines Beitrags in einer juristischen Fachzeitschrift, allerdings wenig Gutes:

> „Man hat den Verfasser unseres Artikels offiziell gerügt, sein Verhalten schärfstens mißbilligt. Die Hetze der Kollegenschaft flammt auf, sie ist nicht einmal künstlich erzeugt, denn die Opportunisten und Konformisten arbeiten freiwillig im Sinne des Tyrannen. Unser Freund geht einer schweren Zukunft entgegen, und ich gebe für seine Freiheit keinen Pfennig mehr."[16]

---

14 Nach freundlicher Auskunft des Landeskirchenarchivs in Wolfenbüttel handelt es sich dabei definitiv um Pfarrer Otto Oelker, der damals die St.-Stephanus-Gemeinde leitete. „Seine Einstellung zum Führer und zum Dritten Reich ist in jeder Beziehung positiv", stellte sein Landesbischof 1936 fest (Landeskirchliches Archiv Wolfenbüttel, PA 1318).
15 Schneider datiert die Erklärung Hitlers irrtümlich auf den 24.3.1933. Er greift diese Passage über die Unabhängigkeit der Richter auch 1952 in seiner Abhandlung „Tagebuch eines Leidenden", S. 15 auf.
16 Abdruck des Kommentars von Schneider, dessen konkreter Zweck und Entstehungszusammenhang nicht zu klären ist, in: Traumatinische Irrfahrt, S. 24–31. Der Beitrag der Fachzeitschrift und der „Freund S." genannte Verfasser, auf den Schneider sich hier bezieht, konnte trotz aufwendiger Suche noch nicht bibliografisch ermittelt werden. Es findet sich kein weiterführender Hinweis bei Bernd Rüthers/Martin Schmitt, Die juristische Fachpresse nach der Machtergreifung der Nationalsozialisten, in: JuristenZeitung 43 (1988), S. 369–377 und anderen einschlägigen Beiträgen. Zum Zusammenhang vgl. Ralph Angermund, Deutsche Richterschaft 1919–1945. Krisenerfahrung, Illusion, politische Rechtsprechung, Frankfurt am Main 1988, S. 45 ff.

Damit stellte sich Schneider eindeutig gegen die neue Rechtsauffassung, die von den Fachkollegen und der Masse der juristischen Zeitschriften erschreckend schnell angenommen wurde.[17] „Von nun an weiß die Nation, daß sie von Verbrechern regiert wird."[18]

Werner Brauns und er, beide dem Nationalsozialismus gegenüber kritisch-ablehnend eingestellt, wurden damals von einem Kommilitonen gewarnt, dass eine Durchsuchung durch die Gestapo drohe, die Brauns ohnehin schon einmal vorgeladen hatte. Daraufhin suchten die beiden Freunde ihre Aufzeichnungen zu vernichten, indem sie die Papierschnitzel ihrer Texte in die Leine warfen.[19] Beide zogen sich deshalb auch für ein paar Wochen aus Göttingen in ein Brauns' Familie gehörendes Haus in der Lüneburger Heide zurück, um möglichen Nachstellungen zu entgehen. Werner Brauns – für Schneider sein ganzes Leben lang unter dem Spitznamen Grünlich firmierend – hat diese Situation später literarisch in einem Text verarbeitet, den Schneider 1960 in seine „Traumatinische Irrfahrt" aufnahm.[20]

---

17 Vgl. dazu Götz-Thomas Heine, Juristische Zeitschriften zur NS-Zeit, in: Peter Salje/Friedrich Dencker (Hrsg.), Recht und Unrecht im Nationalsozialismus, Münster 1985, S. 272–293.
18 Traumatinische Irrfahrt, S. 25
19 So die Erinnerung von Sabine Lanz an Gespräche mit Werner Brauns. Die jüngere Tochter erinnert sich an Bemerkungen ihres Vaters, er habe auch Briefe von Thomas Mann verbrannt, mit dem er offensichtlich korrespondiert hatte.
20 Traumatinische Irrfahrt, S. 154 ff.

3 Erste Berufsjahre in Distanz zum Nationalsozialismus

Trotz der damaligen Stellenknappheit für junge Juristen verlief Schneiders Berufseinstieg erstaunlich unproblematisch. Nach dem Assessorexamen begann er schon im August 1938 seine Laufbahn in der inneren Wirtschaftsverwaltung. Dieser Weg hatte sich angeboten, da er bereits einen Teil seiner Referendarausbildung bei der IHK Halle verbracht hatte, er nutzte die dabei entstandenen Kontakte.[1] Dort übernahm er – nach einer kurzen zwischenzeitlichen Tätigkeit für den Hallenser Wirtschaftsprüfer Dr. Rudolf Wipper – zunächst die Position eines Assistenten des Hauptgeschäftsführers, wechselte dann auf eine Referentenstelle mit einem Monatsgehalt von 500 Reichsmark, wo er erste Kontakte zu Unternehmen der Region aufbauen konnte. Nach der Einberufung des Kammersyndikus vertrat er eine Zeitlang dessen Stelle. Hier in Halle wurde im Juli 1939 auch seine erste Tochter Sabine geboren. Seine Tätigkeit in der IHK ließ ihn jedoch zunehmend in Spannungen mit Parteistellen geraten, er musste sich der Versuche erwehren, ihn zum Eintritt in die Partei zu bewegen, wie das bei solchen Stellen wohl erwartet wurde.[2] Schneider dagegen versuchte sich mit einer 1940 als Privatdruck erschienenen Analyse der deutschen „finanziellen Mobilmachung" und dem Problem der Besteuerung zu profilieren, ohne damit aber größeres Aufsehen zu erregen, wie er später angab.[3] Erstaunlicherweise nimmt er hier die gesteigerten finanziellen Bedürfnisse eines „totalen Krieges" vorweg und verweist – ganz im Interesse der Wirtschaft argumentierend – auf die „natürliche und unüberwindliche Grenze" der „Tragfähigkeit der Volkswirtschaft" gegenüber allen Versuchen einer kriegsbedingten Hochbesteuerung.[4]

Seine volkswirtschaftlichen Interessen verfolgte er weiter und ließ 1942 – jetzt schon in Auschwitz arbeitend – einen weiteren Text im Privatdruck publizieren, der sich mit der „Entfaltung der Arbeitskraft" beschäftigte.[5] Dieser Text ist weit entfernt von jeder Distanz zum NS-System, denn der Verfasser entwickelt hier eine Theorie der Entfesselung der (deutschen) Arbeitskraft, die eng mit dem Nationalsozialismus und der Person des Führers verbunden ist. In einer bei Schneider bisher nicht gesehenen Weise formuliert er hier Gedanken zur Idee des „germanisch-faustischen Menschen",

---

[1] In der Urteilsbegründung des Landgerichts Braunschweig von 1950 findet sich der Hinweis auf eine Tätigkeit Schneiders „bei einem Wirtschaftsprüfer" noch vor dem Eintritt in die IHK Halle, ebenso in einem Lebenslauf in der Personalakte Schneider (PA im Stadtarchiv Goslar und NLA Wolfenbüttel, 3 NDS, 92/1, Nr. 22576).
[2] Dies geht aus zwei unterschiedlichen Bescheinigungen hervor, die 1949 für Schneider geschrieben wurden (NL Schneider, Ordner 1949/50).
[3] So die Aussage in seinem Lebenslauf in der Personalakte, es gibt aber tatsächlich keine Belege dafür, dass der Beitrag im Reichswirtschaftsministerium „erhebliches Aufsehen" erregt hätte.
[4] Helmut Schneider, Finanzielle Mobilmachung und Steuerproblem, (Privatdruck) Halle 1940, S. 33.
[5] Beide Texte befinden sich zusammen gebunden im NL Schneider.

die nur schwer zu seinen bisherigen Überzeugungen passen. Seine Anbiederung an nationalsozialistisches Gedankengut und die Rolle des Führers ist hier so penetrant spürbar, dass man nur ungläubig die Diskrepanz zu seinem früheren Denken und Schreiben festhalten kann. Es wird zudem nicht ersichtlich, warum sich der gerade nach Auschwitz gekommene Jurist ausgerechnet mit diesem, für ihn weitab liegenden Thema beschäftigt. Man fragt sich, ob dieser Text eine bewusste Verschleierung seiner Person darstellt, die er in Auschwitz offensichtlich für notwendig hielt.[6] Es gibt auch andere Indizien dafür, dass er sich in Auschwitz verstellte, um nicht aufzufallen.[7] Der zweite Text muss schon während seiner Tätigkeit in der IG Auschwitz entstanden sein, wo er unter besonderer Beobachtung der Sicherheitsdienste stand.

Der Entstehungszusammenhang der beiden Schriften ist leider nicht weiter aufzuklären. Waren das Auftragsarbeiten für die Leitung der IHK oder wollte sich der junge Mann einen Namen machen? Die Frage der möglichen Kriegsfinanzierung lag sicher außerhalb seiner eigentlichen Aufgaben in der IHK, man kann sie aber als konzeptionelle Arbeit verstehen, in der die mitteldeutsche Wirtschaft ihr Interesse an einer wirtschaftsverträglichen Besteuerung öffentlich deutlich machen wollte. Dafür spricht auch der mehrfache Rückgriff auf volkswirtschaftliche bzw. finanzwissenschaftliche Autoren wie Adolf Weber, Adolf Lampe, Wolfgang Heller, Walther Lotz und Karl Helfferich, all das erweckt den Eindruck eines „kritischen" Gutachtens. Beide Themen sprechen aber für sein entwickeltes politisches Interesse, das über seinen normalen Arbeitshorizont hinausreichte.

Der politische Druck, den er offensichtlich in der IHK spürte, ließ ihn nach Alternativen suchen, er versuchte sich zu verändern, die IHK Halle sollte nur der erste Schritt seiner Karriere in der Wirtschaft sein. Denn schon sehr bald – nur unterbrochen durch eine halbjährige Verwendung im Briefzensurdienst des Oberkommandos der Wehrmacht (OKW) von April bis Oktober 1940 – wechselte Schneider „auf Initiative der Leitung der Leuna-Werke" zu den Hydrierwerken Pölitz (heute Police),[8] nördlich von Stettin (Szczezin), die zum IG-Farben-Konzern gehörten. Es ist gut möglich, aber nicht zu belegen, dass es im Rahmen seiner Arbeit in der IHK Halle bereits zu einem ersten Kontakt mit Walter Dürrfeld kam, der damals in Leuna als „Abteilungsleiter der Werkstätten für die gesamten Anlagen zur Hochdrucksynthese" für die IG Farben arbeitete und ihm jetzt anbot, mit ihm nach Pölitz zu gehen.

Dort, in der Nähe von Stettin, wurde seit 1937 ein großes Werk zur Herstellung sogenannten Deutschen Benzins (also von Ottotreibstoff aus Kohle) gebaut, erheblich ge-

---

6 Helmut Schneider, Die Entfesselung der Arbeitskraft, (Privatdruck) Halle 1942, S. 13 und 51. Der Text – wenn auch in Gesprächsform umgewandelt – findet sich erneut abgedruckt in: Traumatische Irrfahrt, S. 278–308.
7 So berichtet Hans Deichmann davon, dass er Schneider beim ersten Mal in schwarzen SS-Hosen und Schaftstiefeln begegnet sei, er erkennt aber erst nach seinen Gesprächen mit ihm seine „Tarnung", damit „die wahren SS-Kumpane um ihn herum ihm freie Hand ließen" (ders., Auschwitz, in: 1999. Zeitschrift für Sozialgeschichte des 20. und 21. Jahrhunderts 5 [1990], H. 3, S. 110–116, hier S. 112 f.).
8 So die Formulierung im Lebenslauf der PA im Stadtarchiv Goslar.

fördert durch staatlich garantierte Preise, die den IG Farben im Dezember 1933 zugesagt worden waren. Damit geriet Schneider erstmals in das Umfeld des mächtigen IG-Farben-Konzerns, zu dem auch das Pölitzer Werk gehörte. Für Schneider ging es dort zum ersten Mal um die Aufgabe, ein großes technisches Bauvorhaben organisatorisch zu begleiten, eine völlig andere Tätigkeit als die relativ stille Arbeit eines Referenten der IHK Halle. Er verdiente schon 800 Reichsmark, jetzt konnte sich Schneider offensichtlich für größere Aufgaben qualifizieren, die sich ihm seit Oktober 1941 in Auschwitz-Monowitz bieten sollten.

Denn mit dem Bau des 1941 beschlossenen Hydrier- und Bunawerks wartete eines der größten industriellen Investitionsprojekte des „Dritten Reichs" auf ihn. Den zukünftigen De-facto-Werkleiter der Baustelle in Monowitz, den Ingenieur Dr. Walter Dürrfeld, hatte Schneider – wie erwähnt – in Pölitz als seinen Chef kennengelernt. Er war dort als vom Generalbevollmächtigten für Sonderfragen der chemischen Erzeugung (GBChem) beauftragter Kommissar tätig. Es war naheliegend, dass der 11 Jahre ältere Oberingenieur den jungen und offensichtlich tüchtigen Assessor mit nach Monowitz nehmen wollte, wo Dürrfeld wegen der weiterlaufenden Tätigkeit in Pölitz zunächst – bis 1943 – nur zeitweise anwesend sein konnte. Ob und wie sehr Dürrfelds Mitgliedschaft in der NSDAP dabei für Schneider ein Hindernis war, muss offenbleiben. In jedem Fall entwickelte sich eine enge und vertrauensvolle Beziehung zwischen den beiden Männern, die lange halten sollte. Nach allen verfügbaren Aussagen überspielte Dürrfeld die formelle politische Differenz zwischen beiden – wenn sie denn angesichts seiner unpolitischen Haltung überhaupt wahrgenommen wurde – durch seine hohe technische Kompetenz, seine organisatorischen Fähigkeiten und seine Führungsstärke. Er war auffallend ehrgeizig und zielstrebig, das muss den jungen Juristen angezogen haben. Dürrfeld wurde zu seinem beruflichen Mentor, den er bewunderte. Hier begann eine letztlich schwer erklärbare „besondere Beziehung", die bis zu dessen Tod 1967 andauern sollte. Sowohl mit der halbjährigen Zensurtätigkeit im OKW, deren Zustandekommen nicht zu klären ist, als auch mit der Arbeit in Pölitz konnte Schneider auch die Einberufung zur Wehrmacht umgehen. Seine Tätigkeiten waren kriegswichtig und ersparten ihm seinen Einsatz als Soldat.

Über die jeweiligen Umstände der Stellenwechsel ist wenig bekannt, von formellen Bewerbungen ist nichts zu lesen. Es müssen persönliche Kontakte und seine beruflichen Leistungen gewesen sein, die ihm dabei halfen. In jedem Falle sind politische Hilfestellungen definitiv auszuschließen, denn Schneider hielt sich von der NSDAP weiterhin erkennbar fern. Nur dem NS-Rechtswahrerbund und der Deutschen Arbeitsfront (DAF) trat er bei, wie sein späterer Entnazifizierungsbogen und seine eigenen Lebensläufe ausweisen.[9] Er war zudem Mitglied der Nationalsozialistischen Volkswohlfahrt (NSV), alles politisch wenig aussagekräftige Mitgliedschaften. Mehrere „Zeugnisse" aus der unmittelbaren Nachkriegszeit bescheinigten ihm eine schon in

---

9 Eine Nachfrage beim Bundesarchiv Berlin ergab keinen Hinweis auf eine Mitgliedschaft in der NSDAP und in „angeschlossenen Vereinen und Verbänden" (Auskunft vom 16.3.2022).

den Kreisen der IHK Halle bekannte Gegnerschaft zum Nationalsozialismus. Auch wenn man solchen nach 1945 ausgestellten „Persilscheinen" nicht zu großes Gewicht beimessen darf, so scheint doch – auch in Verbindung mit den anderen Zeugnissen – eindeutig zu sein, dass Schneider schon seit seinem Studium dem Nationalsozialismus fernstand und mit kritischen Äußerungen offenbar in vertrautem Kreise auch nicht hinter dem Berge hielt.[10] Schon sein Assessorexamen sei durch fehlende Kenntnisse im Bereich der NS-Ideologie abgewertet worden, glaubte der Verfasser eines politischen Zeugnisses von 1949 zu wissen. Deshalb habe er sich auch entschieden, in die Industrie zu wechseln. Ob direkter Druck der Leitung der Kammer in Halle dazu führte, lässt sich nicht mehr ermitteln.[11] Hermann Höbel, ein ehemaliger Kollege aus der IHK Halle, gab später jedenfalls zu Protokoll:

> „Schneider verurteilte nationalsozialistische Gedanken und Maßnahmen mit zynischer Schärfe. Er war damals der erste, der mir auf der Kammer sagte: Diesen Krieg verlieren wir ebenso wie den 1914/18. Er hat die Wirtschaft gegen die Forderungen der Wehrmachtsstellen energisch in Schutz genommen, ich persönlich habe das in Leipzig beim damaligen Wehrkreiskommando miterlebt."[12]

Der Diplomingenieur Heinrich Werner kannte Helmut Schneider bereits seit 1936. Er schrieb 1949 in seinem Zeugnis:

> „Ich hatte mit den Herren der mitteldeutschen Wirtschaft ständig Verbindung und konnte dabei immer wieder feststellen, dass sich der damalige Assessor Schneider bei den Gegnern der Nationalsozialisten unter diesen Wirtschaftlern wegen seiner politischen Haltung größter Beliebtheit erfreute. Gleichzeitig konnte ich aber auch feststellen, dass die Nationalsozialisten alle Hebel in Bewegung setzten, um Herrn Schneider von seiner Stellung zu entfernen, und dass man ihm so schnell wie möglich an die Front befördern wollte, um diesen lästigen Kritiker und Gegner loszuwerden."[13]

Insgesamt kann man feststellen, dass Schneider spätestens seit seiner Münchener Studienzeit dem Nationalsozialismus in kritischer Distanz gegenüberstand, während über seine sonstigen politischen Präferenzen Aussagen kaum zu machen sind. Den einzigen, jedoch eher vagen Hinweis enthält die Aussage Heinrich Werners, der in seinem „Politischen Zeugnis" von 1949 davon berichtet, dass Schneider an einigen Versammlungen des Alldeutschen Verbandes teilgenommen habe, zu denen er ihn eingeladen habe,

---

10 Zur Rolle der „Persilscheine" jetzt die neue Untersuchung von Hanne Leßau, Entnazifizierungsgeschichten. Die Auseinandersetzung mit der eigenen NS-Vergangenheit in der frühen Nachkriegszeit, Göttingen 2020, S. 121 ff.
11 Eine Nachfrage im Staatsarchiv Merseburg, wo der Bestand der IHK Halle lagert, blieb leider ohne konkretes Ergebnis für die Person Schneiders.
12 Das Dokument befindet sich in: NLA Wolfenbüttel, 26 NDS, Nr. 1544, auch im Nachlass Schneider, Ordner 1949/50 (18.5.1949).
13 Bescheinigung vom 15.4.1949, in: NL Schneider, Ordner 1949/50.

„obgleich er politisch in einem anderen Lager stand".[14] Weitere Kontakte zu diesem Verband oder zur dem Verband damals nahestehenden DNVP sind allerdings nicht bekannt.

Seine fundierte Kritik an den „Deutschen Christen" und sein Austritt aus der sich so kompromittierenden Evangelischen Kirche sprechen ebenso für seine Distanz zum Nationalsozialismus wie seine Kritik an der Attacke Hitlers auf das Rechtssystem und die Unabhängigkeit des Richters. Seine kritische Distanz zur NSDAP, seine fehlenden Aufstiegschancen in der IHK Halle waren offensichtlich auch der Grund für seinen Wechsel zur IG Farben, unter deren Schutz er den Zumutungen der Partei besser zu entkommen glaubte. Tatsächlich sind keine weiteren Schritte der Partei, sofern es diese tatsächlich gegeben haben sollte, oder gar Konflikte mit Parteistellen zu verzeichnen, der Schutzschirm der IG Farben wirkte. Jetzt sah er neue Karrieremöglichkeiten und – nicht zu unterschätzen – die gute Chance, nicht als Soldat an die Front zu müssen.

---

[14] Zeugnis des Dipl.-Ing. Heinrich Werner vom 15.5.1949, in: NL Schneider, Ordner 1949/50. Werner betonte, dass der Alldeutsche Verband damals in deutlicher Gegnerschaft zur NSDAP gestanden habe. Schneider selbst schreibt im Begleitschreiben vom 29.4.1949 an Werner, dass er „weltanschaulich ja kein Alldeutscher gewesen" sei.

4 „Die ganze Schinderei des Häftlingseinsatzes"
Nachdenklichkeit und Zweifel eines funktionierenden Juristen

Am 8. Oktober 1941 kam Schneider mit seiner schwangeren Frau und seiner gerade zweijährigen Tochter in Auschwitz an. Die Stadt lag im 1939 dem Deutschen Reich eingegliederten, ehemals polnischen Teil der preußischen Provinz Oberschlesiens. Wie hat Schneider seine neue Wirkungsstätte und seinen Dienst- und Wohnort wahrgenommen? Vermutlich wird es ihm und seiner Frau nicht so ergangen sein wie der etwas jüngeren Berliner Lehrerin Marianne B., die Anfang Oktober 1943 ebenfalls in Auschwitz eintraf, um dort ihre Arbeit am Gymnasium aufzunehmen und dabei u. a. auch die Töchter des Lagerkommandanten Höß zu unterrichten. Der Bürgermeister begrüßte die Lehrerin und gab ihr nach dem Rundgang über den Marktplatz eine erste, die Berlinerin nachdenklich stimmende Orientierung über den Ort:

> „Dort drüben hinter den Wiesen ist ein Konzentrationslager. Es liegt auf dem Terrain von zwölf ausgesiedelten Polendörfern. Der Kern ist eine ehemalige österreichische Kaserne. Die Wachmannschaft besteht aus etwa 500 SS- und Waffen-SS-Männern. Die Insassen sind meist Polen und Juden aus ganz Europa. Die Zahl wechselt. Jede Woche kommen mehr Häftlinge dazu, aber die Zahl bleibt immer dieselbe. Dabei sah er mich durchdringend an, so daß ich den Blick senkte. Ich hatte wohl nicht recht gehört. Er wiederholte es noch einmal. Darüber mußte ich erst einmal in Ruhe nachdenken."[1]

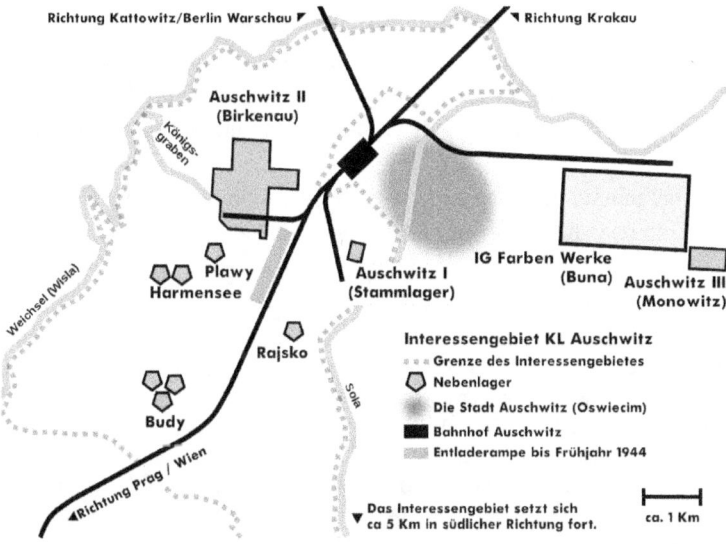

Abb. 2: Übersichtskarte zum Komplex Auschwitz

---

1 Hier zitiert nach Norbert Frei, Norbert, Auschwitz und die Deutschen. Geschichte, Geheimnis, Gedächtnis, in: ders., 1945 und wir, München 2005, S. 156 f.

In der Tat, die Beobachtungen des Bürgermeisters waren zwar nicht sehr präzise, aber im Kern doch richtig.[2] Just am Tage der Ankunft von Familie Schneider war im KZ Auschwitz, dem sogenannten Stammlager, ein Transport von 1000 sowjetischen Kriegsgefangenen angekommen. Kurz zuvor waren dort auch schon die ersten sowjetischen Kriegsgefangenen vergast worden, zur gleichen Zeit hatte man nordwestlich vom Stammlager mit dem Bau des späteren Vernichtungslagers Birkenau begonnen.

Wahrscheinlich hat Familie Schneider keine Führung durch den Bürgermeister erhalten, aber man darf vermuten, dass Nachbarn und Kollegen ihre Ahnungen oder ihr Wissen über das, was „hinter den Wiesen" geschah, mit den neuen Mitbürgern teilten. Es kursierten tatsächlich viele Gerüchte über das, was im KZ Auschwitz vor sich ging, obwohl sich alle offiziellen Stellen um strikte Geheimhaltung bemühten.[3] Vielleicht haben sie auch erst einmal in Ruhe über das seltsame „Nebeneinander von Normalität und Verbrechen" (so Sybille Steinbacher) nachgedacht, auch wenn im Oktober 1941 erst etwa 11 000 Häftlinge im Stammlager untergebracht waren.[4]

Zunächst wohnte die Familie direkt in Auschwitz, vielleicht in einem der freigeräumten Häuser der Stadt, aus denen man die jüdischen Bewohner seit dem Frühjahr 1941 vertrieben hatte. Auschwitz, die zweitgrößte Stadt des Kreises Bielitz und wichtiger Eisenbahnknotenpunkt, war mit ca. 8000 jüdischen Bewohnern von insgesamt 14 000 eine jüdisch-katholisch geprägte Stadt, die ihren Charakter nach der deutschen Annektierung jedoch schnell verloren hatte. Sie wurde ein Musterbeispiel für die baldige Deportation der jüdischen Bewohner, deren Häuser erbarmungslos geräumt wurden, um sie für die neuen deutschen Bewohner zu nutzen, von denen bis zum Jahr 1943 schon ca. 7000 kamen, eine dramatische Veränderung des Stadtcharakters, denn bis zur Eroberung hatte es in Auschwitz praktisch keine Deutschen gegeben. Auch die polnischen Bewohner waren zunächst vertrieben worden, bis die deutschen Besatzer ihren Wert als Arbeitskräfte für das neue Werk erkannten und ihre Umsiedlung abbrachen.

Nach einer vorübergehenden Bleibe in Auschwitz bezog Familie Schneider später ein Haus in Podlesie, ein paar Kilometer in östlicher Richtung entfernt von der großen

---

2 Zur Auschwitz- und KZ-Geschichte allgemein vgl. Sybille Steinbacher, Auschwitz. Geschichte und Nachgeschichte, München [5]2020 und Robert J. van Pelt/Debórah Dwork, Auschwitz. Von 1270 bis heute, Zürich/München 1998 und Wolfgang Benz/Barbara Distel (Hrsg.), Der Ort des Terrors. Geschichte der nationalsozialistischen Konzentrationslager, Bd. 5 (Hinzert, Auschwitz, Neuengamme), München 2007, S. 79–312. Zuletzt die Dokumentensammlung mit der ausführlichen Einleitung von Andrea Rudorff (Bearb.), Das KZ Auschwitz 1942–1945 und die Zeit der Todesmärsche 1944/45. Die Verfolgung und Ermordung der europäischen Juden durch das nationalsozialistische Deutschland 1933–1945, Bd. 16, Berlin/Boston 2018, S. 13–97.
3 Vgl. etwa die Aussagen des SD in Bielitz über Gerüchte in: Johannes Hürter/Thomas Raithel/Reiner Oelwein (Hrsg.), „Im Übrigen hat die Vorsehung das letzte Wort ...". Tagebücher und Briefe von Marta und Egon Oelwein 1938–1945, Göttingen 2021, S. 496, Anm. 788.
4 Zitat von Sybille Steinbacher, „Musterstadt" Auschwitz. Germanisierungspolitik und Judenmord in Oberschlesien, München 2000, S. 159 ff. und die Quellenbelege bei Langbein, Menschen, S. 178.

Baustelle.⁵ Die noch erhaltenen Fotografien aus dem Jahre 1944 zeigen eine junge Mutter mit ihren glücklich lachenden Töchtern vor ihrem Haus in einer freundlich-grünen Umgebung.

Die kleine Familie gehörte damit zu dem großen Strom von Neuankömmlingen in der Region von Auschwitz, denn Auschwitz und Monowitz hatten einen ungeheuren Bedarf an Arbeitskräften. Das waren zunächst die Angehörigen der Wachmannschaften, deren Zahl im Lauf der Jahre immer weiter auf ca. 4000 anstieg. Es waren aber auch die Zivilangestellten der IG Farben, die gebraucht wurden, um den Bau des Werks zu planen und dann zu organisieren. Architekten, Ingenieure, Bauleiter, Juristen, Werkmeister, Facharbeiter und Schreibkräfte zogen in dieser frühen Phase gerne nach Auschwitz, nicht zuletzt angelockt durch gute Bezahlung, Wohnmöglichkeiten in neuen Werksbauten und Ehestandsdarlehen. Leitende Angestellte wie Schneiders unmittelbarer Vorgesetzter Dr. Martin Roßbach verfügten über große Wohnungen, ein polnisches Dienstmädchen und einen Chauffeur, seine Tochter besaß ein Reitpferd.⁶

Und auch ein steter Strom von Besuchern kam nach Auschwitz, Familien und Freunde besuchten offenbar gerne den Ort, besichtigten sogar das Lager, Kinder bestaunten die von der Arbeit zurückkehrenden Häftlinge und ihre Väter, die sie bewachten. Der Kommandant sah sich später sogar dazu gezwungen, ein solches Treiben zu unterbinden.⁷ Das alles passte aber ideal zu den Plänen der SS, Auschwitz zu einer „Musterstadt" des Deutschtums im Osten zu machen. Insofern ergänzten sich die Erfordernisse der industriellen Planung bestens mit den rassistischen Expansionsideen der Staatsführung.⁸

Die Notwendigkeit einer umfassenden Modernisierung der Stadt hatte auch die IG Farben selbst erkannt, die neue Mitarbeiter mit einem attraktiven Umfeld locken wollte. Als der spätere Werkleiter Dürrfeld im März 1941 zum ersten Mal Auschwitz besuchte, war er noch tief erschrocken über den „unbeschreiblich elenden" Zustand der Stadt, die über keine Hotels, kein Restaurant oder Kino, keine zentrale Wasserversorgung, kein Abwassersystem verfügte: Er sah eine in jeder Hinsicht zurückgebliebene Stadt und eine große Entwicklungsaufgabe für die IG Farben.⁹ Auch der 1941 kurz vor Familie Schneider ankommende Referent für Materialwirtschaft Georg Helwert zeigt

---

5 Dies geht aus einem Brief Schneiders an seinen französischen Freund Georges Toupet vom 18.1.1948 und der Erinnerung seiner Töchter hervor. Bei der Ortschaft, die Schneider in Briefen als „Podlasie" bezeichnet, handelt es sich wahrscheinlich um Prezeciszow-Podlesie, das ca. 5–6 km in östlicher Richtung von Monowitz entfernt liegt.
6 So die eigene Aussage Roßbachs, in: BArch Berlin, MfS, BV Erfurt AOP 1265/72 (Bd. II).
7 Dokument Nr. 79, in: Rudorff, KZ Auschwitz 1942–1945, S. 278.
8 Dazu grundlegend Steinbacher, „Musterstadt" Auschwitz, S. 159 ff. und die Quellenbelege bei Langbein, Menschen, S. 502 ff.
9 Nürnberger Dokumente (ND), Rolle 12, fol. 11560 (Verhör Dürrfeld).

sich entsetzt über das Erscheinungsbild von Auschwitz bei seiner Ankunft am 1. September.[10]

> „Der erste Eindruck von Auschwitz war niederschmetternd. Ein schmutziges verwahrlostes Bahnhofsgebäude, einige wenige Häuser von Eisenbahnern in der nächsten Umgebung ohne jegliche Pflege, eine ausgefahrene mit Schlamm und Pfützen bedeckte Zufahrtsstraße, dicht daneben ein schwarzes Schild mit etwa folgender Aufschrift und Zeichnung: ‚Gelände des KL Auschwitz (Zeichnung Totenkopf) wer weiter geht, wird ohne Warnung erschossen!'"

Bevor auf den Tätigkeitsbereich von Schneider in Monowitz eingegangen werden kann, muss noch kurz die Frage beantwortet werden, warum es überhaupt zu dem geplanten Industriekomplex in Auschwitz und damit in den „neu erworbenen Gebieten" des Reichs gekommen war, wo ein „zweites Ruhrgebiet" entstehen sollte.[11] Die IG Farben hätte sich durchaus in der Lage gesehen, die von der NS-Wirtschaftsführung gewünschten Mengen an Treibstoff und Buna (künstlichem Kautschuk) durch Hochfahren aller Kapazitäten und weiteren Ausbau an ihren anderen Standorten zu gewährleisten. Aber die veränderte Lage des Krieges im Westen, der Fehlschlag der Luftoffensive gegen England und damit die Wahrscheinlichkeit eines längeren Krieges hatten den Ausschlag gegeben, eine neue Produktionsstätte für Buna und Treibstoff im noch relativ sicheren Osten aufzubauen. So war es nach langen Verhandlungen zwischen dem Reich und den IG Farben zu der Entscheidung gekommen, in der unmittelbaren Nachbarschaft von Auschwitz einen Industriebetrieb größter Dimension hochzuziehen.[12]

Diese Entscheidung hatte eine längere Vorgeschichte, die hier nicht in allen Einzelheiten berichtet werden kann und zudem in der Forschung durchaus kontrovers diskutiert wird. Die Rekonstruktion der Vorgänge zwischen dem zuständigen Reichsministerium für Wirtschaft, der Wehrmacht und der IG Farben, wie sie zuletzt Karl Heinz Roth und Florian Schmaltz vorgenommen haben,[13] belegt mit großer Wahrscheinlichkeit, dass die Grundentscheidung für den Bau eines weiteren Bunawerks in Oberschlesien zunächst unabhängig von der Existenz des KZ Auschwitz getroffen wurde. Sie fiel im Lauf der Monate Oktober und November des Jahres 1940 und reagierte letztlich auf dringende Wünsche der Wehrmacht, die eine sichere Bunaproduktion ha-

---

10 ND, Rolle 66, fol. 382–409. Helwerts Bericht widmet sich auch ausführlich und mit genauen Zahlenangaben den Bauproblemen des Werks.
11 Zum Kontext der Pläne vgl. Götz Aly/Susanne Heim, Vordenker der Vernichtung. Auschwitz und die deutschen Pläne für eine neue europäische Ordnung, Hamburg 1991, S. 170 ff.
12 Zu den Vorgängen im Vorfeld der Entscheidung vgl. Peter Hayes, Industry and Ideology. IG Farben in the Nazi Era, Cambridge ²2002, S. 347 ff.
13 Die insgesamt überzeugende Analyse der Vorgänge bei Florian Schmaltz/Karl Heinz Roth, Neue Dokumente zur Vorgeschichte des I.G. Farben-Werks Auschwitz-Monowitz. Zugleich eine Stellungnahme zur Kontroverse zwischen Hans Deichmann und Peter Hayes, in: 1999. Zeitschrift für Sozialgeschichte des 20. und 21. Jahrhunderts 13 (1998), H. 2, S. 100–116. Vgl. dazu auch Piotr Setkiewicz, The Histories of Auschwitz IG Farben Werk Camps 1941–1945, Oświęcim 2008, S. 41–60.

ben wollte, die nicht durch mögliche alliierte Luftangriffe im Westen des Reichs gefährdet war. Dies konnte nur durch den Bau einer Anlage im „luftsicheren" Oberschlesien erreicht werden. Sie entsprach aber auch den langfristigen Investitionsstrategien der IG Farben für den osteuropäischen Markt.

Allerdings sollte dieses Werk ein besonderes Charakteristikum aufweisen, das durch die außerordentliche schwierige Beschaffung von Arbeitskräften verursacht wurde. Allen Verantwortlichen wurde bald klar, dass weder die im Umkreis des geplanten Werks lebenden Polen noch die aus dem weiteren Oberschlesien und dem Reich zu beschaffenden Arbeitskräfte ausreichen würden, um ein Werk dieser Größenordnung in dem gewünschten Tempo zu errichten. An dieser Stelle der Entwicklung des Plans zum Bau des Werks kamen nun die Existenz des Konzentrationslagers und sein Reservoir an Arbeitskräften ins Spiel. Es ist nicht genau zu klären, wer die Idee zur Ausbeutung der Lagerinsassen als Arbeitskräfte zuerst formuliert hat. Immerhin hatte IG-Vorstandsmitglied Heinrich Bütefisch schon im Jahr 1940 oder 1941 im Werk Leuna KZ-Häftlinge bei der Arbeit beobachtet, die von SS-Mannschaften bewacht wurden, das hätte als Vorbild dienen können.[14] Im November 1940 sprachen die beiden Vorstandsmitglieder Fritz ter Meer und Georg von Schnitzler über mögliche Vorteile der Verwendung der KZ-Häftlinge für den Bau der Anlage, so dass man davon ausgehen kann, dass der Einsatz der KZ-Häftlinge innerhalb der IG-Führungsebene als naheliegende und wünschenswerte Lösung angesehen wurde.[15] In jedem Fall wurde im Februar 1941 der konkrete Gedanke formuliert, auf die KZ-Arbeitskräfte zurückzugreifen. Damit entstand die unmittelbare Anbindung des Werks an die im KZ Auschwitz schon vorhandenen bzw. dort später noch eintreffenden Arbeitskräfte, eine Neuerung, die es bislang in dieser Form und in diesem Ausmaß nicht gegeben hatte. Auch diese Anbindung wurde von Reichsmarschall Hermann Göring befohlen, seine Weisung an die zuständigen Dienststellen vom 18. Februar 1941 sorgte nicht nur für die Vertreibung der jüdischen Bewohner von Auschwitz, sondern auch für die Zugriffsmöglichkeit auf die KZ-Häftlinge für die bald beginnenden Bauarbeiten.[16] Für die SS war das eine willkommene Erweiterung ihrer Aufgaben, denn Himmler wollte die SS ohnehin schon lange zu einem mächtigen Wirtschaftsunternehmen ausbauen.[17]

Angesichts des sich bald abzeichnenden Arbeitskräftemangels in der Region Oberschlesien war die mögliche Beschaffung von Arbeitskräften aus dem KZ ohne Zweifel ein gewichtiges zusätzliches Argument für die Errichtung des Werks östlich des alten Stadtkerns von Auschwitz. In der ersten Besprechung zwischen den Vertretern der IG

---

[14] So seine Nürnberger Aussage vom 11.4.1947, in: Arolsen Archives, Bestand Auschwitz, Dok. 82349923.
[15] Vgl. dazu Hans Deichmann/Peter Hayes, Standort Auschwitz. Eine Kontroverse über die Entscheidungsgründe für den Bau des I. G. Farben-Werks in Auschwitz, in: 1999. Zeitschrift für Sozialgeschichte des 20. und 21. Jahrhunderts 11 (1996), H. 1, S. 79–101.
[16] Schreiben Görings vom 18.2.1941, in: Arolsen Archives, Bestand Auschwitz, Dok. 82349028 f.
[17] Dazu jetzt ausführlich Jan-Erik Schulte, Zwangsarbeit und Vernichtung: Das Wirtschaftsimperium der SS. Oswald Pohl und das SS-Wirtschafts-Verwaltungshauptamt 1933–1945, Paderborn u. a. 2001.

Farben und der SS, die am 20. März 1941 in freundlich-kollegialer Atmosphäre in Berlin stattfand, erkundigte sich der spätere Werkleiter Dürrfeld sowohl nach der Unterstützung der SS im Hinblick auf Baumaterial aus den Werkstätten des KZ, aber auch „in Bezug auf die Zurverfügungstellung von Arbeitskräften". Damit konnten nur Häftlinge des KZ gemeint sein.[18] Im Mai 1942 verständigte man sich bereits auf die Stellung von 4500 Arbeitern aus dem KZ, dabei wurde von der IG Auschwitz deren guter körperlicher Zustand, der personell stabile und freizügige Einsatz auf dem Werksgelände und ein Prämiensystem zur Steigerung der Arbeitsleistung gefordert.[19] Die begonnene Zusammenarbeit bewährte sich, im Oktober 1943 bedankte sich Dürrfeld bei Oswald Pohl, dem Leiter des Wirtschaftsverwaltungshauptamtes der SS für die gute Zusammenarbeit und schlug den Einsatz von KZ-Häftlingen auf einer weiteren Kohlengrube vor.[20]

Nach den ersten Überlegungen zum Einsatz der KZ-Häftlinge hatte Göring schon am 16. Februar 1941 befohlen, alle erforderlichen Maßnahmen für die Ausstattung des Werks mit Arbeitskräften zu treffen und dabei auch die Häftlinge des KZ Auschwitz erwähnt, und Heinrich Himmler hatte einen entsprechenden Auftrag an den Lagerkommandanten Höß erteilt.[21] „Die Existenz des Lagers", so formuliert es Bernd C. Wagner in seiner Studie über die IG Auschwitz, „war damit eine notwendige Voraussetzung für die Standortwahl, wenn auch zweifellos nicht die einzige." Diese Bewertung verschärft noch einmal die Feststellung des Militärgerichtshofs im Urteil von 1948, „daß das Bestehen des Lagers ein wichtiger, wenn auch vielleicht nicht der entscheidende Faktor bei der Auswahl der Baustelle gewesen ist, und daß von Anfang an der Plan bestanden hat, die Deckung des Arbeiterbedarfs mit Konzentrationslagerhäftlingen zu ergänzen".[22] Beide Bewertungen erwecken jedoch den Eindruck eines unmittelbaren zeitlichen Zusammenhangs zwischen der schon früher getroffenen Grundsatzentscheidung zum Bau des Werks in Oberschlesien und dem erst später entwickelten Gedanken zur Nutzung der KZ-Insassen als billige Arbeitskräfte. In jedem Fall lässt sich mit Peter Hayes konstatieren, dass die einmal getroffene Standortentscheidung für Monowitz „erheblich zur Ausweitung des Lagers" beitrug.[23]

---

18 Vgl. dazu die Zusammenfassung der Forschungslage und die grundlegende Analyse der industriepolitischen Vorbereitungen zur IG Auschwitz bei Bernd C. Wagner, IG Auschwitz. Zwangsarbeit und Vernichtung von Häftlingen des Lagers Monowitz 1941 – 1945, München 2000, S. 52 f., das Zitat S. 58. Eine andere Gewichtung nimmt – wie erwähnt – Setkiewicz vor, in: Histories of Auschwitz, S. 41 ff. Vorsichtiger urteilt Steinbacher, Auschwitz, S. 38.
19 Rudorff, KZ Auschwitz 1942–1945, Dok. Nr. 10, S. 131 ff.
20 Rudorff, KZ Auschwitz 1942–1945, Dok. Nr. 90, S. 297 f.
21 Befehl Görings vom 16.2.1941, in: Arolsen Archives, Bestand Auschwitz, Dok. 82349028, der von einem zu erwartenden Bedarf von 8 000–10 000 Häftlingen sprach. Dazu auch Wagner, IG Auschwitz, S. 57 f.
22 Vgl.: Das Urteil im Nürnberger I. G.-Farben-Prozeß, Krefeld 1948, S. 137.
23 Peter Hayes, IG Farben und der IG Farben-Prozeß. Zur Verwicklung eines Großkonzerns in die nationalsozialistischen Verbrechen, in: Auschwitz: Geschichte, Rezeption und Wirkung, hrsg. vom Fritz Bauer Institut, Frankfurt am Main 1996, S. 99–121, hier S. 110.

Den primären Anstoß für die Standortdiskussion gab ohne Zweifel das starke Interesse an der Nutzung der in der Nähe liegenden Fürstlich Plessischen Bergwerke „Fürstengrube" und „Janinagrube" und an den nahen Kalivorkommen. Man wollte möglichst nahe an die notwendigen Rohstoffe heran, diese Forderung hatte schon zum Abbruch der Bauarbeiten in Rattwitz bei Breslau geführt, das zunächst als neuer oberschlesischer Standort ins Auge gefasst worden war, es lag zu weit von den Kohlevorkommen entfernt. Auch die günstige flache, aber leicht erhöhte Lage des Bauplatzes nahe den Flüssen Sola, Przemsza und Weichsel stellte sich als besonders vorteilhaft heraus, denn damit war der enorme Wasserverbrauch des künftigen Werks gesichert, auf den die Chemiker großen Wert legten. Die unmittelbar nach Auschwitz führenden Bahnverbindungen aus östlicher, westlicher und südlicher Richtung sprachen ebenfalls für diesen Standort. Nicht zuletzt die Tatsache, dass Schlesien als „Luftschutzkeller des Reichs" galt, spielte eine wichtige Rolle, weniger für den Ort Monowitz als für die Grundsatzentscheidung, in Oberschlesien zu bauen. Sie sollte im weiteren Kriegsverlauf allerdings ihre Bedeutung verlieren, denn seit der Landung der Alliierten in Italien und der Eroberung des süditalienischen Luftstützpunktes Foggia im Dezember 1943 lag der Raum Auschwitz auch in der Reichweite alliierter Bomberflotten und ihrer unverzichtbaren Begleitjäger. Am 4. April 1944 überflog ein südafrikanisches Aufklärungsflugzeug in 26 000 Fuß Höhe das Werk und die benachbarten Lager und lieferte die ersten präzisen Bilder, die den weit fortgeschrittenen Zustand der Anlage erkennen ließen.[24]

So kam es dazu, dass im April 1941 mit dem Bau dieser komplexen Anlage begonnen wurde, die zudem für die IG Farben den nicht unwichtigen Vorteil bot, durch die Oststeuerhilfe-Verordnung vom Dezember 1940 als steuerfreie Investition zu gelten. Alle staatlichen und SS-Dienststellen waren vom „Reichsamt für Wirtschaftsausbau" angewiesen worden, den Bau der Anlage „in jeder nur denkbaren Weise" zu fördern, die IG Auschwitz arbeitete fortan unter der Wehrmachtsauftragnummer 4021-1801, unter der sie ihre enormen Materialbedarfe anmeldete.[25] Am 21. April hieß es in dem seit dem Monat März üblichen Wochenbericht, dass sich zwei Baukolonnen von Häftlingen aus unterschiedlichen Richtungen an den Bau einer Straße von Auschwitz nach Dwory machten.[26] Über die Produktionsziele und die technischen und logistischen Probleme

---

24 Vgl. Martin Gilbert, The Question of Bombing Auschwitz, in: Michael P. Marrus, The Nazi Holocaust, vol. 9: The End of the Holocaust, Westport/London 1989, S. 249–305.
25 Bayer AG, Bayer Archives Leverkusen, Ordner Auschwitz.
26 Arolsen Archives, Bestand Auschwitz, Dok. 82348844. Die sogenannten Wochenberichte für im Allgemeinen 14-tägige Berichtszeiträume stellen eine vorzügliche Quelle für Einblicke in die jeweils aktuellen Probleme der IG Auschwitz dar und sind für die Binnengeschichte des Werks unverzichtbar. Sie behandeln die Kooperation und die Auseinandersetzungen mit der Leitung des KZ Auschwitz, die Dauerprobleme des Arbeitskräftemangels, der Arbeitsleistung („Bummelanten"), Disziplinierungsmaßnahmen, Stimmung im Lager, Materialmangel, aber auch Besuche höherer SS-Führer und schließlich auch Einzelheiten aus dem sozialen Leben der Belegschaft (Feiern, Sportveranstaltungen etc.). Leider sind die Wochenberichte – soweit sie nicht teilweise in die Dokumentensammlung der Anklagebehörde

der geplanten Anlage informiert das 12 Seiten umfassende Protokoll der ersten Baubesprechung am 24. März 1941 in Ludwigshafen.[27] Hier waren unter der Leitung von Otto Ambros – dem zuständigen Vorstandsmitglied der IG Farben – alle wichtigen Personen versammelt, die in den kommenden Jahren mit dem Bau beschäftigt waren, vor allem natürlich die Ingenieure Walter Dürrfeld, Max Faust und Camill Santo, die in den folgenden Jahren immer wieder in ihren leitenden Positionen bzw. nach dem Krieg als Angeklagte und Zeugen hervortraten.

Während des Krieges wurde in relativ kurzer Zeit ein Bauvorhaben im Volumen von vermutlich über 700 Mio. Reichsmark realisiert, ein Investitionsobjekt im räumlichen Ausmaß von etwa 3 x 7 km, an dem über 250 Subunternehmen arbeiteten. Man benötigte allein 160 km Schmalspurgleise und 85 Kleinlokomotiven, um die einzelnen Baustellen mit Material zu versorgen. An diesem Großprojekt waren in der Hochphase 1944 etwa 32 000 Arbeitskräfte tätig, von denen zu dieser Zeit etwas über 10 000 KZ-Häftlinge im Lager Monowitz untergebracht waren. Von diesen waren allerdings nicht immer alle auf den Baustellen beschäftigt. Schneider schätzte, dass deren Zahl zwischen 7500 und 8500 lag.[28] Zur Bewältigung dieser Beschäftigtenzahlen musste die IG Auschwitz eine eigene Hollerith-Maschine einsetzen. Einen Tag nach Schneiders Ankunft in Auschwitz hatte die neugegründete IG endlich einen Fernschreibanschluss erhalten und meldete den anderen Werken der IG Farben stolz die bessere Erreichbarkeit.

Das Lager Monowitz – im Kern ein IG Farben eigenes Konzentrationslager im Umfang von 270 x 500 Meter – war im Sommer 1942 aufgebaut worden, um die KZ-Arbeitskräfte näher an die Baustelle zu bringen. Der tägliche Hin- und Rückmarsch vom KZ Auschwitz von ca. 6 km war höchst ineffizient, sowohl für die SS, die ein Bewachungsproblem hatte, wie auch für die IG Auschwitz, die sich über ständige Verzögerungen der Arbeiter und ihre Erschöpfung beklagte. So entstand hier das „erste große, auf Initiative eines privaten Industrieunternehmens errichtete Konzentrationslager", „das alleine dem Zweck diente, die Arbeitskraft der KZ-Häftlinge für den Bau des großen Werks zu sichern". Im Oktober 1942 bezogen die ersten Häftlinge das Lager Monowitz, in dem neben den Baracken im Sommer auch große Zelte aufgebaut wurden, um die große Zahl der Häftlinge aufzunehmen.[29]

Es war die gigantische Dimension der Baustelle, die die IG Farben auf immer mehr Arbeitskräfte dringen ließ, und diese nahm man sich, nicht allein, aber vor allem aus

---

aufgenommen wurden – nicht komplett erhalten und u. a. in sehr schwer lesbaren Kopien in den Arolsen Archives verfügbar, einzelne Berichte auch in anderen Beständen wie etwa dem LASA Merseburg. Diese Quellengattung verdiente eine möglichst vollständige Sammlung und nähere Untersuchung.

27 Arolsen Archives, Bestand Auschwitz, Dok. 82348211–82348222.
28 Arolsen Archives, Bestand Auschwitz, Dok. 82350386.
29 Hierzu und zum Hintergrund der Errichtung dieses Lagers vgl. Joseph Borkin, Die unheilige Allianz der I. G. Farben. Eine Interessengemeinschaft im Dritten Reich, Frankfurt am Main/New York 1986, S. 112 f.

dem KZ Auschwitz. Der Zwang zum möglichst schnellen Aufbau des Werks wurde zum Motor des Verbrechens.

Sehr bald wurden auch die ersten, zunächst noch kleinen Gruppen von Häftlingen aus dem KZ Auschwitz zur Aufbereitung der Baustelle und zum Straßenbau eingesetzt. Das KZ selbst war ein um die Jahrhundertwende erbautes ehemaliges Lager für polnische Saisonarbeiter von beachtlichen Ausmaßen, das danach von der polnischen Armee genutzt wurde. Es war nach dem Beginn des Zweiten Weltkriegs seit Anfang 1940 zunächst als Lager für polnische politische Häftlinge eingerichtet worden. Seine Vergrößerung für sowjetische Kriegsgefangene und später jüdische Häftlinge erfuhr es erst ab 1941, als Heinrich Himmler im Zuge der Radikalisierung der Judenfrage den weiteren Ausbau von Auschwitz befahl. In der „Wannseekonferenz" vom 20. Januar 1942 wird von der „natürlichen Verminderung" der jüdischen Bevölkerung Osteuropas durch Arbeit gesprochen.[30] Bald danach entstand auch der Gedanke einer gezielten „Vernichtung durch Arbeit", der geradezu zum symbolischen Begriff für die Ziele der Zwangsarbeit von Häftlingen aller Art wurde. Selbst wenn der Begriff analytisch „unzutreffend" sein mag, wie Jens-Christian Wagner eingewendet hat, weil er eine Programmatik suggeriert, „die es nicht gegeben" hat,[31] so trifft er doch die Realität in Auschwitz-Monowitz. Spätestens ab Sommer 1942 begannen die Selektionen der eintreffenden Judentransporte und damit der Versuch, „Vernichtung und Arbeitseinsatz zu kombinieren".[32] Mitte September 1942 diskutierten Goebbels und Reichsjustizminister Otto Georg Thierack die mögliche Überstellung von Strafgefangenen aus den Gefängnissen in die Konzentrationslager. Die Aktennotiz des Justizministers ist eindeutig:

> „Hinsichtlich der Vernichtung asozialen Lebens steht Dr. Goebbels auf dem Standpunkt, dass Juden und Zigeuner schlechthin, Polen, die etwa 3 bis 4 Jahre Zuchthaus zu verbüßen hätten, Tschechen und Deutsche, die zum Tode, lebenslangem Zuchthaus oder Sicherungsverwahrung verurteilt wären, vernichtet werden sollten. Der Gedanke der Vernichtung durch Arbeit sei der beste."[33]

Damit war der Grundgedanke – wenn auch in einem anderen Kontext – des künftigen Umgangs auch mit jüdischen Häftlingen formuliert. Entgegen allem ökonomischen Zweckdenken war das ideologische Ziel vorrangig geworden.[34] Und es kann kein Zwei-

---

30 Vgl. hierzu S. 7 des online verfügbaren Protokolls der Konferenz: https://www.ghwk.de/fileadmin/Redaktion/PDF/Konferenz/protokoll-januar1942_barrierefrei.pdf (11.4.2023).
31 Jens-Christian Wagner, Arbeit und Vernichtung im Nationalsozialismus. Ökonomische Sachzwänge und das ideologische Projekt des Massenmords, in: Einsicht 12 (2014), S. 20–27, hier S. 26.
32 So Schulte, Zwangsarbeit und Vernichtung, S. 364.
33 Jens-Christian Wagner, Zwangsarbeit in den Konzentrationslagern, in: Helmut Kramer/Karsten Uhl/Jens-Christian Wagner (Hrsg.), Zwangsarbeit im Nationalsozialismus und die Rolle der Justiz. Täterschaft, Nachkriegsprozesse und die Auseinandersetzung um Entschädigungsleistungen, Nordhausen 2007, S. 48–67, hier S. 64, der zu Recht betont, dass das Konzept keinesfalls auf alle Arten von Häftlingen angewendet werden kann.
34 Die Bedeutung von rassenideologischem Denken und ökonomischer Rationalität ist ausführlich diskutiert in Ulrich Herbert, Arbeit und Vernichtung. Ökonomisches Interesse und Primat der ‚Welt-

fel daran bestehen, dass der Häftlingsanteil der IG Auschwitz im Verhältnis zur Gesamtzahl der eingesetzten Häftlinge für alle Firmen auf der Baustelle ständig stieg. Waren es nach den Berechnungen des Oberingenieurs Max Faust 1941 erst 18,4 %, so waren es 1942 schon 27,4 %, 1943 49 % und schließlich 1944 schon 50 % nur für die IG Farben.[35] Von den ca. 250 beim Werkbau eingesetzten Unternehmen nutzten etwa 150 das Arbeitspotenzial der Häftlinge, die sie in Abteilungen zwischen 200 und 900 Mann anforderten.

Helmut Schneider kam zu einem Zeitpunkt zur IG Auschwitz – wie man bald sagte –, als gerade mit dem Bau des Werks begonnen worden war, dessen bauliche Realisierung sich aber als deutlich schwieriger als zunächst angenommen erwies. Angesichts des weichen Baugrundes war man gezwungen, den Bau auf Tausende von Betonpfählen zu gründen, was Walter Dürrfeld, den De-facto-Leiter der Baustelle, später vor Gericht zu dem Vergleich mit Venedig bewog. Der junge Assessor Schneider – er war gerade einmal 31 Jahre alt – gehörte also zur Gründungsmannschaft des Unternehmens und wurde Teil der Sozial- und Personalabteilung des Werks, die unter der Leitung von Martin Roßbach stand.[36] Nachdem er sich zunächst mit der Freistellung der IG-Arbeiter vom Wehrdienst beschäftigt hatte, wurde er Leiter einer Unterabteilung der Sozialabteilung des Werks. „Schneider war Roßbach unterstellt, arbeitete jedoch ziemlich selbständig", wie später ein Kollege zu berichten wusste.[37] Seine Abteilung – die erste von fünf Unterabteilungen nach dem Organisationsplan – war verantwortlich für die „Fürsorge für alle Arbeiter- und Wohnangelegenheiten und die Verbindung zum Arbeitsamt und dem Kommandanten des Kriegsgefangenenlagers der Wehrmacht".

Spätestens ab November 1941 stand er – zusammen mit seinem Kollegen Roßbach – schon auf dem Verteiler für die Wochenberichte,[38] war damit also bestens in-

---

anschauung' im Nationalsozialismus, in: Dan Diner (Hrsg.), Ist der Nationalsozialismus Geschichte? Zu Historisierung und Historikerstreit, Frankfurt am Main 1987, S. 198–236.

35 ND, Rolle 65, fol. 133 (Dok. Dü-961). Schneider bestätigte diese Zahl in seinem Kreuzverhör. Vgl. ND, Rolle 12, fol. 11389.

36 Alle Aussagen zur Tätigkeit Schneiders in Monowitz beruhen zum einen auf seinen eigenen Aussagen im Nürnberger IMT-Prozess im Affidavit und in den Einzelverhören, andererseits auf den zahlreichen Aussagen seiner Vorgesetzten Dürrfeld und Roßbach sowie seiner Kollegen in Nürnberg. Ergänzend dazu sind die schon erwähnten Wochenberichte heranzuziehen, also knappe Zusammenfassungen der Ereignisse, Zustände, besonderer Vorkommnisse und der allgemeinen Zusammenarbeit von KZ-Lagerführung und IG Auschwitz, die abschnittsweise auch von Schneider verfasst wurden. Zur Person Roßbach vor und nach 1945 ist der Operativvorgang des Ministeriums für Staatssicherheit (MfS) der DDR heranzuziehen, der 1964 eröffnet wurde, weil nach einem Artikel im „Neuen Deutschland" der Verdacht von Verbrechen gegen die Menschlichkeit gegenüber R. bestand (BArch Berlin, MfS, BV Erfurt, AOP 1265/72 und HA XX, Nr. 3623). Der Vorgang enthält ca. 40 Einzelaussagen über R. und seine berufliche Tätigkeit, damit in der Sache auch oft über Schneider.

37 Aussage Frommfelds von 1965, in: BArch Berlin, MfS, BV Erfurt, AOP 1265/72, Bl. 184.

38 Wochenbericht 26 vom 17.–23.11.1941, in dem er schon einen Teil selbst verfasst und zeichnet, in: Bayer AG, Bayer Archives Leverkusen, Ordner Auschwitz.

formiert über alle im Lager Monowitz und auf der Baustelle auftretenden Probleme, auch wenn er kein ständiger Teilnehmer dieser Besprechungen der Hauptabteilungsleiter war. Mitunter war er sogar für Teile der Wochenberichte verantwortlich. So verfasste er z. B. im Wochenbericht 72/73 vom 5.–18.10.1942 den dritten, von ihm unterzeichneten Teil, der über die Zahl der Beschäftigten nach den verschiedensten Kategorien ausführlich informierte.[39] Im November 1942 berichtete er, dass von 176 geflohenen Arbeitskräften nur 15 hatten „rückgeführt" werden können.[40]

In der Nürnberger Zeugenaussage sprach er davon, dass er innerhalb der Sozialabteilung die Abteilung für Arbeiterangelegenheiten geleitet habe, später auch noch die Rechtsabteilung. Er selbst beschrieb bei seiner Aussage in Nürnberg sein Arbeitsfeld so:

> „Ich war von Oktober 1941 bis Januar 1945 in IG Auschwitz tätig. Ein halbes Jahr nach meinem Arbeitsbeginn in Auschwitz habe ich die Leitung der Unterabteilung für Arbeiterangelegenheiten der Sozialabteilung von IG Auschwitz übernommen. Mein Arbeitsgebiet war Einberufungsrecht für deutsche Werksangehörige, alle Lohn-, Tarif- und Urlaubsfragen und alle formellen Angelegenheiten, die mit der Arbeitereinstellung zusammenhängen. Ohne offiziellen Auftrag habe ich mich aus eigenem Antrieb in die Lagerangelegenheiten für Deutsche und Ausländer eingeschaltet, da ich für notwendig hielt, die Verhältnisse in den Lagern zu bessern, bessere Lagerführer zu finden und generell den Aufbau der Lager und deren Organisation zu beschleunigen. Mein Vorgesetzter in der Sozialabteilung, Dr. Martin Roßbach, war mit Arbeit überlastet und konnte … [unleserlich] nicht schnell genug voranbringen."[41]

Roßbach hatte in seiner Aussage vor einem amerikanischen Untersuchungsbeamten schon im Januar 1946 davon gesprochen, dass er sich selbst die „Einstellung von gehobenen Beamten und Angestellten vorbehalten" habe, „Arbeiterangelegenheiten seien von seinem Stellvertreter Schneider behandelt worden".[42] In der Aussage Schneiders ist sein Hinweis auf die „Lagerangelegenheiten für Ausländer und Deutsche" zu beachten, denn er wurde ab Juli 1943 der Ansatzpunkt für sein bemerkenswertes Engagement für die französischen Zwangsarbeiter, zu deren Führern er bald ein freundschaftliches Verhältnis entwickelte. Sein Vorgesetzter Roßbach beschrieb im Nürnberger Prozess Schneiders Arbeit folgendermaßen:

> „Helmut Schneider gab einen wöchentlichen Bericht über die bei IG Auschwitz beschäftigten Arbeiter heraus, in dem über die Höhe des jeweiligen Arbeitseinsatz(es), Abgänge, Zwischenfälle und über Fluchtversuche berichtet wurde. Dieser Bericht ging außer an die IG-Werksleitung unter anderem an Direktor Ambros, Direktor Bütefisch und Assessor Schneider. Den wöchentlichen

---

39 ND, Rolle 66, DÜ 1401, fol. 760–790.
40 Wochenbericht 78/79 vom November 1942, in: Bayer AG, Bayer Archives Leverkusen, Ordner Auschwitz.
41 ND, Rolle 66, DÜ 1401.
42 So die Zusammenfassung im Stasi-Operativvorgang, in: BArch Berlin, MfS, BV Erfurt, AOP 1265/72, Bd. II.

Bericht über die bei IG Auschwitz beschäftigten Angestellten habe ich gemacht; die Verteilung war dieselbe wie bei Assessor Schneiders Bericht."[43]

Diese Aussage wurde später von dem Leiter der kaufmännischen Abteilung der IG Auschwitz bestätigt, der auf Schneiders „ziemlich selbständige" Arbeit verwies und darauf, dass der „Häftlingseinsatz von Assessor Schneider gelenkt wurde": „Schneider nahm die Verteilung auf die einzelnen Abteilungen vor."[44] Da die IG Farben die SS für den Einsatz der Häftlinge bezahlte (3 bzw. 4 Reichsmark für Hilfs- bzw. Facharbeiter), werden Schneiders Berichte auch die Grundlage für die Zahlungen gewesen sein. Diese Art von statistischer Aufbereitung der Zahlen wurde auch von seiner Sekretärin bestätigt, weil sie mit der Anfertigung von entsprechenden Grafiken beschäftigt war. Leider sind diese Berichte nicht mehr erhalten, es finden sich lediglich einige grafische Aufbereitungen der Zahlen im Prozessmaterial des Nürnberger Prozesses.[45]

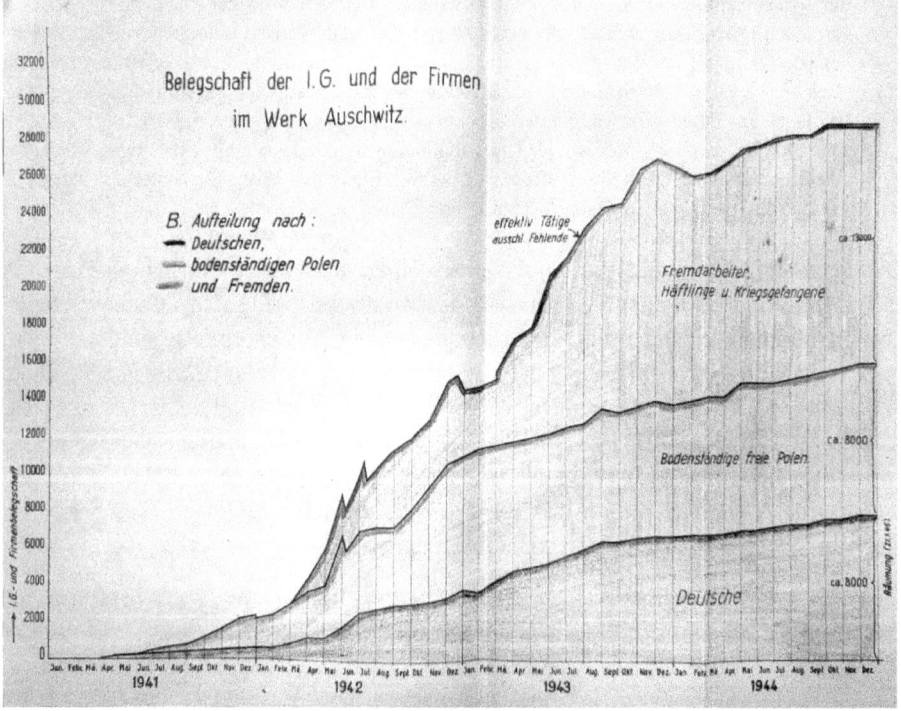

Abb. 3: Grafik über die Zusammensetzung der Arbeitskräfte der IG Auschwitz

---

43 Ebenda.
44 Aussage Frommfelds am 27.2.1965, in: BArch Berlin, MfS, BV Erfurt, AOP 1265/72, Bd. II.
45 Mit deutschen Beschriftungen in: Bayer AG, Bayer Archives Leverkusen, Ordner Auschwitz, mit englischer Beschriftung in: ND Rolle 65, ab S. 843.

Schneiders Aufgabenbereich war ohne jeden Zweifel schwierig, denn nichts belastete die Besprechungen der führenden Männer der IG Auschwitz mehr als die Zahl der vorhandenen Arbeitskräfte und deren Leistungsvermögen. Dabei ging es nicht nur um die offensichtlich geringeren Arbeitsleistungen der vielen ausländischen Arbeitskräfte, sondern auch um deren Neigung, sich der Arbeit ganz zu entziehen oder sie – wo immer möglich – zu verschleppen, eine verständliche Abwehrreaktion angesichts der Lage der Arbeiter. Gegen das Problem der sogenannten Arbeitsbummelanten fand die IG letztlich kein wirksames Gegenmittel. Besonders die Arbeitsmoral der belgischen Arbeiter der Fa. Sotrabé wurde im Jahr 1942 immer wieder beklagt. Von ihnen erschienen nur wenige pünktlich zur Arbeit, an einem Tag musste Schneider 2770 „Bummelanten" melden, obwohl der Werkschutz die Wohnbaracken kontrolliert hatte. Als man ihnen dann das Mittagessen nur ausgab, wenn sie einen Stempel der Arbeitsstelle vorweisen konnten, verschwanden sie direkt nach dem Essen. Sowjetische Arbeiterinnen versanken sofort in Nichtstun, wenn die Aufsicht fehlte, und sie ertrugen alle Beschimpfungen mit stoischer Ruhe. All dies wurde in den Wochenberichten von Schneider ausführlich geschildert, ebenso wie die erstaunlichen Zahlen von geflüchteten Arbeitern, von denen nur die wenigsten „zurückgeführt" werden konnten. Oberingenieur Faust fragte im Protokoll rhetorisch, ob man es einem Polier oder Schachtmeister verdenken könne, wenn er dann handgreiflich werde.[46]

Später wurde Schneider – wie erwähnt – auch zum Leiter der Rechtsabteilung berufen, eine Aufgabe, die angesichts der Vielzahl von Geschäftsbeziehungen mit Subunternehmen und Lieferanten sicher in den Mittelpunkt seiner Tätigkeit rückte. Aber er war damit auch verantwortlich für die Einweisung von „Arbeitsbummelanten" in das Erziehungslager, was als die mildeste Form der Bestrafung galt, bevor weitere Grade der Bestrafung verhängt wurden, wie etwa die zbV-Kolonne, die der verschärften Disziplinierung diente.[47]

Ein zentrales Problem des Arbeitskräftemanagements für das im Bau befindliche Chemiewerk bestand im andauernden Mangel an wirklich qualifizierten Arbeitskräften, also Facharbeitern, der den schnellen Fortschritt der Bauarbeiten immer wieder behinderte. Schneider machte sich in seiner Aussage in Nürnberg selbst zum Initiator eines Prämiensystems für die Zwangsarbeiter und Häftlinge, durch das sie z. B. zusätzliche Einkaufsmöglichkeiten erhalten konnten.

Auf den ständigen Kampf um qualifizierte Arbeiter deuten auch die fünf Auslandsreisen hin, die Schneider zwischen 1942 und 1944 unternahm, zunächst nach Italien im Februar 1942, nach Frankreich und Belgien im Juli 1942, wiederum nach Italien im Februar/März 1943, erneut nach Frankreich und Belgien im März und Juli 1943 und schließlich wieder nach Frankreich im Februar 1944. In der IG Auschwitz galt Schneider deshalb als der „Verbindungsmann nach Frankreich". Nach seinen Angaben im Fragebogen waren dies geschäftlich notwendige Reisen zu Lieferfirmen und Subunter-

---
46 Arolsen Archives, Bestand Auschwitz, Dok. 82348905.
47 Aussage Roßbachs in: ND Nr. 31 und Arolsen Archives, Auschwitz Dokumente, NI 14287.

nehmen. Man wird aber nicht fehlgehen in der Annahme, dass er dabei vor allem an zusätzlichen Arbeitskräften aus diesen Ländern interessiert war, um eines der zentralen Probleme der Baustelle zu lösen. Jedenfalls deuten darauf die Kontakte mit unterschiedlichen deutschen Stellen in Paris hin, die für die Rekrutierung von Arbeitskräften zuständig waren.[48] Schneider besuchte in Paris den örtlichen Sonderbeauftragten des GBChem Dr. Willi Handloser und den dortigen Vertreter der deutschen Arbeitsverwaltung Dr. Titus. Er war bei dieser Suche nach Arbeitskräften offensichtlich zumindest teilweise erfolgreich, denn sein direkter Vorgesetzter Roßbach sagte zu seinen Bemühungen in Rom aus:

> „Als ich zur IG Auschwitz zurückgekehrt war, ist Assessor Helmut Schneider zur Beschaffung weiterer Arbeitskräfte nach Rom gefahren. Von einer italienischen Firma bekamen wir 1000 Arbeiter."[49]

Dies vermutete auch die Anklagebehörde im Nürnberger Prozess, wo er 1947/48 als Zeuge aussagte. Doch dabei ging es schon nicht mehr um Zwangsarbeiter, die nicht mehr zu bekommen waren, sondern es liegt näher, dass Schneider bei diesen Besuchen vor allem versuchte, ausländische Firmen mit ihren eigenen Facharbeitern nach Monowitz zu bekommen, um so schneller die gesetzten Ziele zu erreichen, an denen vor allem sein ehrgeiziger Chef Dürrfeld interessiert war. Ein anderes Verfahren wäre angesichts der enormen Schwierigkeiten, ja der Unmöglichkeit zur Rekrutierung von weiteren STO-Arbeitern kaum denkbar gewesen.[50] Auch bei diesen Auslandsreisen bewährte sich Schneider durch seine offensichtliche Selbstständigkeit. Seine fachliche Kompetenz und seine Sprachkenntnisse waren hierbei wieder von Vorteil. Die Verleihung des Kriegsverdienstkreuzes II. Klasse an ihn im Jahr 1943 spricht jedenfalls dafür, dass er die Anerkennung seiner Vorgesetzten fand, auch wenn diese Auszeichnung in ihrer untersten Stufe millionenfach verliehen wurde.

Ob er die Reisen – vor allem im März 1944 – auch für andere Zwecke, etwa zur Unterstützung seiner französischen Freunde im Lager, genutzt hat, muss leider offenbleiben. Man kann aber vermuten, dass Schneider dort die gleichen Leute traf, die Georges Toupet – der Chef des Franzosenlagers, mit dem er inzwischen freundschaftlich verbunden war – schon im November 1943 in Paris getroffen hatte, um über die wahren Zustände in Auschwitz aufzuklären, aber dafür fehlen die Belege. Auch

---

[48] Aussage Schneiders im Verhör mit Commissioner Alfred H. Elbau in Nürnberg am 14.7.1947, in: ND NI 15131.
[49] Aussage Roßbachs in: Arolsen Archives, Bestand Auschwitz Nr. 26, NI 14287. Im Wochenbericht 53 vom 25.–31.5.1942 wird vom Eintreffen von 1140 italienischen Firmenarbeitskräften berichtet, wohl eine Bestätigung für den Erfolg Schneiders in Rom. Offensichtlich entwickelten sich gute Beziehungen zwischen Schneider und der Vertretung der italienischen Arbeiter. Man traf sich im Juni 1942 zu einer freundschaftlichen Besprechung, vgl. Setkiewicz, Histories of Auschwitz, S. 326. Dazu passt auch die Aussage von Hans Deichmann über die gute Behandlung der italienischen Arbeiter durch Schneider.
[50] STO bedeutet „Service du travail obligatoire" (Zwangsarbeitssystem zugunsten des Deutschen Reichs), das in Vichy-Frankreich am 15.2.1943 gesetzlich eingeführt wurde.

Schneider selbst sagte in Nürnberg und auch später nichts dazu. In jedem Fall steht fest, dass Toupet sich unter dem Eindruck der wahren Vorgänge in Auschwitz spätestens im November 1943 aktiv der Résistance-Bewegung anschloss und damit von der offiziellen Vichy-Linie seiner Führung abwich.[51] Schneider wird zweifellos davon gewusst haben, auch wenn dies nicht eindeutig zu belegen ist. Davon wird im folgenden Kapitel noch ausführlicher zu sprechen sein. In jedem Fall muss er mit der Führung der „Chantiers" Kontakt aufgenommen haben, denn schon am 6. November 1943 – drei Tage nachdem Toupet in Châtel-Guyon, dem Hauptquartier der „Chantiers" in der Nähe von Vichy, gewesen war – richtete General de La Porte du Theil ein offizielles Schreiben an Schneider, in dem er sich für die „bienveillance" gegenüber seiner CJF-Mannschaft in Auschwitz bedankte.[52]

Ein bemerkenswertes Licht auf Schneiders Tätigkeit und Verhalten im Umgang mit seinen Kollegen wirft die Aussage von Martin Roßbach in Nürnberg, die uns über die Existenz einer kleinen offenbar dissentierenden „Gruppe" in der Verwaltung der IG Auschwitz informiert. Offensichtlich konnten die Arbeitskollegen Martin Roßbach, Eduard Baar von Baarenfels, Gerhard Sylla und Schneider untereinander ganz offen über die wahren Verhältnisse in Auschwitz, über die Kriegsaussichten und über ihre Distanz zu NS-Herrschaft sprechen.[53] Zu dieser Gruppe gehörte allerdings nicht der Werkleiter Walter Dürrfeld.[54] In jedem Fall kann man feststellen, dass Schneider sich sehr selbstbewusst und mit der Unterstützung Dürrfelds für „seine" Franzosen einsetzte und für deren Autonomie im Lager kämpfte – dazu später mehr. Von einer direkten Überwachung seiner Person durch die SS oder den Werkschutz ist trotz vielfach dokumentierten Misstrauens ihm gegenüber und einiger Verhöre nichts bekannt. Die Kontakte der Gruppe Roßbach untereinander – wenn man sie so nennen will – blieben unentdeckt. Roßbach genehmigte auch eine eigentlich verbotene Reise Baars nach Wien im November 1943, auf der ihn der Werkschutzführer Max Sauerteig sogar begleitete.[55] Dieser verhinderte auch eine erneute Verhaftung Baars nach dem 20. Juli

---

51 Dazu Arnaud, Gaston Bruneton et l'encadrement des travailleurs français en Allemagne (1942–1945), in: Vingtième Siècle. Revue d'histoire 67 (2000), S. 95–118, online verfügbar unter: https://www.persee.fr/doc/xxs_02941759_2000_num_67_1_4597, S. 107 (11.4.2023).
52 Archives nationales (AN), Paris, AJ 39 175.
53 In seinen Erinnerungen spricht Eduard Baar von Baarenfels davon, dass sich ab 1944 das Verhältnis zu den IG-Kollegen „sogar freundschaftlich" gestaltete, womit sicher auch Schneider gemeint war (Kriegsarchiv Wien, B 120, fol. 206).
54 Dazu auch Stefan Hörner, Profit oder Moral. Strukturen zwischen I. G. Farbenindustrie und Nationalsozialismus, Bremen 2012, S. 249 f.; Aussage Roßbachs in: Arolsen Archives, Auschwitz Dokumente, NI 14287.
55 Das geht aus einer eidesstattlichen Erklärung von Max Sauerteig vom 1.3.1949 hervor. Bei Eduard Baar von Baarenfels handelte es sich um einen konservativen österreichischen Politiker (ehemals Minister und Vizekanzler unter Kurt Schuschnigg), der nach einem Aufenthalt im KZ Dachau und der Konfinierung außerhalb Österreichs durch alte persönliche Kontakte zu den IG Farben gestoßen war, aber weiterhin der polizeilichen Überwachung unterlag. Seine Erinnerungen von 1947 finden sich im Kriegsarchiv Wien (Militärische Nachlässe B 120), die allerdings nur einen kurzen Abschnitt über

1944, als die Gestapo 200 bekannte Gegner des Nationalsozialismus festnehmen wollte.[56]

Roßbachs Aussage ist allerdings nicht der einzige Hinweis auf Zweifel und kritische Gedanken, die offensichtlich in dieser überschaubaren Gruppe innerhalb der Sozialabteilung entwickelt wurden. In einem Brief an Ernst Jünger im Jahr 1954 antwortete Schneider auf dessen Frage nach den Gründen für die kleine Schrift „Von Tag zu Tag" von 1946, dass der Anlass Tagebuchaufzeichnungen gewesen seien, die er schon in Auschwitz einem kleinen Kreis von „wenigen vertrauten Freunden und Kollegen" vorgetragen habe, ein Kreis, dessen Ansichten „mehr als sonst in Industriebetrieben üblich sein dürfte, zu Nachdenklichkeit, Zweifeln und Gewissenserforschung und dgl. neigte" und „gelegentlich durch Handlungen, die dem, was man in jenen Jahren Nationalsozialismus, Geist der Zeit usw. nannte" widersprachen.[57]

Diese eher knappen Bemerkungen zur Tätigkeit Schneiders und seiner Rolle in der IG Auschwitz sagen natürlich wenig über seinen Arbeitsalltag aus, seine Kontakte zu den Kollegen und Untergebenen, die Arbeitsbeziehungen zur SS, die weiterhin die letzte Befehlsgewalt im Lager Monowitz hatte. Er besuchte – nach eigener Aussage – zwei Mal im dienstlichen Auftrag Dürrfelds den Kommandanten des Lagers Monowitz Vinzenz Schöttl.

Die relative Nähe seines Arbeitsplatzes zum KZ-Stammlager Auschwitz und zum seit Oktober 1941 im Bau befindlichen Vernichtungslager Birkenau wirft die Frage auf, wie genau Schneider über den im Sommer 1942 beginnenden Massenmord durch Giftgas und das Verbrennen der Leichen in den großen Krematorien dieses Lagers informiert war – und wie er damit umging. In den späteren Aussagen nach dem Krieg, sowohl vor dem International Military Tribunal (IMT) in Nürnberg als auch in seinem eigenen Strafprozess vor dem Landgericht Braunschweig sprach er davon, dass er erst nach Kriegsende vom industriell durchgeführten Völkermord in seiner unmittelbaren Nachbarschaft erfahren habe. Erst in einem Einzelverhör in Nürnberg wurde er zu diesem Thema etwas genauer, ohne freilich sein persönliches Wissen über die Vorgänge zuzugeben.

Die Annahme einer offensichtlichen Falschaussage Schneiders wird auch dadurch gestützt, dass sein Kollege Baar von Baarenfels, mit dem er nach eigenen Angaben gut befreundet war, und der auch zu der erwähnten „Dissens-Gruppe" gehörte, in Nürnberg eine Aussage machte, die an seiner Kenntnis über die wahren Vorgänge in Ausch-

---

Auschwitz enthalten. Sein Schicksal von der Gefangennahme im April 1938 und sein Weg über die KZs Dachau und Flossenbürg nach Auschwitz werden kurz skizziert in seiner Zeugenaussage in Nürnberg. Auf der Flucht nach Westen begleitete er seinen Vorgesetzten Roßbach, erst im nordböhmischen Komotau trennten sich ihre Wege, wie auch der Lebenslauf von Roßbach bestätigt.

56 So Baar von Baarenfels in seinen Erinnerungen, in: Kriegsarchiv Wien B 120, fol. 208.
57 Diese Aussagen machte Schneider in einem Brief an Ernst Jünger vom 10.12.1954, der ihn nach dem Anlass der Schrift „Von Tag zu Tag" von 1946 gefragt hatte. Er antwortete hier relativ ausführlich und erwähnte diese Aktivitäten. Vor dem Hintergrund der schon erwähnten Aussage Roßbachs zu der Dissens-Gruppe scheint diese Bemerkung von 1954 durchaus glaubwürdig zu sein.

witz keinen Zweifel ließ und es zugleich wahrscheinlich machte, dass die meisten IG-Mitarbeiter darüber informiert waren.[58] Baar erwähnte ein Gespräch mit dem Hauptsturmführer Josef Remmele, der ihm die Ankunft von 7000 Juden berichtete, von denen noch 600 lebten. Er erwähnte auch Plakate des polnischen Widerstands, die von 10 000 Toten von Katyn und 2 Millionen Toten in Auschwitz sprachen. Noch wichtiger erscheint sein Hinweis auf seine Tätigkeit als Organisator von ganzen Lastwagenladungen von Kleidungsstücken, die von der SS an die IG verkauft wurden, um „Ostarbeiter" einzukleiden. Über das Schicksal der ehemaligen Besitzer dieser Kleidung, die Baar „entwesen" musste, konnte kein Zweifel bestehen. Baars Aussagen sind umso wichtiger, da er in einem vertrauten Verhältnis zu Schneider stand. Gleiches gilt auch für die klaren Aussagen seines direkten Vorgesetzten Martin Roßbach 1965 gegenüber einem auf ihn angesetzten IM der Staatssicherheit über sein und seiner Kollegen Wissen zum Verbleib jener Häftlinge, die nach der Feststellung ihrer Arbeitsunfähigkeit nach Birkenau transportiert wurden, wo sie „durch den Schornstein" gingen.[59]

Schließlich gibt es noch die Aussage des Italien-Beauftragten der IG Farben Dr. Hans Deichmann, der wegen der Bereitstellung italienischer Arbeiter für die IG Auschwitz in Kontakt mit Schneider kam und ihn zwischen März 1942 und November 1944 zehn Mal in Auschwitz besuchte.[60] Die Aussage dieses NS-Gegners und späteren Widerstandskämpfers mit engen Beziehungen zum Kreisauer Kreis – seine Schwester Freya war die Frau von Helmuth James Graf von Moltke – und zur italienischen Resistenza, dass Schneider ihm im Verlauf schon des ersten Besuchs „langsam immer mehr von den entsetzlichen Dingen, die im Lager vor sich gingen bzw. dabei seien ‚anzulaufen' (Werksjargon)" erzählte, ist von besonderem Gewicht, weil die persönlichen Eindrücke aus Auschwitz und Schneiders Berichte Deichmann offensichtlich zum aktiven Widerstand motivierten. Er notierte in seinem Notizbuch „lange Gespräche" mit Schneider, den er auch am 24. Oktober 1944 abends zu Hause besuchte.[61] In seinem Bericht betonte er zugleich die bemerkenswerte Hilfe Schneiders für die italienischen Arbeiter und dessen Informationen über den Beginn der V1-Produktion in Peenemünde, die ihm so wichtig erschienen, dass er sich entschloss, sie über den Vatikan nach England weiterzuleiten.[62]

Doch wir sind für die Einschätzung der Person Schneiders durch ihn nicht allein auf seinen Bericht angewiesen. Im Juli 1949 stellte „Freund" Deichmann für Schneider

---

[58] Affidavit Baar von Baarenfels, in: Bayer AG, Bayer Archives Leverkusen, Ordner Auschwitz.
[59] So die Aussage des IM „Stein", in: BArch Berlin, MfS, HA XX, Nr. 3623, fol. 24 und 51.
[60] Der Wochenbericht 40 vom 16.3.–22.3.1942 erwähnt zwar am 16.3. den Besuch eines Dr. Poggi von der italienischen Botschaft und eines italienischen Firmenchefs in Auschwitz, nennt aber nicht explizit Deichmann (LASA Merseburg, I 528, Nr. 886, fol. 16).
[61] Nach dem Notizbuch 1941–1945 Deichmanns in: Stiftung für Sozialgeschichte des 20. Jahrhunderts, Bestand I.02.1, Nr. 288.
[62] Dazu bislang die knappe Würdigung in: http://www.wollheim-memorial.de/de/hans_deichmann_19072004 (12.4.2023). Karl Heinz Roth arbeitet zurzeit an einer Biografie Deichmanns.

eine eidesstattliche Erklärung über sein Verhalten in Auschwitz aus,[63] die er für seinen Prozess am Landgericht Braunschweig verwenden wollte. Er hatte von dem IG-Anwalt Heinrich von Rospatt die italienische Adresse Deichmanns erhalten und ihn um ein politisches Zeugnis über seine Zeit in Auschwitz gebeten, das ihn auch rechtzeitig erreichte. Angesichts der Bedeutung der Person Hans Deichmanns und seiner genauen Kenntnis der Entnazifizierungsverfahren soll diese Erklärung hier abgedruckt werden.[64]

Eidesstattliche Erklärung

zu meiner Person: Ich, Dr. Hans Deichmann, habe weder der NSDAP angehört noch war ich Mitglied einer NS-Formation (ausgenommen DAF und NSV). Von Mai 1947 bis Juli 1948 war ich aufsichtsführender Vorsitzender der Spruchkammer Obertaunus in Bad Homburg v. d. H. (Ministerium für politische Befreiung). Ich bin mir mithin der Bedeutung einer eidesstattlichen Erklärung, insbesondere in Entnazifizierungsverfahren, vollkommen bewusst.

Zur Sache: Ich kenne Herrn Helmut Schneider seit März 1942, und zwar in seiner Eigenschaft als Bearbeiter von Personal-(Arbeiter-)Fragen des Werkes Auschwitz der I. G. Farbenindustrie. Von März 1942 bis Februar 1944 war ich Beauftragter der Abteilung T des Generalbevollmächtigten für Sonderfragen der chemischen Erzeugung (GBChem) in Rom und habe in dieser Eigenschaft Arbeitsverträge zwischen italienischen Baufirmen und Werken des chemischen Erzeugungsplanes Oberschlesien und Sudetenland vermittelt und ihre Ausführung ständig überwacht.

Diese Tätigkeit führte mich mehrmals zum Werk Auschwitz, wo drei italienische Firmen mit ca. 500 Arbeitern tätig waren. Im Werk Auschwitz hatte ich in erster Linie mit Herrn Schneider zu tun, und ich glaube daher, Gelegenheit gehabt zu haben, mir ein ziemlich gründliches Urteil über Herrn Schneider zu bilden. Dieses war in jeder Hinsicht positiv. Herr Schneider war in jeder Weise bemüht, den in Auschwitz tätigen Fremdarbeitern den Aufenthalt unter den gegebenen Umständen erträglich zu gestalten. Ich erinnere mich genau, dass mir Herr Schneider im Mai 1942 mit dem Ausdruck seiner uneingeschränkten Bewunderung davon berichtete, dass die italienischen Arbeiter kurz nach ihrem Eintreffen auf der Baustelle einen KZ-Kapo verprügelt hätten, der einen Mitgefangenen misshandelt hatte. Diese Haltung war und blieb charakteristisch für Herrn Schneider, von dem ich weiß, [dass] er allen Misshandlungen mit Abscheu gegenüberstand und wo er konnte derartige Übergriffe bekämpfte. Herr Schneider hat über solche Dinge und auch allgemein über seine kritische und ablehnende Einstellung zum Nationalsozialismus und seiner Politik offen mit mir sich ausgesprochen, und ich kann mich sehr wohl erinnern, dass Herr Schneider stets sichtlich erleichtert war, mit mir offen derartige Fragen besprechen zu können. Dass ich überzeugter Antifaschist war – eine Feststellung, die heute recht unmodern geworden ist – war Herrn Schneider wohl bekannt, und ich hatte keinen Zweifel, dass meine politische Überzeugung vollauf gebilligt wurde.

---

[63] Die Charakterisierung „Freund" findet sich in einem Schreiben Schneiders an den IG-Anwalt von Rospatt vom 31.10.1949, in dem er sich bei ihm dafür bedankt, den Kontakt zu Deichmann hergestellt zu haben (NL Schneider, Ordner 1949/50).

[64] Ich stütze mich hier auf den Bericht von Hans Deichmann: Auschwitz, in: 1999. Zeitschrift für Sozialgeschichte des 20. und 21. Jahrhunderts 5 (1990), H. 3, S. 110–116. Vgl. auch ders., Gegenstände, München 1996. Auf die eidesstattliche Erklärung Deichmanns zugunsten Schneiders machte mich freundlicherweise Karl Heinz Roth aufmerksam, der mir auch eine Kopie aus dem noch gesperrten Nachlass Deichmanns zur Verfügung stellte (Stiftung für Sozialgeschichte des 20. Jahrhunderts, Bestand 1.02.1 [Nachlass Hans Deichmann], Nr. 289).

> Wenn der Wiederaufnahmebeschluss im Verfahren gegen Herrn Schneider feststellt, dass das Tätigsein in Auschwitz für sich allein schon NS-fördernd gewesen sei, so muss die Tatsache, dass sich jemand, wie dies bei Herrn Schneider der Fall war, in dieser Umgebung nicht nur den Sinn für wahre Menschlichkeit gewahrt, sondern danach gehandelt hat, ganz fraglos als Entlastung (gemäß Art. 13 des Befreiungsgesetzes der amerikanischen Zone) gewertet werden. Zu weiteren Auskünften stehe ich – bis auf weiteres – unter der oben angegebenen Adresse in Mailand – zur Verfügung.
>
> (Dr. Hans Deichmann)

Leider sind wir über die sich wohl vertiefenden Beziehungen zwischen Schneider und Deichmann während der mehrfachen Aufenthalte in Auschwitz nicht genauer informiert. Immerhin wird aus dem Bericht Deichmanns deutlich, dass er von dem Juristenkollegen so genau über die Vorgänge im KZ und in der IG Auschwitz informiert wurde, dass er in Italien nach diesen Besuchen die Seiten wechselte und aktiv die Resistenza unterstützte. Weitere Kontakte zwischen Schneider und Deichmann aus den Nachkriegsjahren sind nicht erkennbar.

Das sind nur einige Belege für Schneiders offensichtliche Kenntnis um die Vorgänge im KZ, die er an ihm vertrauenswürdig erscheinende Personen auch weitergab. Man wird deshalb in seinen Aussagen nach 1945 Schutzbehauptungen sehen müssen, denn alle Informationen sowohl über die Lagerinsassen von Monowitz als auch über die Wachmannschaften und die Angestellten der IG Farben lassen darauf schließen, dass man als leitender Angestellter der IG Farben über das Schicksal der Insassen des eigenen Lagers informiert sein musste. Auf Grund seiner Tätigkeit muss er mit den Verhältnissen im gesamten Lagersystem von Auschwitz, nicht nur im Lager Monowitz, vertraut gewesen sein, er muss die verräterisch hohe „Fluktuation" unter den Häftlingen bemerkt haben, die ja auch wiederholt Thema in den Wochenberichten war. Bei seiner Vernehmung durch den amerikanischen Untersuchungsbeamten im Juli 1947 erklärte Schneider, dass ihm „unter anderen Aufgaben, auch die Zuteilung der Arbeiter an den Baustellen (in) Auschwitz oblag", ihm waren also die Abläufe und damit auch die immer wieder unter den IG-Leuten diskutierte „Fluktuation" der Häftlinge bekannt. Dabei ist auch daran zu erinnern, so fuhr die spätere Beschuldigung durch einen englischen Offizier im Vorfeld des Landgerichtsprozesses in Braunschweig 1948 fort, „dass er zugibt, all die in Bezug auf die Fremdarbeiter für die Beschleunigung der Produktion als notwendig erachteten Maßnahmen getroffen zu haben". Aus diesen Beobachtungen kann man schließen, dass Schneider sehr viel mehr gewusst haben muss, als er nach 1945 zugeben wollte. Doch auf diese zentrale Frage wird noch zurückzukommen sein.

Nach allen verfügbaren Berechnungen belief sich die durchschnittliche Überlebenszeit der KZ-Häftlinge im Lager Monowitz ungefähr auf drei bis vier Monate, bis Unterernährung, unbehandelte Verletzungen, Krankheiten oder schlichte Erschöpfung die Häftlinge dahinrafften, wenn sie nicht wegen ihrer Unfähigkeit zu weiterer Arbeit auf der Baustelle ohnehin ins Stammlager oder nach Birkenau zurückgeschickt wurden, wo sie die Vergasung erwartete. Das gilt sicher nicht für Funktions- und privilegierte Häftlinge, die bestimmte qualifizierte Aufgaben wahrnahmen, für die etwa die Arbeit des italienischen Juden und promovierten Chemikers Primo Levi im Labor ein gutes Beispiel ist. Aber wir hören auch von Häftlingen, die etwa im Lohnbüro der IG Auschwitz arbeiteten. Natürlich spielte bei der Überlebensdauer der Einsatzort eine große Rolle, denn es gab gesuchte leichtere und gefürchtete schwere Arbeitskolonnen.

Solche deprimierenden Berechnungen stehen in krassem Gegensatz zu der Vielzahl von Zeugenaussagen, die die Anwälte der IG Farben im Nürnberger Prozess hundertfach zusammentrugen. Sie zeichneten alle das Bild eines geradezu idyllischen Lagers, in dem sich die mit ausreichend Nahrung, Kleidung und Schutzausrüstung gut versorgten Häftlinge wohlgefühlt hätten. Da wurde von Häftlingsgruppen berichtet, die sich am Sonntag freiwillig zur Arbeit gemeldet hätten oder ihren Kapos und Meistern selbstgemalte Weihnachtskarten zukommen ließen.[65] All dies sollte das Bild einer harmonischen Werksgemeinschaft zeichnen.

Wer jedoch z. B. Primo Levis Bericht über den Vorgang der Selektion der Häftlinge, die über das weitere Überleben entschied, oder Tibor Wohls Bericht über eine Selektion gelesen hat,[66] weiß, unter welchem unerträglichen Druck die Häftlinge arbeiten mussten.[67] Es kann deshalb nicht erstaunen, wenn die Häftlinge selbst im Krankheitsfall alles daran setzten, um im Lager Monowitz zu bleiben und nicht in das Stammlager zurückgeschickt zu werden.[68] In seiner späteren Braunschweiger Vernehmung berichtete Schneider, dass Direktor Dürrfeld, der sich bei der Lagerverwaltung nach dem Gerücht erkundigt habe, dass im Vernichtungslager Birkenau Leichen verbrannt würden, davor gewarnt wurde, dieses Gerücht weiterzuverbreiten. Die Lagerleitung habe auf die Flecktyphusepidemie hingewiesen, der viele Häftlinge zum Opfer gefallen seien, deren Leichen verbrannt werden müssten. Dagegen sprechen viele andere Quellenzeugnisse, die hohen Flammen aus den Schornsteinen der ständig arbeitenden Krematorien und die folgenden dunklen Rauchwolken waren unübersehbare Zeichen für die systematisch geplante Vernichtung von Menschen. Wenn schon der polnische Fahrer von Dürrfeld wusste, was in Birkenau passierte, so wird man kaum glauben können, dass die leitenden Angestellten nichts davon wussten.[69] Frau Schneider nahm jeden-

---

[65] Zum Beispiel in ND, Rolle 65, fol. 950 ff. für Oberpolier Ottowitz.
[66] Primo Levi, Ist das ein Mensch? Ein autobiographischer Bericht, Frankfurt am Main [11]2002, S. 153 f. und Tibor Wohl, Arbeit macht tot. Eine Jugend in Auschwitz, Frankfurt am Main 1990, S. 81 f.
[67] Dazu jetzt die neue Arbeit von Katharina Stengel, Die Überlebenden vor Gericht. Auschwitz-Häftlinge als Zeugen in NS-Prozessen (1950–1976), Göttingen 2022.
[68] Aussage Direktor Braus' 2. Vernehmung NI 14722, in: ND, Rolle 33, fol. 820.
[69] Aussage Theophiel Jastrzembskis, in: Arolsen Archives, Bestand Auschwitz, Dok. 82350031. Ferner viele überzeugende Belege zusammengestellt bei Bernd C. Wagner, Gerüchte, Wissen, Verdrängung, in: Norbert Frei u. a. (Hrsg.), Ausbeutung, Vernichtung, Öffentlichkeit. Neue Studien zur nationalsozialistischen Lagerpolitik, München 2000, S. 231–248 und Nachweise bei Langbein, Menschen, S. 502 ff.

falls den süßlichen Geruch der Krematorien wahr, sie wird sicher auch mit ihrem Mann darüber gesprochen haben.[70]

Umso wichtiger ist Schneiders zweite Aussage in Nürnberg, die in einer 16-Punkte-Erklärung zusammengefasst wurde. Hier deutete er plötzlich doch nähere Kenntnisse über das Geschehen in Auschwitz an:

> „Ich erkläre nochmals ausdrücklich, dass ich das KZ-Lager nie von innen gesehen habe.[71] Ich hätte es mir gar nicht vorstellen können, dass man dort so viele Menschen umgebracht hat. Der Gedanke wäre mir früher gar nicht gekommen. Außerdem halte ich als Jurist immer nur das für wahr, was tatsächlich erwiesen ist, und ich gebe nicht viel auf Gerüchte."

Aber im weiteren Verlauf des Verhörs gab er an, durch ein Gespräch seines Bürovorstehers mit einem SS-Mann aus seiner Ruhe gebracht worden zu sein. Dieser habe eine Art moralischen Koller bekommen und von Leichenverbrennungen berichtet, ja, dass sogar Menschen lebendig ins Feuer geworfen wurden.

Fasst man alle diese Einzelbeobachtungen zu den Tätigkeiten und den Informationsmöglichkeiten Schneiders zusammen, so kann kein Zweifel daran bestehen, dass er zu der Gruppe der sehr gut und umfassend informierten leitenden Angestellten der IG Auschwitz gehörte, dass er zudem ständig im persönlichen Kontakt zu seinem Werkschef Dürrfeld stand. Das System der Ausbeutung der meist jüdischen KZ-Häftlinge war ihm mit all seinen Konsequenzen vertraut. Man kann deutlich zeigen, dass der Führungsebene der IG Auschwitz die unmenschliche Behandlung der Häftlinge bekannt war. Man beschwerte sich bei der KZ-Lagerführung zwar über die „schwere Züchtigung der Häftlinge" durch SS-Wachen und Kapos, aber nicht etwa aus menschlichem Mitgefühl, sondern weil man die „demoralisierende Wirkung" auf die freien polnischen und reichsdeutschen Arbeitskräfte befürchtete.[72]

Bei allen Arbeitskräften gab es ohnehin andauernde Probleme bei der angestrebten Steigerung der Arbeitsleistung, oder besser gesagt, zur Sicherung einer zumindest minimalen Arbeitsleistung. Was konnte man von Hunderten junger sowjetischer Zwangsarbeiterinnen erwarten, die zunächst nur mit Rock und Bluse bekleidet und mit nackten Füßen arbeiten mussten und erst nach langer Wartezeit die üblichen Holzschuhe erhielten? Was konnte man gegen die belgischen und kroatischen Arbeiter unternehmen, die nur teilweise zur Arbeit erschienen und gegen deren Verweigerungshaltung auch der längere Entzug von Nahrung nicht half?

Da tauchte in den Wochenberichten schon einmal der Vorschlag auf, dass man hier „Brachialgewalt" anwenden müsse. Im Bericht 64/65 vom August 1942 rühmte sich

---

70 So die Erinnerung von Sabine Lanz an nicht datierbare Gespräche mit ihrer Mutter.
71 Damit meinte Schneider wohl das Stammlager Auschwitz als auch das Vernichtungslager Birkenau.
72 Vgl. etwa Wochenbericht 66/67 vom 3.9.1942, in: Arolsen Archives, Wochenberichte, NI 15115 und Auszug aus dem Wochenbericht 64/65 vom 10.–23.8.1942, in: Arolsen Archives, Bestand Auschwitz, Dok. 82348834. Dazu auch Borkin, Die unheilige Allianz, S. 111.

Schneider, durch erzieherische Maßnahmen die „Russinnen" „straff auszurichten und an eine strenge Disziplin zu gewöhnen", und wies darauf hin, dass seine Abteilung zum Teil mit Hilfe des Werkschutzes und der Gestapo insgesamt 160 französische und belgische Arbeiter in ihre Heimatländer „zurückgeführt" habe, um die Arbeitsmoral zu verbessern. Im Bericht werden sie als „unzuverlässige und arbeitsscheue Elemente" bezeichnet.[73]

Das Problem der sinkenden „Arbeitsmoral" bekam die IG Auschwitz dauerhaft aber nicht in den Griff, wie die beredte Klage von Oberingenieur Faust im Wochenbericht 126/127 vom Oktober 1943 verdeutlicht. Sie soll hier ausführlicher zitiert werden, weil sie die menschenverachtende Tonlage dokumentiert, mit der man über die Arbeitskräfte sprach:

> „Eine Sorge, die von Woche zu Woche brennender wird, bildet die ständig abnehmende Arbeitsmoral auf der Baustelle. Wenn ich auch bei meinem letzten Besuch in Ludwigshafen feststellen konnte, dass auch dort die Arbeitsmoral auf der Baustelle zu wünschen übrig lässt, so ist doch auf unserer Baustelle wegen der außerordentlich bunten Zusammensetzung der Belegschaft, wobei die Häftlinge und kriegsgefangenen Engländer eine besonderes bedenkliche Rolle spielen, die Durchführung besonderer Maßnahmen notwendig.
> Bedauerlich hierbei ist, dass die Gestapo bei der Behandlung von Fragen der Arbeitsbummelei nicht so prompt arbeitet, wie dies von uns gewünscht wird. So werden zum Beispiel Reklamationen bei der Gestapo wegen Behandlung von uns gemeldeter Arbeitsbummelanten mit dem einfachen Hinweis beantwortet, dass sich die Gestapo nicht drängeln ließe. Diese Tatsache allein zeigt, dass man dort noch nicht erkannt hat, um was es geht.
> Bezüglich der Behandlung der Häftlinge habe ich zwar stets dagegen opponiert, dass Häftlinge auf der Baustelle erschossen oder halbtot geschlagen werden. Ich stehe jedoch auf dem Standpunkt, dass eine Züchtigung in gemäßigten Formen unbedingt notwendig ist, um die nötige Disziplin unter den Häftlingen zu wahren. Es geht nicht an, dass ein Häftling einem Meister nachruft: ‚Dich werden wir auch noch von deinem Fahrrad herunterholen.'"[74]

Diese und ähnliche Bemerkungen lassen keinen Zweifel an der Neigung des IG-Managements zu einer Politik der harten Hand. Auf der anderen Seite gibt es genügend Hinweise darauf, dass Schneider zu einer Gruppe von Angestellten gehörte, die sich im kleinen und verschwiegenen Kreis – aber nur dort – kritische Gedanken über die „Schinderei" im Lager machte und sich darüber auch untereinander austauschten. Konsequenzen hatte diese Haltung allerdings nicht, der Betrieb lief ungestört weiter.

Der Wochenbericht über die Weihnachtswoche 1941 erwähnte die verschiedenen Weihnachtsfeiern der Beschäftigten der IG Auschwitz. Am 16. Dezember feierten 300 Mitglieder der IG-„Gefolgschaft" im Saal des Seraphinenklosters, der Bericht sprach abschließend noch von einem „sehr feierlich und schließlich feucht-fröhlich verlaufenem

---

[73] Vgl. etwa Wochenbericht 11 vom 3.–9.8.1941, in: Arolsen Archives, Dok. 82348846. Dazu auch Joseph Borkin, Die unheilige Allianz, S. 111. Zu den Arbeitsverweigerungen der verschiedensten Art ausführlich: Setkiewicz, Histories of Auschwitz, S. 316 ff.
[74] Der Bericht ist zu finden in: BArch, MfS, BV Erfurt, AOP 1265/72, fol. 041.

Julfest der Waffen-SS".[75] Am 19. Dezember 1942 begaben sich die Herren Direktoren mit KZ-Kommandant Höß auf Treibjagd und brachten 203 Hasen, einen Fuchs und eine Wildkatze zur Strecke, Walter Dürrfeld wurde zum Jagdkönig gekrönt, er hatte 10 Hasen und den Fuchs erlegt. In Auschwitz konnte auch gefeiert werden.[76]

---

[75] Wochenbericht 31/32 vom 29.12.1941, in: Arolsen Archives, Dok. 82348837 (NI 15099) und 82/83 vom 19.12.1942, in: Arolsen Archives, Dok. 82348830 (NI 15102).
[76] Zum guten Verhältnis der IG-Farben-Führung und insbesondere Walter Dürrfelds zu Rudolf Höß und der Lager-SS vgl. jetzt Anna-Raphaela Schmitz, Dienstpraxis und außerdienstlicher Alltag eines KL-Kommandanten: Rudolf Höß in Auschwitz, Berlin 2022, S. 99 f. und 291.

5 „Tout ce centralise sur un seul Allemand, SCHNEIDER"

Verhältnis zu den französischen Zwangsarbeitern

In seiner Aussage vor dem IMT in Nürnberg schilderte Schneider ausführlich die sozial orientierte Führung des Lagers Monowitz durch die IG Auschwitz, namentlich durch Walter Dürrfeld, den er hier zu entlasten suchte. Sein ehemaliger Chef stand mit anderen Vorstandsmitgliedern der IG Farben unter einer massiven Anklage, die – wie schon erwähnt – fünf zentrale Punkte umfasste, von denen aber der Vorwurf der Zwangsarbeit („slave labour" in der englischen Fassung) besonders schwerwiegend war, denn vor allem dieser Anklagepunkt sollte später zur Verurteilung von Dürrfeld und anderen Beschuldigten führen. Schneider vergaß in seiner entlastenden Aussage nicht, auch seine eigene Leistung bei dieser Arbeit herauszustellen, seine besondere Fürsorge um das sogenannte Franzosenlager II-West.

Es ist nicht eindeutig zu erschließen, wann und wie es genau zu dieser besonderen Beziehung zwischen den Franzosen und „assesseur Schneider" gekommen ist, die für sein weiteres Leben wichtig geworden ist. Man kann nur vermuten, dass Schneiders alte Liebe zur französischen Kultur und Sprache dabei eine Rolle spielte, vielleicht war er auch bei seinen Besuchen in Frankreich 1943 schon mit den „Chantiers de la jeunesse française" (CJF) in Berührung gekommen, denn seine Gruppe der „Chantiers" war am 2. Juli 1943 nach mehrtägiger Bahnfahrt von Limoges aus in Auschwitz angekommen. Ein Schriftwechsel ist erst für den Herbst 1943 nachzuweisen.

Die Vichy-Regierung hatte nach der Niederlage Frankreichs schon am 30. Juli 1940 eine Art Ersatzdienst an Stelle der aufgehobenen Wehrpflicht eingeführt, die CJF. In meist halbjährigen Lageraufenthalten in der freien Natur sollte die „classe" der jeweils 20-jährigen Franzosen einer nationalen Ausbildung unterzogen werden, die als Arbeitsdienst mit achtmonatiger Dauer nach Vorbild des italienischen und deutschen Arbeitsdienstes erfolgen sollte.[1] Unter der Führung des Generals Paul Marie Joseph de La Porte du Theil entwickelte sich schnell eine auf die freie Zone Frankreichs beschränkte, im Grunde „paramilitärische" (so das Urteil Patrice Arnauds) Organisation, die Lageraufenthalte und sportliche Übungen mit der Arbeit an öffentlichen Projekten verband, eine zeitgenössische Publikation bezeichnete sie als „espoir de la France".[2] An

---

1 Zur Gründungsgeschichte zuletzt Antoine Huan/Frank Chantepie/Jean-René Oheix, Les chantiers de la jeunesse, 1940–1944. Une expérience de service civil, Paris 1998, S. 11–30.
2 Jean Delage, Espoir de la France, Paris 1941, der gleiche Verfasser sollte 1950 das erste Buch über die „Chantiers" publizieren. Vgl. Christophe Pécout, Les chantiers de la jeunesse et la revitalisation physique et morale de la jeunesse française (1940–1944), Paris 2007 und zuletzt Olivier Faron, Les chantiers de jeunesse. Avoir 20 ans sous Pétain, Paris 2011.

ihrer engen Bindung an Marschall Pétain und die Ideale der „nationalen Revolution" kann kein Zweifel bestehen, ebenso wenig an den höchst kontroversen Debatten über die ideologische Ausrichtung und die Formen der Kooperation mit dem Dritten Reich.[3] Als die von den deutschen Besatzungsbehörden im Rahmen der vom Generalbevollmächtigten für den Arbeitseinsatz Fritz Sauckel ultimativ vorgetragenen Forderungen nach französischen Arbeitskräften für die deutsche Wirtschaft immer dringlicher wurden, gerieten auch die Einheiten der „Chantiers" in den Sog der vom „Service du travail obligatoire" (STO) vorgesehenen Abordnungen nach Deutschland.[4] Denn das STO-Gesetz vom 16. Februar 1943 hatte den „Service" genau für jene jungen Männer eingeführt, die bislang den Dienst bei den Chantiers leisteten. Aus den Chantiers wurden STO-Fremdarbeiter, die faktisch Zwangsarbeiter waren.[5] Diese „Radikalisierung der Kollaboration" (Raphaël Spina) durch die Laval-Regierung löste in Frankreich heftige Kontroversen zwischen den politischen Gruppierungen aus, gegen die seit dem Frühsommer laufende 3. Phase der Deportation junger Franzosen regte sich zudem heftiger Widerstand der betroffenen jungen Männer, von denen viele jetzt die Entscheidung für den organisierten Widerstand, die Résistance, trafen.[6]

---

3 Dazu vor allem die Beiträge von Christophe Pécout, Les jeunes et la politique de Vichy. Le cas des chantiers de la jeunesse, in: Histoire@Politique. Politique, culture, société, N°4, janvier-avril 2008, o. P. und Pour une autre histoire des chantiers de la jeunesse (1940–1944), in: Vingtième Siècle. Revue d'histoire 116 (2012), S. 97–107, der hier (Anm. 1–2) auch die ältere Literatur zu den „Chantiers" zusammenstellt.
4 Dazu grundlegend Ulrich Herbert, Fremdarbeiter, Politik und Praxis des „Ausländer-Einsatzes" in der Kriegswirtschaft des Dritten Reiches, Berlin/Bonn ²1986, S. 251 ff. und als knapper Überblick Mark Spoerer, Zwangsarbeit im Dritten Reich (www.wollheim-memorial.de, 12.4.2013). Aus französischer Sicht sind wichtig die ältere Arbeit von Jacques Evrard, La déportation des travailleurs français dans le III Reich, Paris 1972 sowie die Beiträge zum Colloquium von Caen in: Bernard Garnier/Jean Quellien (Hrsg.), La main-d'œuvre française exploitée par le III Reich. Actes du Colloque de Caen, Caen 2003 und vor allem die beiden neueren Standardwerke zu den STOs von Patrice Arnaud und Raphaël Spina. Zuletzt Fabian Lemmes, Arbeiten in Hitlers Europa. Die Organisation Todt in Frankreich und Italien, Köln 2021.
5 Dazu Faron, Les chantiers, S. 197 ff. Der Gesetzestext bei Jean-Pierre Vittori, Eux, les S. T. O. Avoir 20 ans sous Pétain, Paris 1982, S. 318–320.
6 Dazu Raphaël Spina, La France et les Français devant le service du travail obligatoire (1942–1945). Histoire. École normale supérieure de Cachan – ENS Cachan, 2012, S. 144 und 298 sowie Arnaud, Les STO. Histoire des Français requis en Allemagne nazie 1942–1945, Paris 2019, S. 37 ff.; Huan u. a., Les chantiers, S.148–153. Zur innenpolitischen Wirkung der STO-Maßnahmen vgl. Pierre Laborie, L'opinion française sous Vichy – Les Français et la crise nationale d'identité, Paris 2001, S. 278 f. („Le choc de l'été 1942").

Abb. 4: Plakat für die „Chantiers de la jeunesse française"

Eine der bekanntesten Einheiten dieser Bewegung war die Gruppe von 454 jungen Männern unter Georges Jacques Toupet,[7] die Anfang Juli 1943 von Limoges kommend

---

[7] Zu Toupet, der 2007 starb, vgl. den französischen Wikipediaeintrag und die zahlreichen Erwähnungen in der STO- bzw. Chantiers-Literatur, zuletzt bei Faron, Les chantiers, Conclusion S. 331 (mit einer kurzen biografischen Notiz zu Toupets erfolgreicher Nachkriegskarriere). Leider fehlt eine genauere biografische Skizze dieses interessanten Mannes, der vor seinem Einsatz in Auschwitz, der ihn vom Anhänger Pétains zum Mann der Résistance werden lässt, eine Ausbildung zum Reserveoffizier der Armee erhalten hatte. Bemerkenswert sind in jedem Fall seine organisatorische Kompetenz und seine strategische Orientierung, die ihn schon auf dem Rückmarsch von Auschwitz dazu bewog, durch passende Dokumente für die Zukunft vorzusorgen. Dazu gehört auch die gut geplante Erinnerungsarbeit an Auschwitz und seinen Freund Schneider, seine Interviews mit Historikern und seine Sammlung von entlastenden Dokumenten, die er noch in den 1970er und 80er Jahren anlegte, wie das Material im Institut d'histoire du temps présent (IHTP) Paris, ARC 095, ausweist. Zur Gruppe der CJF in Auschwitz vgl. auch Arnaud, Les STO, S. 173 (zu Schneider) und passim.

in Auschwitz-Monowitz eintraf und dort ihre Arbeit aufnahm. Toupet, gerade erst 25 Jahre alt, ein selbstbewusster junger Reserveoffizier christlicher Prägung mit beachtlichen Führungsqualitäten,[8] hatte sich bereit erklärt, mit seiner Gruppe nach Deutschland zu gehen, obwohl er das nicht hätte tun müssen, aber er wollte sie nicht allein ziehen lassen. Er und seine Unterführer trafen im Lager auf eine schon vorhandene große Gruppe von ca. 2000 Franzosen, darunter sowohl Zwangsrekrutierte wie auch freiwillige Arbeiter. Sie lebten in einem separaten Lager, das zunächst durch mangelnde Disziplin, schlechte Hygieneverhältnisse und interne Spannungen, Schwarzhandel und Diebstähle geprägt war. Zudem führten die deutschen Bewacher ein hartes und ungerechtes Regiment, Gewalttätigkeiten waren an der Tagesordnung. Die deutsche Lagerleitung setzte zudem auf ein System französischer Spitzel aus den Reihen der Kollaborateure und kontrollierte so die französischen Arbeiter. Toupet und seine Führungsgruppe verstanden es allerdings sehr bald, die jungen Franzosen aller Teilgruppen zu einer weitgehend gemeinsam agierenden Sondergruppe im Lager zu formen, die sich durch Disziplin, kameradschaftliches Verhalten, niedrigen Krankenstand und Selbstbewusstsein auszeichnete, dies daneben mit einer schwer vorstellbaren kulturellen Autonomie verband.[9]

Dazu bedurfte es allerdings der aktiven Mithilfe eines Mannes aus der Personalabteilung des Werks, „cet homme s'appelle Schneider", so hat es Henry Rousso formuliert.[10] Seine Hilfe wurde auch dadurch gewonnen, dass Toupet gegen die heimlichen Zahlungen der IG Farben an französische Scheinfirmen vorging, von denen einige der bisherigen Führungsfiguren im Lager unter der Hand profitiert hatten. Schneider war dabei behilflich, wenn es zunächst um die Entfernung jenes kollaborationsfreundlichen Personals ging, das den bisherigen schlechten Zustand des Lagers zu verantworten hatte. Diese Männer verdienten heimlich an Prämien der IG Farben und anderer Firmen, denen sie bevorzugte Behandlung bei der Stellung französischer Arbeitskräfte versprachen, obwohl die Verträge zwischen der Vichy-Regierung und dem Reich dies ausdrücklich untersagten.[11] Auch wurden die französischen Arbeiter offenbar um einen Teil ihres Lohns betrogen. So entstand der „Camp Napoléon" in einer Umgebung, die eigentlich ungünstiger nicht sein konnte.[12] Toupet erwies sich als geschickter Ver-

---

8 Zu seiner militärischen Karriere vgl. das Zeugnis seines ehemaligen Kompaniechefs Henri Nogueres vom 9.12.1978, der schon früher versucht hatte, ihn für die Résistance zu gewinnen (in: IHTP Paris, ARC 095).
9 Dazu die älteren Darstellungen von Jean Delage, Grandeurs et servitudes des chantiers de jeunesse. Avec un préface du Général La Porte du Theil, Paris 1950 und Robert Hervet, Les Chantiers de la jeunesse, Paris 1962. Zuletzt Faron, Les chantiers, S. 211.
10 Henry Rousso, Un château en Allemagne, Paris 1980, ebook-Ausg., Pos. 8978.
11 Dazu Arnaud, Gaston Bruneton, S. 107.
12 Grundlage für die Beschreibung der Verhältnisse im Lager und die Unterstützung durch Helmut Schneider ist der Bericht des Leiters des Lagers Georges Toupet, den dieser nach der Rückkehr nach Frankreich im Juni 1945 verfasste (in: Archives nationales, AJ 39 175) sowie die Berichte von Jean Chassagneux, (témoignage), STO (Service du travail obligatoire). Auschwitz-Königstein (1943–1945), Vil-

mittler zwischen seinen neu hinzugekommenen Chantiers und den älteren Franzosen, denen er einen „Vertrag" anbot, in dem er eine Verbesserung ihrer Lebensverhältnisse versprach.[13] Er zögerte später nicht, die bemerkenswerte Hilfe Schneiders herauszustellen und machte ihn dabei überschwänglich sogar zu einem Mann französischen Bluts mütterlicherseits, obwohl bestenfalls seine bekannte Begeisterung für das Land und seine Kultur nachgewiesen werden kann. In der Reihe seiner Vorfahren gibt es definitiv keine Franzosen.

> „Ich muss sofort sagen, dass mir bei meiner Arbeit durch die Protektion eines jungen deutschen Anwalts Assessor Helmut Schneider erheblich geholfen wurde. Er musste seinen Beruf wegen seiner Weigerung, Mitglied der nationalsozialistischen Partei zu werden, aufgeben, aber durch familiäre Beziehungen und durch seine wache Intelligenz hatte er einen interessanten Posten in der deutschen Schwerindustrie erhalten. In mehreren Fällen hat der frankophile Schneider (von französischem Blut mütterlicherseits) zahlreiche Kameraden und mich durch seine persönliche Garantie nach meiner Verhaftung vor der Gestapo gerettet. Viele andere Franzosen haben dies bezeugt [...] Es gibt dabei große Risiken bei diesem Spiel für ihn, und seine persönlichen Feinde lassen es an ständigen Attacken auf ihn nicht fehlen."[14]

Diese sehr persönliche Aussage Toupets wird auch durch Beobachtungen bestätigt, die aus größerer Distanz erfolgten, so von dem angehenden katholischen Geistlichen Jean Chassagneux:

> „Er [Toupet] profitierte vor allem von einer besonderen Chance, dem Zusammentreffen mit Assessor Helmut Schneider. Dieser frankophile Deutsche, der unsere Sprache sehr gut spricht, war Anwalt, aber als Antinazi von einer Karriere in der Justiz ausgeschlossen. Ohne Zweifel hatte er gründliche Kenntnisse, denn er war Assessor bei den IG Farben geworden als eine Art Personaldirektor."

---

lage de Forez 2002 und Souvenirs d'un quart de siècle d'un jeune de St.Jean-Soleymieux (1922–1948), Village de Forez 2008). Auch die Befragungen Toupets kurz vor seinem Tod durch Patrice Arnaud (1995), Olivier Faron (2005) und Raphaël Spina (2007) sind wichtige Quellen, die aber leider nicht verschriftlicht wurden. Dazu kommt die Zeugenaussage, die Max Lacourt 1951 zugunsten Schneiders machte, die auch auf seine Bedeutung für das Lager eingeht.

13 So die Aussage Toupets im Gespräch mit Olivier Faron, in: Faron, Les chantiers, S. 209.

14 Bericht Toupets vom Juni 1945, in: Archives nationales, AJ 39 175. Toupet scheint bei der Behauptung einer französischen Abstammung Schneiders einem – sicher wohlwollenden – Irrtum aufgesessen zu sein. Er verwechselt wohl den kulturellen Anstoß der Mutter während der Reise nach Paris mit ihrer vermeintlichen französischen Herkunft. Leicht veränderter Druck des Berichts in Martin, La mission, S. 218. Originalfassung: „Je dois dire tout de suite que j'ai été considérablement aidé dans mon travail par la protection d'un jeune avocat allemand, l'Assesseur Helmut SCHNEIDER, ayant dû abandonner son métier par suite de son refus de devenir membre de la partie nationale socialiste, mais qui par de relations de famille et son vive intelligence avait obtenue une place intéressante dans l'industrie lourde allemande. A maintes reprises, le francophile SCHNEIDER (de sang français par la branche maternelle) a sauvé de nombreux camarades et m'a protégé sur sa garantie personelle de la Gestapo lors de mon arrestation. Bien d'autres Français ont témoigné dans ce sens. [...] Il y cependant de gros risques pour lui à ce jeu et ses ennemies personnels ne se font pas faute de l'attaquer continuellement." Die französischen Zitate wurden vom Autor ins Deutsche übertragen.

Schneider und Toupet anerkannten sich in ihrem Widerstand gegen den Nationalsozialismus, sie trafen sich viele Male trotz der Bedrohung durch die Gestapo, die sie im Fadenkreuz hatte. Das war durchaus berechtigt, da die Gestapo Schneider vorwarf, nicht den Ideen der nationalsozialistischen Partei anzuhängen, und Toupet warf sie vor, eine französische Enklave im Reich zu bilden und zu verhindern, dass seine jungen Leute in die Waffen-SS eintraten, dieses misslang mehrfach. Die Verbindung dieser beiden Männer war nach unserem Wissen tatsächlich wohltätig für uns."[15]

Abb. 5: Bild Schneiders aus der frühen Nachkriegszeit, mit der Beschriftung durch Toupet: *Le cher Assessor Schneider (1910–1968), à qui je dois la vie et tous beaucoup*[16]

Die Übernahme der Verantwortung im Lager gelang Toupet und seinen Unterführern vor allem durch diese besondere Beziehung zu Helmut Schneider, der sich sehr bald zu einer Art von deutschem Schutzpatron „seiner" Franzosen entwickelte, zum „Fran-

---

15 Chassagneux, Souvenirs, S. 51 f. Originalzitat: „Il bénéficia surtout d'une chance extraordinaire : la rencontre de l'*Assessor* Helmuth Schneider. Cet Allemand francophile, parlant très bien notre langue, était avocat, mais exclu du barreau car antinazi. Sans doute avait-il des assises solides et bien placées, car il était devenu *Assessor* de l'IG Farben, sorte de directeur social du personnel. Schneider et Toupet, se reconnaissant dans la résistance au nazisme, se rencontrèrent maintes fois, malgré les menaces de la gestapo qui les tenait dans son collimateur. C'est à très juste titre que la gestapo reprochait à Schneider de ne pas adhérer aux idées et au parti nazis, et à Toupet de constituer une enclave française dans le Reich et d'empêcher ses jeunes d'entrer à la Waffen SS. Cela faillit mal tourner plusieurs fois. La conjonction de ces deux hommes était bénéfique pour nous, à notre insu évidemment."
16 Das Bild (vermutlich) aus dem Besitz von Toupet und die Beschriftung durch Toupet sind abgedruckt bei Chassagneux, Souvenirs, S. 51. Das Bild Schneiders muss aus der unmittelbaren Nachkriegszeit stammen.

zosen-Schneider", wie sein werksinterner Spitzname lautete.[17] Dabei scheute er zuweilen auch nicht den Konflikt mit der SS und dem Werkschutz, wenn er z. B. das Kurzwellen-Radio Toupets versteckte, mit dem dieser „Feindsender" hörte. Dieser berichtete auch von mehreren Situationen, in denen Schneider sein persönliches Gewicht in die Waagschale werfen musste, um die SS-Leute von weiteren Maßnahmen abzuhalten. Jacques Evrard, selbst ein ehemaliger Chantier, bezeichnete Schneider als „allié précieux" Toupets, der ihm mehr als einmal das Leben gerettet habe.[18] Raphaël Spina zog aus seinem Interview mit Toupet im Jahr 2007 den Schluss: „Georges Toupet konnte sein Werk im ‚Camp Napoléon' nicht umsetzen ohne den Schutz des Anti-Nazi Assessor Schneider, des Verantwortlichen für Personalfragen der IG Farben."[19] Selbst wenn man bei Bekundungen dieser Art eine gewisse Neigung zur Übertreibung abrechnet, kann man vermuten, dass Schneider zuweilen riskant handelte, wenn es um „seine" Franzosen ging. Er selber berichtete später im Nürnberger Prozess, dass gerade das Lager der Franzosen unter besonderer Beobachtung des Reichssicherheitshauptamts, der Parteistellen und der Deutschen Arbeitsfront gestanden habe.[20]

Im Geschäftsverteilungsplan der IG Auschwitz lässt sich zwar eine allgemeine Zuständigkeit Schneiders für die ausländischen und deutschen Arbeiterlager ausmachen, aber das erklärt noch nicht seine besondere Sorge für die Franzosen. Es kann aber kein Zweifel bestehen, dass sich hier etwas durchaus Außergewöhnliches vollzog und er sich intensiv um diesen Teil des Lagers kümmerte. Wenn man zudem erfährt, dass es später Kontakte zwischen Schneider und dem Befehlshaber der CJF, General de La Porte du Theil, gab, dann bestätigt dies nur die Sonderstellung des Lagers, aber auch die Gefahren, in die sich Schneider damit begab.[21] Denn am 6. November 1943 hatte der General an den Assessor geschrieben:[22]

---

17 Dieser Spitzname wird in der „Schutzschrift" vom Mai 1949 (PA Schneider) erwähnt und mehrere Zeugen werden dafür angegeben. Die Namen der internen Gegner Toupets nennt Chassagneux, Souvenirs, S. 52.
18 Evrard, La déportation, S. 219.
19 Spina, La France, S. 1016 und auch Evrard, La déportation, S. 214. Originalzitat: „Georges Toupet ne pourrait réaliser son oeuvre au camp Napoléon d'Auschwitz sans la protection de l'assesseur antinazi Helmut Schneider, responsable du personnel à IG Farben."
20 Vgl. ND, Rolle 12, fol. 11400.
21 Vgl. dazu den Hinweis bei Spina, La France, S. 540, Anm. 139.
22 Der Brief in: Archives nationales, AJ 39 175. Originalzitat: „Le Général de La Porte du Theil (6.11.43) Commissaire Général des Chantiers de la Jeunesse, à Monsieur l'assesseur SCHNEIDER. J'ai appris par le Commissaire Adjoint TOUPET la compréhension et la bienveillance que vous avez eues à mon égard en lui facilitant la tâche auprès des Français à Auschwitz. J'ai noté avec satisfaction la confiance que vous lui avez accordées et que vous a conduit a lui donner la direction et le contrôle des ouvriers français. Je compte que le chef TOUPET, ses collaborateurs et les jeunes des chantiers continueront a être un témoignage de la dignité française dans le respect des consignes du Maréchal. Veuillez agréer Monsieur l'assesseur l'assurance de ma parfaite considération. gez. La Porte du Theil"

Le Général de La Porte du Theil 6.11.43
Commissaire Général des Chantiers de la Jeunesse
Ich habe von dem stellvertretenden Kommissar TOUPET erfahren, welches Verständnis und Wohlwollen Sie mir entgegengebracht haben, indem Sie ihm die Arbeit bei den Franzosen in Auschwitz erleichterten.
Ich habe mit Genugtuung das Vertrauen wahrgenommen, das Sie ihm entgegengebracht haben und das sie bewogen hat, ihm die Direktion und Kontrolle der französischen Arbeiter anzuvertrauen.
Ich zähle darauf, dass der Chef TOUPET, seine Mitarbeiter und die jungen Chantiers weiterhin ein Zeugnis der französischen Würde im Respekt der Vorschriften des Marschalls sein werden.
Nehmen Sie bitte, Herr Assessor, die Versicherung meiner vollkommenen Hochachtung entgegen.
gez. La Porte du Theil

Dies war zwar ein formeller, aber auch riskanter Brief, denn damit wurde die engere Beziehung zwischen Schneider und Toupet dokumentiert. Vor allen Dingen die Formulierung, dass Toupet die „Direktion und Kontrolle" der französischen Arbeiter übernommen habe, konnte von den offiziellen deutschen Stellen sicher nicht akzeptiert werden, das widersprach zumindest den bislang geltenden Regeln. Allerdings kann man aus dem Entstehungszusammenhang sehen, dass der Brief nicht mit der normalen Post an Schneider gesandt wurde, sondern mit der französischen Dienstpost an Colonel Paul Furioux – den Chef der „Délégation Officielle Française" (DOF) in Berlin – und über diesen Mittelsmann an Georges Toupet und schließlich an Schneider in Auschwitz gelangte. Toupets Aufenthalt in Châtel-Guyon, dem Hauptquartier der CJF, bzw. in Paris ist für den 3. November 1943 belegt, der Brief an Schneider wurde am 6. November ausgefertigt.[23]

Dass Schneider diese enge Beziehung zu den Franzosen aufbauen konnte, hatte zunächst einmal mit den speziellen und relativ günstigen Bedingungen zu tun, unter denen die Franzosen nach Deutschland gekommen waren. Dahinter standen eindeutige Verträge zwischen der Vichy-Regierung und dem Reich, die diese Stellung der CJF garantierten. Dazu gehörte auch, dass es seit Juni 1943 in Deutschland eine „Mission des chantiers en Allemagne" als Teil der DOF unter der Führung von Colonel Furioux und René Cottin gab, deren Leitung nach vielen innerfranzösischen Querelen im November 1944 ebenfalls Georges Toupet übernehmen sollte, wozu es aber dann nicht kam. Schneider hatte es offensichtlich verstanden, mit dieser Mission schnell in eine gute Verbindung zu kommen. Die Berichte der Berliner Abgesandten der DOF, die im Jahr 1944 nach Auschwitz kamen, belegen eine durchaus intensive Zusammenarbeit der Berliner Chantier-Führung und der zuständigen deutschen Partner vor Ort.[24] Sie belegen aber auch eine intensive innerfranzösische Diskussion über die Führung die-

---

23 La Porte du Theil erwähnt in seinen Souvenirs den Bericht Toupets über die Bedingungen in Auschwitz im November 1943. Vgl. Joseph de la Porte du Theil, Souvenirs, Angoulême 1981, S. 195.
24 Vgl. die Berichte de Kerangals und René Cottins vom April und Juli 1944, in: Centre de documentation juive contemporaine (CDJC), Paris, Dossier Cottin III, 1a, fol. 40–43 und 384 f.

ses Lagers, die Qualitäten der jeweiligen Lagerführer und ihrer durchaus unterschiedlichen Art der Führung des jeweiligen Lagers: So wurde etwa Toupets Führungsstil als aristokratisch und stark hierarchisch gekennzeichnet, der eines anderen Lagerchefs als eher politisch und demokratisch.

Die Berliner Führung der Chantiers hatte Schneider auch gebeten, sich zu dem Stand des französischen Lagers zu äußern und im August 1944 – also etwa ein Jahr nach dem Eintreffen der Gruppe Toupets – hatte er auf seinem offiziellen Briefpapier der IG Auschwitz an die DOF berichtet:

> Auschwitz, den 17. August 1944
>
> Sehr geehrter Herr Kommissar Cottin!
> Wie uns Herr Toupet mitteilt, sind Sie daran interessiert, unsere Meinung über den Einsatz des französischen Arbeitsdienstes zu erfahren. Wir können Ihnen mit Freude mitteilen, dass wir mit diesem Einsatz sehr zufrieden sind und dass es insbesondere Herr Toupet und Herr Devaux nach unseren bisherigen Beobachtungen und Erfahrungen verstanden haben, die Lagerführung sämtlicher auf unserer Baustelle tätigen Franzosen mit gutem Geschick durchzuführen.
> Mit dem französischen Arbeitsdienst als Ausgangspunkt haben die beiden Herren die anderen Franzosen zum größten Teil zu anständigen Arbeitern erzogen. Wir bedauern es nicht, dass wir als erste Firma im deutschen Reich die Lagerführung vollkommen Franzosen überlassen haben und dass nach und nach unser Lager zu einem der ersten und bestorganisierten überhaupt geworden ist.
> Die Initiative der Herren Toupet und Devaux hat nicht zuletzt Anteil an diesem Erfolg, und wir glauben annehmen zu dürfen, dass ein Versuch mit anderen Führern in der französischen Lagerführung als den Herren Toupet und Devaux nicht so gut gelungen wäre, wie es hier der Fall ist.
> Als Vertreter der französischen Arbeiter haben es die Herren Toupet und Devaux verstanden, durch überlegte Maßnahmen den Disziplingedanken unter den französischen Arbeitern zu vertiefen, wodurch auch die Leistungen dieser Arbeiter auf unserer Baustelle wesentlich verbessert wurden. Außerdem haben wir die beiden Herren als außerordentlich tüchtige und zuverlässige Führer kennen und schätzen gelernt.
> Wie Sie aus diesen Zeilen ersehen, können wir den Einsatz des französischen Arbeitsdienstes und dieser beiden Führer nur gutheißen.
> Wir würden es sehr begrüßen, wenn Sie persönlich einmal nach Auschwitz kommen könnten, um sich von unseren Schilderungen selbst zu überzeugen.
> Mit vorzüglicher Hochachtung und Heil Hitler!
>
> Ihr Schneider[25]

Angesichts der engen Kontakte zwischen Toupet und Schneider und deren gemeinsamen Auftreten gegenüber der Berliner Führung der Chantiers wird deutlich, dass Toupet zunehmend in eine Schlüsselstellung innerhalb des STO-Systems einrückte. Sein Name wurde bekannt, der französische Kommissar schrieb sogar: „Auschwitz, c'est Toupet", um dessen dominante Rolle vor Ort zu beschreiben. Am 24. April 1944 besuchte Kommissar Cottin die oberschlesischen Lager der Chantiers und verhandelte mit Schneider über einen Zimmerverschönerungs-Wettbewerb, woran sich dieser interessiert zeigt. Für die Gewinner des Wettbewerbs war eine bezahlte Reise nach Breslau

---

[25] Schneider an Cottin, in: CDJC, Dossier Cottin IIIa, 1, fol. 370.

vorgesehen. Nach den Gesprächen mit Toupet und Schneider trug Cottin in seinen Bericht ein:

> „Guter Eindruck von allem zusammen. Aber das Gebäude ‚Chantiers' ruht auf der Übereinstimmung von zwei Persönlichkeiten. Chef Toupet auf der französischen Seite, Herr Schneider auf der deutschen Seite. Wenn einer von beiden fehlen wird ist es wahrscheinlich, dass genug große Schwierigkeiten auftauchen."[26]

Aber beide waren damit auch der genaueren Beobachtung durch die Sicherheitsbehörden unterworfen.[27] Als der Weggang Toupets dann konkret drohte, setzte sich Schneider resolut für sein Verbleiben in Auschwitz ein, was gleich noch zu berichten sein wird.

Natürlich waren die Chantiers, zumal mit diesem politischen Hintergrund, keine „Menschen zweiter Klasse", so wie die Nationalsozialisten sowjetische Kriegsgefangene oder die Arbeiter aus Polen und anderen slawischen Ländern behandelten, von den jüdischen KZ-Häftlingen ganz zu schweigen. Sie waren – wenn auch unfreiwillige – politische Verbündete, sie waren die sogenannten Pétain-Franzosen, Angehörige einer kulturell hochstehenden und nicht nur von Schneider bewunderten Nation. Zudem beeindruckte ihr paramilitärisches Auftreten die deutschen Beobachter der Verhältnisse in Auschwitz. Da erstaunt es nicht, wenn eine offizielle französische Delegation das Lager mit Pressebegleitung besuchen durfte, so etwa im Frühjahr 1944, was diese Sonderstellung noch unterstrich.[28]

All dies mag sein Engagement für die Franzosen relativieren, doch darf man nicht vergessen, dass diese Einstellung durch die Gestapo und die SS gefährdet war, wie die Aussage des Werkschutzangestellten Johann Brandl unterstreicht, der Dürrfeld und Schneider von der Gestapo „scharf angegriffen und verdächtigt" sah.[29] Dies darf man umso mehr vermuten, da Toupet als „Führer" des Lagers ohnehin unter intensiver Beobachtung stand. Im September 1944 richtete das Reichssicherheitshauptamt ein Rundschreiben an die regionalen Dienststellen der SS, das dazu aufforderte, aus gegebenem Anlass gerade die Anführer der Chantiers besonders scharf im Auge zu behalten.[30]

Die Tatsache, dass sich die Chefs der deutschen Chantiers-Standorte Anfang November 1944 noch zu einer Beratung und Schulung auf einer Berghütte bei Oberstdorf versammeln konnten,[31] spricht auf der einen Seite für deren relative Bewegungsfreiheit, auf der anderen Seite musste genau dies aber das besondere Misstrauen der deut-

---

26 Ebenda, fol. 40–42. Originalzitat: „Bonne impression d'ensemble, mais l'édifice ‚Chantiers' repose sur l'accord entre deux personnalités : Chef Toupet, de côté français, et M. Schneider du côté allemand. Si l'un des deux vient à manquer il est probable que d'assez grosses difficultés se feront jour."
27 Faron, Les chantiers, S. 209.
28 Aussage des Zeugen Georg Wittig in: ND, Rolle 65, fol. 636 ff. (26.7.1947).
29 ND, Rolle 65, fol. 891 ff. (6.3.1948)
30 Nach Arnaud, Gaston Bruneton, S. 113. Das Rundschreiben in: BArch Berlin R58–1030, hier zitiert nach Arnaud, Gaston Bruneton, S. 113.
31 Ein Foto dieses Treffens u. a. mit Cottin und Toupet ist zu finden in: Martin, La mission, S. 145.

schen Sicherheitsbehörden wecken. Toupet war tatsächlich schon am 21. Juli 1944 einmal unter dem Verdacht des „Gaullismus" verhaftet worden, aber Schneider war es gelungen, ihn wieder frei zu bekommen, indem er die zuständigen Männer der SS oder des Werkschutzes – auch wenn das schwer vorstellbar erscheint – mit einem Schwein bestochen hatte, wie Toupet später selbst berichtete.[32] Immer dann, wenn die Sonderrolle Toupets durch die SS in Gefahr geriet, stand der Assessor dem Franzosen zur Seite und half ihm, etwa beim Verbergen eines jüdischen Häftlings oder beim Abhören feindlicher Sender im Radio, auch wenn er sich damit selbst in Gefahr brachte und er den Kurzwellenempfänger in seinem Büro versteckte.[33]

„D'ailleurs tout ce centralise sur un seul Allemand, SCHNEIDER", so wird Toupet es im Juni 1945 sehr eindeutig formulieren, um die vielen Vorfälle zu charakterisieren, in denen Schneider – oft gegen die Absichten der SS und des Werkschutzes – seine schützende Hand über die Franzosen hielt und dabei auch nicht vor Bestechung zurückschreckte. Baar von Baarenfels berichtet, dass die Verhinderung seiner erneuten Festnahme nach dem 20. Juli 1944 nur durch Überlassung größerer Mengen Cognac (14 Flaschen) an die Gestapo gelang. Es bestätigte seine Vermutung, dass die IG Auschwitz eine Art „Staat im Staate" bildete, die sich offensichtlich so ungewöhnlicher Methoden bedienen konnte.[34]

Schneiders Sorge um Toupet ging so weit, dass er sich im Herbst 1944 offiziell über die DOF in Berlin an den Minister wandte und sich dringend dafür aussprach, ihn unbedingt in seiner Führungsposition im Lager Monowitz zu belassen und ihn nicht in die Zentrale nach Berlin zu berufen, wie dies vom Vichy-Arbeitsminister Marcel Déat angeordnet und schon offiziell verkündet worden war.[35] Schneider schrieb am 17. August 1944 in treffender Einschätzung sowohl der Lage der Vichy-Regierung in Sigmaringen als auch der militärischen Situation im Osten:

Herr Minister,
in der Ausgabe der Zeitschrift „France" vom 27.11.1944 haben wir zu unserer größten Überraschung von ihrer Anweisung vom 20.11.1944 Kenntnis genommen, durch die Sie Georges Jacques Robert Toupet, der bei uns als Lagerführer beschäftigt ist, zum Nachfolger von Herrn Cottin no-

---

[32] Die Geschichte wird detailliert berichtet bei Chassagneux, Souvenirs, S. 52. Danach waren Toupet und Schneider gemeinsam zu einem Verhör bei der Gestapo befohlen worden: „Les choses s'envenimèrent et faillirent mal, très mal tourner. Finalement après une entrevue houleuse entre Schneider et la gestapo, à laquelle Toupet n'assista pas, les 2 hommes furent jetés dehors. En traversant la cour Schneider souffla à Toupet : ‚Ne vous retournez pas, sinon nous sommes deux hommes morts.' À la sortie il lui expliqua comment il avait pu se tirer de ce guêpier : en promettant aux SS un cochon gras pour les fêtes."
[33] Dazu die Literatur bei Spina, STO. Zuletzt über Schneider auch Faron, Les chantiers, S. 211.
[34] So die Einschätzung Baars in seinen Erinnerungen, in: Kriegsarchiv Wien, B 120, fol. 206. Die Beobachtung der IG Farben als „Staat im Staate" formulierte schon 1932 Helmut Wickel, Die I. G. Deutschland. Ein Staat im Staate, Berlin 1932, S. 213.
[35] Kopie der Titelseite der Zeitung in: Martin, La mission des chantiers de jeunesse en Allemagne 1943–1945, Paris 2002, S. 132.

miniert haben. Ohne im Mindesten Ihre Entscheidung kritisieren zu wollen sehen wir uns in der Situation, auf die Arbeit von Monsieur Toupet als Lagerführer in unserem Unternehmen verzichten zu müssen. Ein solcher Verzicht wäre für uns ein beträchtliches Opfer angesichts der Tatsache, dass die Arbeit von außerordentlichem Erfolg gekennzeichnet ist, obwohl sie mit großer Verantwortung für Herrn Toupet verbunden ist, auch angesichts der besonderen Schwierigkeiten der politischen Ordnung, die wir durch unsere Situation im Osten und durch die große Zahl von Nationen, die unter unseren Arbeitern repräsentiert sind, zu überstehen haben. Wir können angesichts der besonders dringlichen Gründe nicht die Verantwortung für ein solches Opfer übernehmen.

Die Erfahrungen, die wir in zwei Jahren der Zusammenarbeit mit Herrn Toupet gemacht haben, sind so überzeugend, dass wir volles Verständnis für die Wahl haben, die Sie getroffen haben. Wir können sie aber im Interesse der beiden Seiten nicht als Tatsache akzeptieren, sowohl aus Gründen der Notwendigkeit der Firma, um die begonnene französisch – deutsche Zusammenarbeit tiefgehend zu stören, denn Herr Toupet wird als Folge seiner Nominierung als Chef der Chantiers vollständig von uns getrennt sein.

Wir wären Ihnen sehr verpflichtet, wenn Sie uns im größtmöglichen Ausmaß Ihre Absichten über diese komplexen Fragen wissen ließen ebenso wie die Ziele, die von Ihnen durch die Nominierung von Herrn Toupet verfolgt werden, insbesondere uns zu erklären, ob Herr Toupet trotz seiner eventuellen Ausübung der Funktionen als Chef aller Chantiers seine Arbeit als Chef in unserem Lager Buchenwald fortsetzen könnte.

Vielleicht, Herr Minister, haben Sie die Möglichkeit, uns einen Wunsch zu erfüllen, den wir schon seit längerer Zeit entwickelt haben, den Sie wissen zu lassen, unser Gast zu sein, uns aber die Umstände bislang nicht erlaubt haben. Wir wären glücklich, uns bei dieser Gelegenheit mit Ihnen über diese Nominierung von Herrn Toupet und die Fragen, die damit zusammenhängen, zu unterhalten und zur gleichen Zeit ihren Besuch zu benutzen, um Ihnen unser französisches Lager zu zeigen und sie über die Lage unserer französischen Arbeiter zu informieren. Wir wären darüber ganz besonders erfreut, und Sie könnten bei dieser Gelegenheit vor den Franzosen, die in unserer Firma arbeiten, das Wort ergreifen.[36]

---

36 Der Brief findet sich im CDJC Paris, Dossier Cottin, IIIa 1, fol. 378 (nicht unterschriebene Kopie). Bei Krouck, L'espion, S. 95 und Rousso, Un château, S. 374 finden sich nur kurze Auszüge aus dem Brief. Über die Machtkämpfe innerhalb der Pétain-Regierung, die dem Vorschlag vorausgingen, kann hier nicht berichtet werden. Zur DOF vgl. Evrard, La déportation, S. 209 und Arnaud, Gaston Bruneton, S. 97f. sowie Jean-Pierre Vittori, Eux, les S.T.O., S. 219ff. Originalzitat: „Monsieur le Ministre, Dans le numéro de la ‚France' de 7.11.44 nous avons pris connaissance à notre plus grande surprise de votre arrête du 20.11.44, par lequel vous nommez successeur du Monsieur COTTIN Mr. Georges Jacques Robert TOUPET, employé chez nous comme ‚Lagerführer' (Chef de camp). Sans vouloir critiquer votre décision le moins du monde, nous nous voyons placés dans la situation de devoir renoncer au travail de commandement de Mr. TOUPET dans notre entreprise. Une telle renonciation serait pour nous un sacrifice considérable étant donné le travail couronné de succès quoique extraordinairement plein de responsabilité de Mr. TOUPET, étant donné aussi la considération des difficultés particulières d'ordre politique que nous avons a surmonter par notre situation à l'Est et par le grand nombre de nations représentées chez nos travailleurs. Nous ne pourrions prendre la responsabilité d'un tel sacrifice qu'en consideration de raisons particulièrement pressantes. Les expériences que nous avons faites en deux ans de collaboration avec Mr. TOUPET sont si concluantes que bien que nous ayions une pleine compréhension du choix que vous avez fait nous ne pouvons l'admettre comme fait dans l'intérêt des deux parties, tant a cause des raisons de nécessité de l'usine afin de troubler profondément le travail franco-allemand commencé, car Mr. Toupet à la suite de sa nomination de chef de détachements encadrés sera entièrement séparé de nous. Nous vous serions obligés de bien vouloir nous faire connaître le

Damit hatte sich Schneider direkt in das komplizierte innerfranzösische System eingemischt, und man kann davon ausgehen, dass Toupet damit sehr einverstanden war und ihm bei der Formulierung des Briefs kräftig geholfen hatte.[37] Ein Mitarbeiter der DOF in Berlin schrieb in einem Bericht über die Vorgänge, dass Toupet „den Kopf einzog und sich durch Assessor Schneider, den Personaldirektor des Werks in Auschwitz, beschützen ließ".[38] Sicher wird bei seiner Entscheidung zum Verbleiben in Auschwitz auch die prekäre Lage der Vichy-Regierung in Sigmaringen eine Rolle gespielt haben, wo er und sein Freund Toupet „le Maréchal en liens" und nicht mehr handlungsfähig sahen.[39] Außerdem wusste er, dass die „Chantiers de la jeunesse" schon am 9. Juni 1944 offiziell aufgelöst worden waren. Natürlich hatte man auch in Auschwitz die Auflösungserscheinungen des agonalen Vichy-Regimes wahrgenommen.[40]

Was die jungen Franzosen in Auschwitz wahrnahmen, war eindeutig: Sie waren schockiert darüber, wie jüdische Häftlinge und „Osthäftlinge" behandelt wurden, die „pyjamas" (also die KZ-Häftlinge in ihren gestreiften Anzügen) waren ein belastendes Gesprächsthema unter ihnen. Sie erkannten die Verbrechen, die dort begangen wurden, und verstanden es, ihre Berichte darüber nach Frankreich gelangen zu lassen. So schrieb der junge Franzose Jean Chassagneux, ein katholischer Seminarist, später über seine Ankunft in Auschwitz und über seine ihn erschreckenden Eindrücke:

> „Am Abend unserer Ankunft in Auschwitz kommen zu dem Treffen mit uns die Franzosen, die bereits im Lager anwesend sind, Freiwillige seit Dezember 1942, die ersten Austauscharbeiter (Requis) vom Februar und die jungen vom STO die im Mai angekommen sind. ‚Ihr seid in einem merkwürdigen Land angekommen sagen sie uns, mit den Pyjamas, den Kapos, der SS.' Tatsächlich haben wir sie zwei Tage später gesehen.
> Als wir zum Einstellungsbüro geführt werden, begegnen wir einer Gruppe von deportierten Frauen, ohne Alter, mager, zerlumpt, den Kopf rasiert und mit einem Tuch bedeckt. Wir beobachten sie verdutzt. Ihre schnellen Blicke entdecken uns und zeigen uns, dass sie sich unserer Überra-

---

plus largement possible vos intentions sur ces questions complexes ainsi que les buts poursuivis pour vous par la nomination de Mr. Toupet, en particuler de nous expliquer si Mr. Toupet, malgré l'exercise éventuel des fonctions de chef des détachments encadrés pourrait continuer à être chef de notre camp de Buchenwald. Peut-être, Mr. le Ministre, avez vous la possibilité de combler un voeu que nous avons formé depuis longtemps mais que les circonstances ne nous ont pas permis de vous faire connaître en étant notre hôte. Nous serions heureux en cette occasion de nous entretenir avec vous de cette nomination de Mr. Toupet et des questions qui s'y rattachent et en même temps d'utiliser votre visite pour vous montrer notre camp français et vous renseigner sur la situation de nos travailleurs français. Nous nous féliciterions d'une façon particulièrement vive et vous vouliez à cette occasion prendre la parole devant les Français travaillant dans notre firma." (Das Lager der Franzosen trug intern den Namen „Buchenwald" und ist nicht mit gleichnamigem KZ Buchenwald bei Weimar zu verwechseln.)

37 Die Annahme Arnauds, dass Toupet von der Berufung, die er für „incroyable" hielt, erst später in Frankreich erfahren habe, trifft nicht zu (vgl. Arnaud, Gaston Bruneton, S. 113).
38 Martin, La mission, S. 131. Originalzitat: Toupet „fait le gros dos, se fait couvrir par l'assesseur Schneider, directeur du personel de l'usine d'Auschwitz".
39 Spina, Les STO, S. 221.
40 Faron, Les chantiers, S. 209, geht davon aus, dass Toupet die Position in Berlin übernommen hat, wofür es aber keinen Beleg gibt.

schung sehr bewusst sind. Sie bilden ein Kommando von 15 Personen, die mit der Entladung eines LKW mit kleinen Pflastersteinen für die Straße, die gebaut wird, beschäftigt sind. In der Mitte von ihnen eine Frau als Kapo mit langen blonden Haaren, gekleidet wie sie. Sie schreit und gestikuliert. Zwei SS-Männer sind dahinter, gelassen, die Waffe auf dem Arm, jeder hält einen bissigen Hund mit Maulkorb.

Das also ist das merkwürdige Land! Wir setzen unseren Weg fort, schweigend, ohne uns umzudrehen und versuchen, dieses dunkle Schauspiel zu verarbeiten, das ich niemals vergessen werde. Wir kommen, um dieses erschreckende Universum des Konzentrationslagers kennen zu lernen. Welcher Schock für uns! Tatsächlich werden wir während der 19 Monate in Auschwitz keine Frauen mehr sehen, sondern nur Männer, die jüdischen Deportierten des Lagers Auschwitz III Monowitz, mit denen wir im Werk der IG Farben zusammenarbeiten, das noch im Bau ist.

Es soll die notwendigen Produkte für den Krieg liefern: Benzin, Kautschuk, Karbid etc. Auf dem völlig veränderten Gelände von 7 × 4 km werden wir ungefähr 40 000 Arbeiter sein, Kriegsgefangene, Deportierte, junge Männer vom STO, Frauen und Männer aus ganz Europa. Wir haben sofort Kontakt mit ihnen trotz des Verbotes, mit ihnen zu sprechen, wir unterhalten uns oft, besonders mit den französischen Juden über ihre Gefangennahme, ihre schreckliche Reise, und die harten Lebensbedingungen im Lager.

Auf der Baustelle, können wir ihre Behandlung beobachten, ihre Nahrung und wie wenig man um sie gibt. Jeder ist offenbar auf eine Nummer reduziert, die er in Deutsch ohne zu stottern dem Ober-Kapo oder der SS bei jedem Verhör aufsagen muss. Wir werden mit ihnen jeden Tag bis zum Januar 1945 in Berührung kommen. Sie werden drei Tage vor uns zu Fuß bei minus 20° das Lager verlassen. Für viele wird das der Todesmarsch werden."[41]

---

[41] Auszug aus dem längeren Bericht (publiziert 2002) über den gesamten Aufenthalt der Chantier-Gruppe von Toupet in Auschwitz, in: Chassagneux, STO, S. 14 ff. Chassagneux wurde später Priester und starb 2017. Vgl. dazu auch Krouck, L'espion, S. 84 ff., der mit ihm in ausführlichem Briefkontakt stand. Dazu auch der Hinweis auf den Bericht von André Houssin bei Spina, La France, S. 660 f. Originalzitat: „Le soir de notre arrivée à Auschwitz viennent à notre rencontre des Français déjà présents au camp : volontaires depuis décembre 1942, premiers requis de février, jeunes du STO arrivés en mai. ‚Vous êtes tombés dans un drôle de pays, nous disent-ils, avec les pyjamas, les capos, les SS.' Effectement, nous avons vu deux jours après. Conduits à l'embauche, nous croisons un groupe de femmes déportées : sans âge, maigres, déguenillées, la tête rasée couverte d'un fichu. Nous les regardons ahuris. Leurs regards rapides nous croisent, montrant qu'elles sont bien conscientes de notre surprise. Elles constituent un commando d'une quinzaine occupé à décharger un camion de petits pavés en pierre pour la route en construction. Au milieu d'elles, une femme capo, aux longs cheveux blonds, habillée comme elles. Elle crie et gesticule. Deux SS sont derrière, placides, l'arme sur le bras, tenant chacun un chien muselé et hargneux. Voilà donc le drôle de pays. Nous continuons notre route, silencieux, sans nous retourner, essayant de digérer ce spectacle sinistre que je n'oublierai jamais. Nous venons de faire la connaissance du terrifiant univers concentrationnaire. Quel choc pour nous! En réalité, pendant nos dix-neuf mois à Auschwitz, nous ne verrons plus de femmes, mais seulement des hommes, les déportés juifs des camps Auschwitz III Monowitz, avec qui nous travaillerons sur le chantier de l'Igfarben encore en construction. Il fournira les produits nécessaires à la guerre : essence, caoutchouc, carbure, etc. Sur ce territoire bouleversé de 7 km sur 4, nous serons près de 40 000 ouvriers, prisonniers de guerre, déportés, jeunes du STO, des hommes et des femmes de l'Europe entière. Tout de suite, nous avons été en contact avec eux, malgré l'interdiction de leur parler, nous bavardons souvent, en particulier avec les juifs français. Ils nous racontent leur arrestation, leur terrible voyage, les dures conditions de leur vie au camp. Sur le chantier, nous pouvons constater leur traitement, leur nourriture et le peu de cas qu'on fait d'eux. Chacun est réduit à un numéro matricule qu'il doit citer en allemand sans bredouiller au super-capo ou au SS, à chaque interrogatoire. Nous

Die bewegenden Eindrücke dieser jungen Männer, die zu der von Schneider protegierten Gruppe gehörten, machen erneut deutlich, dass Schneiders beharrliches Leugnen seines Wissens um die „Vernichtung durch Arbeit" in Monowitz im offiziellen Verhör in Nürnberg nicht glaubhaft sein kann. Unter „seinen" Franzosen war es jedenfalls kein Geheimnis,[42] wie die jüdischen KZ-Häftlinge behandelt wurden, warum sollte es der mit ihnen in engem Kontakt stehende leitende Angestellte der IG Auschwitz nicht wissen? Denn wer kann glauben, dass bei den engen Beziehungen zwischen Schneider und Toupet nicht auch über den Bericht der jungen „bonne Polonaise" über die Gaskammern und damit über das wahre Gesicht von Auschwitz gesprochen wurde?[43] Denn schon Mitte Oktober 1943, so bezeugte es später Gérard Hisard, ein junger Offizier, der an einer Besprechung zwischen Toupet und Colonel Furioux in Berlin teilgenommen hatte, habe Toupet von seinen Beobachtungen in Auschwitz Folgendes berichtet:

> „Die Emotionen, die ihm die Nähe des Konzentrationslagers und seiner Annexe, das Schicksal der Unglücklichen, die hier ‚durchgingen', bereiteten, ohne dass er die Möglichkeit gehabt hätte, ihnen irgendwie zu helfen.
> Er insistierte auf dem Vorgang der Auslöschung (Einweisung der Gefangenen in die Gaskammern unter dem Vorwand zu duschen, Krematorien.)
> Diese Zeugnisse kommen aus der polnischen Zivilbevölkerung. Georges Toupet bestand auch bei Colonel Furioux auf der absoluten Notwendigkeit, die französischen Regierungsstellen über diesen Gegenstand zu alarmieren."[44]

Aus diesem knappen Bericht ergibt sich eindeutig, dass nur gut drei Monate Aufenthalt in Auschwitz genügt hatten, um Toupet von der bedrückenden Realität des KZ zu überzeugen und ihn zum Informanten der Résistance werden zu lassen. Er war es auch, der kurz darauf, im November 1943, einen Besuch im CJF-Hauptquartier in Châtel-Guyon bzw. in Paris dazu genutzt hatte, um sowohl seine Führung als auch Männer der Résistance über die Wahrheit in Auschwitz und über die Fortschritte beim Bau der Fabrik zu informieren. Nach den Bestätigungen, die Toupet später von seinen Kameraden erhielt, kann kein Zweifel daran bestehen, dass er jetzt aktives Mitglied der Résistance geworden war und sich von der Politik Vichys entfernt hatte. Er arbeitete aller-

---

allons les côtoyer chaque jour jusqu'en janvier 1945. Ils partiront trois jours avant nous à pied par moins 20 degrés. Pour beaucoup, ça sera la marche de la mort."
42 Dem belgischen Auschwitz-Spion Victor Martin gelang es in Kattowitz, mit französischen Arbeitern aus Monowitz ins Gespräch zu kommen. Er erfuhr von ihnen Einzelheiten über die Vorgänge im KZ Auschwitz. Vgl. Krouck, L'espion, S. 71 ff. und 94.
43 Die junge Polin erwähnte Toupet in einem Gespräch mit Olivier Faron 2005 (Faron, Les chantiers, S. 210). Die Dokumente im Fonds Georges Toupet des IHTP belegen, dass Toupet bei dieser Gelegenheit Informationen über Auschwitz und einen Plan des KZ an Vertreter der Résistance übergab (IHTP, ARC 095, Papiers Georges Toupet).
44 Den Bericht über diese Besprechung, die in Berlin um die Mitte Oktober 1943 stattfand, verfasste Hisard am 20.8.1982. Er befindet sich in: IHTP Paris, ARC 095. Hisard seinerseits ließ diese Informationen über ein anderes Réseau auch nach London gelangen.

dings weiter als loyale Führungsfigur im System der Chantiers, aber er trug jetzt eine doppelte Last.[45]

Eindeutig belegt ist auch sein Kontakt mit Colonel Jacques Edouard Pomès-Barrère, der im Dezember dieses Jahres im Auftrag der französischen Résistance Deutschland besuchte.[46] Er tat dies allerdings unter dem Deckmantel eines Beauftragten der CJF (Commissariat d'Action sociale pour les Français travaillants en Allemagne), um sich über die soziale Lage in den verschiedenen Lagern der Chantiers zu informieren. Der Offizier war diplomierter Germanist und konnte sich in der Funktion eines „Commissaire" in Deutschland erstaunlich frei bewegen. Er war tatsächlich aber im Auftrag eines der vielen Netzwerke der Résistance unterwegs, des „Réseau Albert-Armand", das von einem Capitaine Joseph d'Aubert de Peyrelongue geleitet wurde. Diesem Netzwerk ließ er nach seinem Besuch im Dezember 1944 eine detaillierte Lageskizze von Auschwitz mit Stammlager, Lager Birkenau und dem Bunawerk zukommen.[47] Diese militärische Gruppe war jedenfalls in der Lage, die von ihm gesammelten Erkenntnisse an alliierte Stellen weiterzugeben, wo sie freilich – nach allem was bekannt ist – nicht hinreichend beachtet wurden, zumindest nicht die Aufmerksamkeit erhielten, die die Résistance ihnen beimaß.[48] Pomès-Barrère gehörte auch zu denen, die sich nach dem Krieg sehr eindeutig über Toupets Rolle in der Résistance äußerten. In seiner eidesstattlichen Erklärung aus dem Jahre 1978 sprach er detailliert von der Funktion Toupets als Leiter eines Außenpostens („antenne") des Netzwerks in Auschwitz und ließ keinen Zweifel an seinem Engagement für den Widerstand.[49]

Damit lag es auf der Hand, dass sowohl die Résistance als auch die von ihr informierten Alliierten über den Bau des Chemiewerks, aber auch über die Vorgänge im KZ recht genaue Kenntnis gehabt hätten, wenn sie Toupet und seinem Verbindungsmann zur Résistance, Pomès-Barrère, denn geglaubt hätten.[50] Offensichtlich hatte Toupet

---

45 Dazu Bernard Krouck, Victor Martin. L'espion d'Auschwitz, Paris 2018, S. 98. Arnaud, Gaston Bruneton, S. 107, geht davon aus, dass Toupet zu diesem Zeitpunkt für das BCRA rekrutiert wurde. Delage, Grandeurs et servitudes, S. 182 spricht definitiv davon, dass Toupet in Paris einen Commissaire Allemane und den Gründer seines Netzwerks, den Colonel Lucien Léon-Kraus traf. Dies wird eindeutig bestätigt durch die späteren Bestätigungen von Colonel Pomès-Barrère (ebenfalls in: IHTP Paris, ARC 095).
46 Zu Pomès-Barrère siehe Informationen unter http://www.francaislibres.net/liste/fiche.php?index=114830 (13.4.2023) und der kurze Bericht über seine Spionagereise nach Deutschland sowie die Kontakte mit Toupet in: Henri Amouroux, La Grande Histoire des Français sous l'occupation (1939–1945). L'impitoyable Guerre Civile (Décembre 1942-Décembre 1943, Paris 1976, S. 114 ff.; ausführlicher wird berichtet in: Martin, La mission, S. 372 ff. Vgl. dazu auch Delage, Grandeurs et servitudes, S. 182.
47 Die Skizze ist abgedruckt bei Martin, La mission, S. 375.
48 So jedenfalls die Feststellung von R. V. Jones, The Intelligence War and the Royal Air Force, in: Royal Air Force Historical Society Journal 41 (2008), S. 8–25, hier S. 13. In den einschlägigen Arbeiten von Walter Laqueur und Martin Gilbert findet sich kein Hinweis auf eine alliierte Reaktion auf solche Meldungen. Der Bericht von Pomès-Barrère ist zu finden in: Martin, La mission, S. 372 ff.
49 Die Aussage in IHTP, ARC 095 vom 1.4.1964.
50 Vgl. dazu Arnaud, Gaston Bruneton, S. 107.

aber seine Zweifel daran, denn er sprach später davon, dass ihnen die „cinq étoiles", also die hohe militärische Führung, nicht geglaubt hätte.[51]

All diese Hinweise erlauben den Schluss, dass Toupet im System der Chantiers eine besondere Rolle spielte, die man nur als Doppelrolle bezeichnen kann. Während er auf Vorschlag seines zuständigen Vichy-Arbeitsministers Marcel Déat, der schon im Sigmaringer Exil war, zum Chef aller Chantiers-Lager im Reich ernannt wurde, war er zur gleichen Zeit ein registriertes Mitglied der freifranzösischen Résistance-Bewegung, des BCRA (Bureau Central de Renseignements et d'Action).[52] Toupet war endgültig in den „marais politique dans toute son horreur" geraten, wie Renè Cottin ihm später schrieb, denn Minister Déat hatte ihn vor seiner Berufung nie gesehen und auch nicht vorher gefragt, ob er diese Position einnehmen wolle.[53] Im gleichen Brief vom April 1945 fügte Cottin hinzu – und das unterstreicht die breite französische Wertschätzung für Schneider:

> „Da Sie immer noch mit Herrn Schneider zusammen sind, beglückwünsche ich Sie dazu, übermitteln Sie ihm meine gute Erinnerung an ihn und meinen Dank für alles, was er zugunsten der Franzosen getan hat."[54]

Schneiders guter Ruf war also auch bis zu René Cottin in die Berliner französische Mission gedrungen, der ihn offensichtlich auf einer seiner Inspektionsreisen näher kennengelernt hatte.

Nach den ersten Eindrücken und Berichten von polnischen Zivilisten in Auschwitz hatte Toupet den riskanten Schritt zur aktiven Zusammenarbeit mit der Résistance gewagt. Damit unterschied er sich deutlich zumindest von den Teilen der Chantiers-Führung, die als Pétain- und kollaborationsfreundlich angesehen werden müssen.[55] De La Porte du Theil hatte sich jedenfalls im Herbst 1943 der Zusammenarbeit mit der Résistance verweigert, als er darum gebeten wurde, obwohl seine starken Vorbehalte gegen das Deutsche Reich bekannt waren. Aber er wollte nicht mit Kommunisten zusammen-

---

51 Zu den Résistance-Kontakten vgl. Martin, La mission, S. 374 f. Zum Hinweis auf die „cinq étoiles": Faron, Les chantiers, S. 210.
52 So auch Krouck, Victor Martin, S. 95 nach einem Artikel in: Miroir de l'Histoire nr. 312 (Sept.-Okt.1979). Zu Bestätigungen seiner Mitgliedschaft in der Résistance vgl. IHTP Paris, ARC 095, Papiers Georges Toupet. – Zum BCRA vgl. Sébastien Albertelli, Les services secrets de la France Libre. Le Bureau Central de Renseignement et d'Action (BCRA), 1940–1944, Paris 2011, ohne auf die von Toupet bekannten Verbindungen einzugehen.
53 Nach Martin, La mission, S. 138. Die Unterlagen im CDJC, Dossier Cottin III a 1, Nr. 320, geben einen Eindruck von der Entlassung Cottins und ihrem komplizierten Hintergrund, der hier nicht zu thematisieren ist.
54 Martin, La mission, S. 139. Originalzitat: „Puisque vous êtes toujours avec M. Schneider, et je vous en félicite, donnez-lui mon bon souvenir et et mes rémerciements pour ce qu'il fait en faveur des Français."
55 Nach Rousso, Un château, S. 374 war Toupet schon seit der Abreise nach Auschwitz Mitglied der Résistance, was durch das Material in seinen Papieren (IHTP, ARC 095) nicht voll bestätigt wird.

arbeiten, die in den Internationalen Brigaden in Spanien aktiv gewesen waren.[56] Seine Distanz zur Führung der CJF wurde spätestens seit 1943 deutlich, als Toupet – wie erwähnt – im November nach Paris und Châtel-Guyon fahren durfte und diese Reise nutzte, um sowohl mit General de La Porte du Theil als auch mit Führern der Résistance Kontakt aufzunehmen. Er berichtete ihnen von den Gaskammern und der systematischen Vernichtung von Juden, lieferte aber auch Informationen über den Baufortschritt des Werks und eine grobe Skizze der wichtigen Einrichtungen in Auschwitz, wo er sogar das Bürogebäude markierte, in dem Schneider arbeitete.[57] Dies alles geschah schon ein halbes Jahr, bevor ein alliiertes Aufklärungsflugzeug die ersten genauen Bilder von der Werkanlage machte. Jetzt war aus dem national im Sinne von Vichy denkenden jungen Mann definitiv ein „vichysto-résistant" geworden, wie es der französische Zeithistoriker Raphaël Spina, einen Begriff von Jean-Pierre Azéma aufgreifend, formulierte.[58]

Es kann nicht erstaunen, wenn er nach seiner Rückkehr nach Frankreich seinem Bericht den Titel gab: „Les activités et le retour en France du camp français d'Auschwitz, premier camp de la Résistance française du S. T. O. en Allemagne, 20 juin 1945".[59]

Alle diese inzwischen durch die französische Forschung zu den Chantiers gut belegten Aktivitäten Toupets wären ohne Schneiders aktive Hilfe nicht möglich gewesen, sie mussten aber auch Konsequenzen für ihn selbst haben. Er half ihm ja nicht nur dabei, die – wie Toupet in einem internen Bericht wohl begrifflich etwas übertreibend formulierte – die „integrale Souveränität" im Lager zu übernehmen, er nahm auch die subtilen Formen der stillen Sabotage, der immer wieder beschworenen „inertie" (Trägheit) hin, die die jungen Franzosen kultivierten.

In diesem Zusammenhang fällt auf, dass wir über die praktische Arbeit der Franzosen auf der Baustelle relativ wenig wissen. Der Ingenieur Dr. Gerhard Appelt erwähnte in seiner Nürnberger Aussage einmal, dass die Franzosen im Elektrobetrieb „gut gearbeitet" hätten, auf der anderen Seite hören wir von ständigen Auseinandersetzungen über die hoch entwickelte Neigung zur Arbeitsverweigerung bei Belgiern und Franzosen, die auch mit scharfen Gegenmaßnahmen nicht gebrochen werden konnte.[60] Es verwundert aber festzustellen, dass Schneider offensichtlich keine Auseinandersetzungen mit „seinen" Franzosen über deren Einsatz bei der Arbeit hatte, obwohl sie – wie Rousso behauptet – alles taten, um durch geringe Arbeitsleistung oder

---

56 So berichtet das Résistance-Mitglied Léo Hamon, Vivre ses choix, Paris 1991, S. 162 f.
57 Die Skizze mit den notwendigen Erläuterungen ist in: IHTP Paris, ARC 095.
58 AN Paris, AJ 39 175. Zur Entstehung und Definition des Begriffs vgl. Johanna Barasz, Les „vichysto-résistants": choix d'un sujet, construction d'un objet, online verfügbar unter: https://books.openedition.org/pur/49015?lang=de (13.4.2023). – Die Bewertung von Pécout (Pour une autre histoire) der Chantiers als pétainhörig und antisemitisch kann jedenfalls nicht für Toupet und seine Mannschaft gelten, die u. a. in Monowitz einen jüdischen Häftling versteckten.
59 AN Paris, AJ 39 175.
60 Dazu Piotr Setkiewicz, The Histories of Auschwitz IG Farben Werk Camps 1941–1945, Auschwitz-Birkenau State Museums 2008, S. 324 ff. Zur Aussage Appelts: ND, Rolle 65, fol. 573.

sogar Ausschussproduktion ihre spezielle Variante aktiven Widerstands auszuüben. Dies wurde auch im Nachhinein durch den Arbeiter Raymond-Jean Anette bestätigt, der sagte, dass Toupet alles darangesetzt habe, die Arbeit zu verlangsamen oder gar zu stören.[61] Ob Schneider das bewusst übersah und damit seiner Firma zum Nutzen der Franzosen schadete, lässt sich aus den verfügbaren Quellen nicht ermitteln.[62] In jedem Fall konnte er sich sicher sein, seine grundsätzliche Haltung gegenüber den Franzosen von seinem Chef Dürrfeld gedeckt zu sehen.

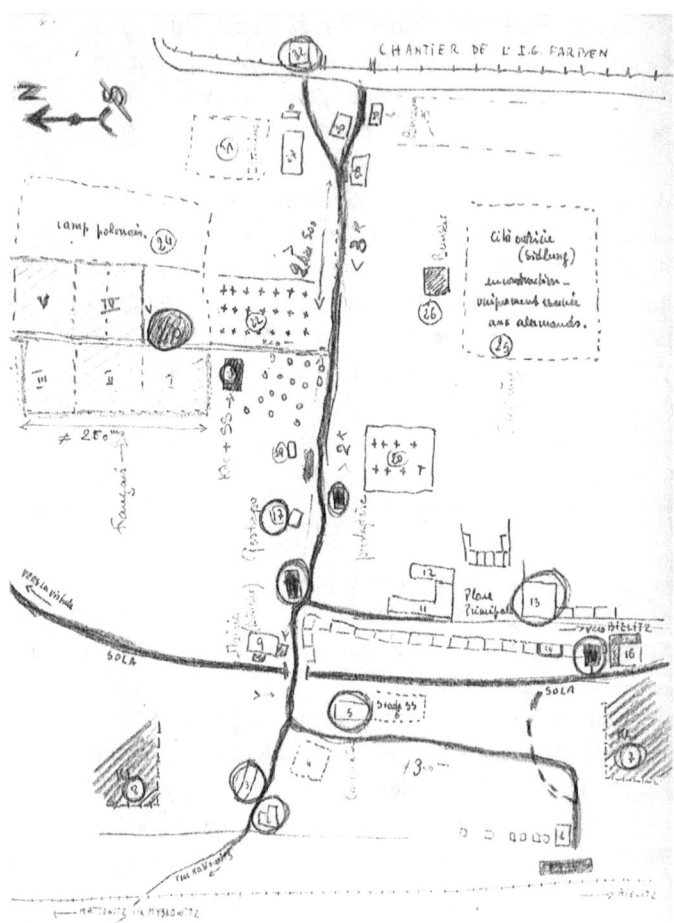

Abb. 6: Skizze Toupets über die Situation in Auschwitz-Monowitz mit wichtigen Einrichtungen von Polizei, SS u. a. und Schneiders Büro[63]

---

61 Bestätigung vom 8.8.1977, in: IHTP Paris, ARC 095.
62 Rousso, Un château, ebook-Ausg., Pos. 8991.
63 Zu der Skizze gehört eine über 30 Punkte umfassende Liste mit Erklärungen, die die einzelnen eingekreisten Örtlichkeiten beschreibt.

Schneider entwickelte schon bald nach deren Ankunft einen durchaus freundschaftlichen Kontakt zu Georges Toupet und seiner Führungsmannschaft, als er erkannte, dass auch die IG Auschwitz davon profitierte. Er ging so weit, dass Toupet – erstaunlich genug – das Weihnachtsfest 1944 im Kreis der Familie Schneider in Podlesie verbringen konnte. Bei dieser Gelegenheit erhielt er von Schneider einen ausführlichen Brief, den man eher als politisches Programm denn als weihnachtliche Botschaft bezeichnen kann:

> „Mein lieber T.! Das freundschaftliche Band, welches zwischen Ihnen und mir besteht, ist nicht nur menschlich begründet, sondern auch politisch. Denn Sie wie ich sind in Ihrem ganzen Wesen, in all Ihrem Denken und Handeln wahrhaft politische Menschen."[64]

Es handelt sich bei diesem Brief um eine Art politisches Manifest, in dem Schneider eine aktivistisch-elitäre Position für ihre zukünftige politische Arbeit entwickelt, deren Grundidee im Zusammenhang seiner späteren Schriften noch genauer erörtert werden muss.[65] Es bedarf nicht allzu großer Phantasie, um sich die Themen der Gespräche beider Männer vorzustellen. Die Weihnachtsgeschenke für die beiden Töchter werden ihnen angesichts der bedrohlichen militärischen Lage und des Angebots für Toupet, Auschwitz zu verlassen, sowie seiner Verbindungen zur Résistance sicher die geringste Sorge gemacht haben. 1962 erinnerte sich Toupet in einem Schreiben zu Weihnachten an dieses Zusammensein im Hause Schneiders mit den Worten: „Ich vergesse nie dieses Weihnachtsfest 1944, das ich in Ihrem Haus verbrachte und wo unsere Freundschaft wirklich geboren wurde."[66]

Ob Schneider auch von Toupets Kontakten zur Résistance im Detail wusste und diese sogar bei seinem Frankreichbesuch genutzt oder vertieft hat, kann nicht mit Gewissheit festgestellt werden, liegt aber angesichts der engen Verbindung zwischen beiden Männern nahe. Schneider hat diese für ihn zu Kriegszeiten hochgefährlichen Kontakte nie erwähnt, auch in Nürnberg war das kein großes Thema. Aber in der Vorbereitung seines Prozesses am Landgericht Braunschweig war er ernsthaft bemüht, seine Nähe zur Résistance zu beweisen. Im April 1949 bat er den IG-Farben-Anwalt Heinrich von Rospatt, für ihn Kontakt zu dem deutschen Widerstandskämpfer Hans Deichmann aufzunehmen und ihn um Entlastungszeugnisse italienischer Arbei-

---

[64] Vgl. den Brief an Toupet vom Januar 1948. Dazu auch Patrice Arnaud, Les requis pour le travail obligatoire et la langue allemande: entre mutisme, utilisation et reappropriation, online verfügbar unter: http://books.openedition.org/pufr/11099>. ISBN: 9782869065581. DOI: https://doi.org/10.4000/books.pufr.11099 (13.4.2023): Dort heißt es: „De même, André Laxague, requis dans le gigantesque camp d'IG Farben à Auschwitz, devint professeur d'allemand à l'université et joua un rôle moteur dans le premier jumelage de la ville d'Arcachon avec la ville de Goslar que dirigeait l'ancien assesseur de l'usine, Helmut Schneider, qui avait cherché à défendre les Français de la Gestapo, comme Georges Toupet, responsable des Chantiers de la Jeunesse."

[65] Der auf Weihnachten 1944 datierte Brief ist gedruckt in: Von Tag zu Tag, Goslar 1946, S. 22–33.

[66] NL Schneider, Mappe Frankreich, Schreiben s. d. vom Dezember 1962. Originalzitat: „Je n'oublie jamais ce Noël 1944 passé dans votre foyer et où notre amitié est vraiment neé."

ter zu bitten, die in Auschwitz gearbeitet hatten. Deichmann hatte für die IG Farben in Italien Firmen gewinnen können, um in Auschwitz zu arbeiten, und Schneider in dieser Funktion mehrfach dort besucht.

> „... und ihm die Frage vorzulegen, ob es ihm nicht möglich ist, mir italienische Entlastungszeugnisse zu vermitteln. Es wird für Herrn Deichmann interessant und wissenswert sein, dass meine französischen Freunde dies schon getan haben und mir u. a. die bewußte Unterstützung der französischen Résistance attestiert haben."[67]

Dies ist eine Bestätigung seines Einsatzes für Toupets Widerstandsaktivitäten, auch wenn eine unabhängige Aussage dazu fehlt. In seinem autobiografischen Text von 1960 schildert er zudem die Situation eines für ihn „glücklichen Tages" vor seinem Prozess in Braunschweig, da Toupet ein Affidavit geschickt habe, „welches mein Verhältnis zur Résistance eindeutig klarstellt".[68] Man kann dies als die – wenn auch indirekte – Bestätigung seiner Unterstützung für den Freund und dessen Arbeit für die Résistance verstehen. Offensichtlich war er angesichts ihres in Auschwitz gewachsenen Vertrauensverhältnisses ganz sicher, dass Deichmann ähnlich urteilen würde, was er dann auch tat.

Immerhin hatte Schneider während der Befragungen in Nürnberg zum Schutz seines Chefs Dürrfeld ein Dokument vorgelegt, das nähere Auskunft über seine enge Beziehung zu Toupet und den Franzosen gab. Dieser hatte am 1. Mai 1945 noch in Sachsen in Anwesenheit Schneiders einen Brief an Dürrfeld geschrieben, bevor er Königstein in Richtung Frankreich verließ. Dieser Brief ist den Nürnberger Prozessunterlagen in einer Kopie des Originals vom 1. Mai 1945, mit einer deutschen und einer englischen Fassung beigefügt, dabei liegt auch die eidesstattliche Bestätigung Schneiders vom 18. Februar 1948 über seine Anwesenheit beim Verfassen des Briefs Toupets.

Der Brief stellt eine interessante Mischung aus formeller Dankbarkeit und gezielter Kritik dar. In diesem klug komponierten Text formuliert Toupet aber keineswegs eine Aussage, die Dürrfeld von aller Schuld freisprach, ganz im Gegenteil. Sein Lob gilt eigentlich nur seiner Unterstützung der profranzösischen Maßnahmen Schneiders, die im Mittelpunkt stehen und als Produkt einer menschlichen Haltung gewürdigt werden. Zugleich gibt er aber deutlich auch zu verstehen, dass er um die Schuld weiß, die auf Dürrfeld und seinem Umfeld lastet:

> Lieber Dr. Dürrfeld!
> Meine Leute und ich selbst waren sehr gerührt von Ihrem gestrigen Besuch auf unserem Wege nach Westen und ich ergreife gerne diese Gelegenheit, Ihnen meinen Dank für Ihre Hilfe und Freundschaft auszudrücken, die Sie uns schenkten, ohne uns eigentlich zu kennen. Eine Aufgabe so groß und umspannend wie Auschwitz kann nicht human sein. Sie wissen genau so wie ich, wieviel Leiden es dort gab. Meine französischen Kameraden würden zweifellos verloren gewesen sein, wenn es dort nicht einige intelligente und klarblickende Männer gegeben hätte, die den Mut

---

67 NL Schneider, Ordner 1949/50, Brief an Dr. von Rospatt vom 29.4.1949.
68 Traumatinische Irrfahrt, S. 150.

hatten, wieder ein Gleichgewicht herzustellen indem sie für ihre Handlungen Ihrer Intelligenz folgten.

Ich kann nicht leugnen, dass für uns unmöglich ist, die Haltung einiger schlechter und sogar krimineller Deutscher, die dort etwas zu sagen hatten, zu vergessen. Trotzdem würde es jedoch eine große Undankbarkeit sein, alles das nicht anzuerkennen, was für uns getan wurde und alles das, was uns unser Freund Assessor Schneider bedeutete. Ich weiß, dass Sie immer mit seinen Entscheidungen einverstanden waren. Ich erinnere mich sehr wohl, dass bei solcher Gelegenheit, als wir Ihre Entscheidung anriefen, Herr Assessor Schneider dabei gewann und als Folge davon auch wir.

Trotz der tausenderlei verantwortlichen Dinge, für die Sie, wie wir wohl wissen, in Ihrer großen Fabrik gradestehen mussten, behielten Sie doch die französische Sache niemals aus dem Auge. Bis zum letzten, als Sie Ihren Meistern die notwendigen Befehle gaben und als Sie Einfluss nahmen auf die O. T., haben Sie meine Leute davor gewarnt, dass sie zu den Befestigungsarbeiten für Dresden herangezogen wurden oder sogar, dass sie nach dem Osten verschickt wurden. Dies taten Sie auch für die anderen Arbeiter. Sie sagten zu mir selbst: „Sie legen Wert darauf, dass die lieben Franzosen bald zu ihren Familien zurückkehren könnten". Haben Sie nochmals Dank für diese letzte Hilfe und Dank für alle Hilfe bei anderen Gelegenheiten.

Es kann sein, dass wir uns einmal wieder begegnen, vielleicht gar, dass wir zusammenarbeiten. Ein Treffen auf einer rein menschlichen Basis oder noch mehr in den Bereichen des Geistes und der Gedanken, wie wir schon glücklicherweise bei gewissen Gelegenheiten kennengelernt haben, entfernt von aller partikularistischen Politik, das wäre ein Ziel, für das es zu streiten lohnte.

In der Hoffnung und in dem Wunsche meines Herzens, wieder mit Leuten zusammenzutreffen, wie Sie, sehr verehrter Herr Dr. Dürrfeld, es waren, und wie unser lieber Assessor war, und das in einer Welt, die von den beiden großen Übeln, Politik und Krieg, befreit ist, möchte ich Ihnen meine ergebensten Grüße zum Ausdruck bringen.

gez. Toupet
Leiter des Franzosenlagers Auschwitz
Kommissar des C. J. F.[69]

---

69 ND, Rolle 65, fol. 915 ff. Es finden sich dort die Bestätigung Schneiders vom 28.2.1948, dass er dabei war, als Toupet diesen Brief schrieb, eine Kopie des Originalbriefs sowie eine englische und eine deutsche Rohübersetzung, der ich hier weitgehend folge. Originalzitat: „Trés honoré Docteur Durrfeld, mes hommes et moi-méme avons été trés touchés de votre visite hier sur la route de notre exode à l'ouest. Puis-je profiter de cette occasion pour vous exprimer mes remerciements pour la protection que dés notre arrivée vous avez bien voulu nous accorder sans encore nous connaître. Un chantier aussi vaste et aussi cosmopolite que celui d'Auschwitz ne pouvait étre humain. Vous savez tout aussi bien que moi l'immense somme de souffrance qu'il représentait. Mes camarades français auraient été sûrement perdus â jamais, si quelques hommes lucides et consciencieux n'avaient eu a coeur de rétablir l'équilibre par une ‚politique' intelligente et active. Je ne vous cache pas qu'il nous est impossible d'oublier l'attitude coupable et méme criminelle de certains dirigeants allemands. Par contre il faudrait étre pour ainsi dire un monstre d'ingratitude pour ne pas reconnaitre tout ce qu'a fait et tout ce qu'a été pour nous ‚notre' ami l'Assesseur Schneider. Je sais que vous étiez d'accord avec sa ligne de conduite et je me souviens qu'a chaque fois que nous avons demandé votre arbitrage, l'Assesseur a eu gain de cause et par suite nous aussi. Au milieu des mille responsabilités, si lourdes nous nous en doutons bien, de votre vaste entreprise, vous vous étes souvent penchés sur la cause des français. Encore derniérement, en donnant des ordres à vos adjoints et en influençant l'O. T., vous avez évité â mes hommes d'étre employés dans la place forte de Dresden ou l'évacuation vers l'Est comme pour tous les autres travailleurs. Vous me l'avez dit vous méme : ‚Vous tenez a ce que les petits français revoient vite leurs families.' Merci encore de cette derniére aide, merci aussi pour toutes les autres occasions. Peu-

Die Informationen dieses bemerkenswerten Briefs wurde jedoch von den Anklagevertretern nicht aufgegriffen, so dass es in Nürnberg zu keinen weiteren Diskussionen über das engere Verhältnis zwischen dem Zeugen Schneider und seinen französischen Freunden kam. Es verdient festgehalten zu werden, dass Toupet hier zum ersten Mal die Freundschaft zu Schneider bezeugte und seine vielfache Hilfe herausstellte. Viele weitere Erklärungen dieser Art sollten folgen.

Kehren wir noch einmal zu den Verhältnissen im Lager Monowitz zurück: Ein genaueres Bild, zumindest vom Lager der Franzosen, ergibt die schon erwähnte Zeugenaussage von Schneider im Prozess gegen Dürrfeld. Als positives Beispiel der Fürsorge seines Vorgesetzten nennt er das Franzosenlager und unterstreicht dabei auch seine besondere Rolle:

> „Besonders glücklich entwickelt war die Organisation des Franzosenlagers II-West. Gegen den Widerstand und entgegen den Bestimmungen und Weisungen der Gestapo, der Partei und der Arbeitsfront habe ich mit Wissen und Einverständnis von Herrn Dr. Dürrfeld den Franzosen eine völlig selbständige und eigene Lagerorganisation und Lagerführung einrichten können. Das Franzosenlager entwickelte neben der französischen Lagerführung mit deren eigenen Büros folgende Einrichtungen: Schlosserei, Schneiderei, Tischlerei, Schuhmacherei, Musikkapelle, Theatergruppe, Foyer mit Bühne, 2 Sportplätze, Fußball-, Rugby-, Korbballmannschaften, mehrere Künstlerateliers (Bildhauerei, Malerei, Schnitzen, Bastelarbeiten), Boxmannschaft, Boxsaal, Bibliothek, Sanitätsstube, Sanitätstrupp, Lagerwache, Luftschutztrupp, Bekleidungskammer, Lehrsaal mit Lehrgängen allgemein bildender Art, Poststelle, Führerschule, Kunstausstellungen, öffentliche Lagerfeste."[70]

In diesem Zusammenhang erwähnte er auch die Freundschaft, Dankbarkeit und Sympathie, die ihm die Franzosen u. a. durch Besuche in Goslar entgegengebracht hätten, obwohl sie keineswegs Kollaborateure und sehr national gesinnt gewesen seien. Ganz besonders hob er auch die privilegierte Stellung der britischen Kriegsgefangenen hervor, die mit zu seinem Aufgabenbereich gehörten:

> „Besonders lebhaft habe ich mich in völliger Übereinstimmung mit den Wünschen und Absichten des Herrn Dr. Dürrfeld um eine möglichst günstige Unterbringung und um eine möglichst befriedigende Gestaltung der Arbeitsbedingungen der englischen Kriegsgefangenen bemüht. Hierbei haben mir die Offiziere und Unteroffiziere des Wachkommandos regelmäßig wesentliche Hilfe geleistet. Das englische Kriegsgefangenenlager wurde wiederholt durch eine Schweizer diplomatische Kommission überprüft. Diese Kommission hat mir persönlich ihre Befriedigung über die

---

têtre auront-nous l'occasion de nous revoir qui sait de travailler ensemble. Des rencontres sur le plan humain, ou plus encore dans le domaine de l'esprit et du monde spirituel ont déjà permis d'entrevoir par quelle voie lumineuse et réaliste, dénuée de toute politique partisane, nos rapports pouvaient s'engager. En espérant et souhaitant de tout coeur revoir des hommes comme vous, trés honoré Docteur Durrfeld, et comme notre chèr Assesseur dans un monde déshonoré de ces deux fléaux de la politique et de la guerre, je vous prie d'accepter mes trés déférantes salutations. Georges J. Toupet Commissaire adjoint CJF Chef du camp français d'Auschwitz"

70 Aussage Schneiders in: ND, Rolle 65, fol. 37 (Dü-651).

Verhältnisse im Engländerlager und über die gute Stimmung der englischen Gefangenen ausgedrückt."[71]

Im Nachhinein kann man über die Sonderstellung des französischen „Camp Napoléon" nur staunen. Die Franzosen konnten zu besonderen Anlässen ihre grünen Forstuniformen tragen, hielten ihre eigenen Appelle ab, versuchten zumindest die französische Flagge zu hissen, die sie mit Toupet standhaft gegen den Zugriff der SS verteidigten, als man sie ihnen am 12. September 1943 fortnehmen wollte. Jeden Sonntag gab es als Ersatz für das Hissen der Tricolore die feierliche Zeremonie des „face-à-l'Ouest" mit einer Schweigeminute, eine Art Selbstvergewisserung ihrer französischen Identität und ihres Patriotismus. All dies wurde noch unterstützt durch Wandzeitungen an den einzelnen Baracken und eine Lagerwandzeitung, die den kämpferischen Namen „Le Grognard" („Der Haudegen") trug. Am ehesten war der „Camp Napoléon" noch mit der Autonomie des Sonderlagers der britischen Kriegsgefangenen zu vergleichen. Das lag zwar außerhalb vom Lager Monowitz, aber trotzdem gab es Kontakte. Auch die Verbindung zur Heimat bestand weiterhin: Es gab sogar eine wöchentliche Bahnverbindung zur zeitweisen Rückkehr nach Frankreich, dazu hatten die Reichsbahn und die SNCF ein besonderes Abkommen geschlossen.[72] Damit waren nicht nur temporäre Heimfahrten, sondern auch wöchentliche Zeitungslieferungen aus Frankreich gesichert, natürlich nur der vichyfreundlichen Presse.[73]

Das wirkliche Bild des Lagers lässt sich am besten durch den schon erwähnten Bericht Toupets verifizieren, den dieser nach seiner Rückkehr nach Frankreich der Führung der CJF erstattete. Schon am 6. November 1943 hatte sich – wie erwähnt – der Commissaire-Général de La Porte du Theil bei Schneider für die „bienveillance" bedankt, die er seinen Franzosen zukommen ließ. Toupet hatte also bei seinem Frankreichaufenthalt kurz zuvor (3. November 1943) die Führung des CJF über Schneiders Haltung den Franzosen gegenüber informiert, die danach allen Grund sah, ihm für diese Unterstützung zu danken.

Aus dem 17 Seiten umfassenden Bericht Toupets, der auch den Marsch nach Westen beschreibt, können hier nicht alle Einzelheiten erwähnt werden. Entscheidend scheint zu sein, dass hinsichtlich der Sonderstellung des Lagers immer wieder auf die Regierungsabmachungen zwischen der Vichy-Regierung und dem Reich verwiesen werden muss. Damit konnte sich die lokale Führung des Lagers auf ein bestimmtes Maß an bewilligter und garantierter Selbstverwaltung berufen, das Toupet und seine

---

71 Ebenda, fol. 38. Die Behandlung der britischen POWs (Prisoner of War), von denen später auch einige im Nürnberger Prozess aussagten, ist genauer untersucht bei Joseph R. White, „Even in Auschwitz ... Humanity Could Prevail". British POWs and Jewish Concentration-Camp Inmates at IG Auschwitz, 1943–1945, in: Holocaust and Genocide Studies 15 (2001), H. 2, S. 266–295. Auch im späteren Wollheim-Prozess sagten sie als Zeugen aus.
72 Spina, La France, S. 660.
73 Rousso, Un château, S. 373.

Kameraden nutzten und mit der Hilfe Schneiders behutsam erweiterten, zumal deren Grenzen nicht präzise definiert waren.

Abb. 7: Georges Toupet (Mitte) im Kreis seiner Führungsmannschaft in CJF-Uniformen im Lager Monowitz

Gerade bei dem Vorgang der De-facto-Ausschaltung der deutschen Lagerführung, die bei Ankunft der Chantiers noch amtierte, war Toupet auf die Hilfe Schneiders angewiesen, auch bei der dann folgenden Durchsetzung seiner Vorstellungen von selbstbestimmter Lagerordnung gegenüber einigen französischen Konkurrenten („mouchards", Spitzel), deren Entfernung aus dem Lager ihm mit Schneiders Hilfe gelang. Toupet schrieb in seinem Bericht relativ ausführlich über die Verwaltung des Lagers durch seine Führungsmannschaft, die Barackenführer und die Einrichtung bestimmter Dienste, deren Leitung er ihm ergebenen Kameraden anvertraute. So entstand ein Lager, das sich als Modelleinrichtung für die Chantiers in Deutschland verstand und offensichtlich auch Besucher aus anderen Chantier-Lagern im Reich anzog, die sich über die erfolgreiche Führung des Lagers informieren wollten.[74] Toupet gewann durch anerkennende Zeitungsberichte in der vichyfreundlichen Presse auch eine gewisse Bekanntheit, was ihm im November 1944 schließlich die ganz unerwartete Berufung zum Leiter aller französischen Chantiers-Lager im Reich einbringen sollte.

---

74 Es gab sogar französische Zeitungsartikel, die die Disziplin dieses Lagers und seinen Chef lobten, so etwa in „La Voix" vom 11.5.1944. Auch ein Artikel in „La France" betonte die besondere Leistung der Führung durch Toupet, der als „animateur incomparable" gepriesen wurde. Vgl. Rousso, Un château, S. 372.

Wir sind keineswegs nur auf den Bericht Toupets angewiesen, um uns über die Bedeutung Schneiders für das Lager zu informieren. Der Bericht von Jean Chassagneux von 2002 wurde schon erwähnt. Im August 1951 hat ein anderer junger Franzose eine Aussage über seine Rolle in Auschwitz und auf der Flucht verfasst, der in den folgenden Jahren auch zu seinem stabilen Freundeskreis gehören sollte, Max Lacourt. Diese beeidigte Aussage verdient es, hier ebenfalls abgedruckt zu werden:

> Ich, der unterzeichnete Max Lacourt, bezeuge, was hier folgt: Nachdem ich nach Deutschland nach Königstein und nach Auschwitz deportiert worden bin – im Dienst des STO Klasse 1942 vom 2. Juli 1943 bis zum 14. Mai 1945, habe ich Gelegenheit gehabt, mit Herrn Assessor Schneider in Kontakt zu stehen. Ich habe feststellen können, mit welchem sozialen Sinn und welchem Gerechtigkeitsgefühl er immer zu unseren Gunsten gehandelt hat.
> Auf seine Intervention hin:
> Haben zahlreiche körperlich schwache und kranke Kameraden eine Arbeit erhalten, die ihrer physischen Leistungsfähigkeit entsprach.
> Haben wir eine beinahe totale Abmilderung der Disziplinarmaßnahmen in unserem Lager erhalten.
> Es war uns möglich, uns bei guter Gesundheit zu erhalten:
> Es gab die Erlaubnis zur Schaffung und zum Funktionieren eines französischen Sanitätsdienstes in unserem Lager mit medizinischen Visiten und der Möglichkeit, dazu Bemerkungen zu machen.
> Es war uns möglich, unsere Moral aufrechtzuerhalten: Die Möglichkeit, unserer Freizeitgestaltung angenehm zu organisieren: Aufenthaltsräume, Kino, Theater, Feste, Bibliothek.
> Die Ordnung in unserem Lager wurde verbessert.
> Die Katholiken unseres Lagers konnten an Messen teilnehmen, die in der Kantine gefeiert wurden.
> Zur Zeit unserer Evakuierung wurden die Kranken unseres Lagers mit der Eisenbahn evakuiert.
> Es war uns möglich, unsere Evakuierung mit der Eisenbahn zu erreichen, während die Angehörigen der anderen Länder ihren Weg zu Fuß gehen mussten.
> Im Lager von Königstein wurde die besonders unmenschliche Vorschrift, die uns untersagte, das Lager während der Bombenangriffe zu verlassen, aufgehoben.
> Im Lager von Königstein wurden zusätzliche Nahrungsmittel an die französischen Kriegsgefangenen verteilt, die unser Lager passierten.
> Weiterhin hat Herr Schneider die Leiden der Evakuierung im Winter 1945 mit uns geteilt, wobei er die Schwachen moralisch unterstützte und nicht gezögert hat, Ihnen zu helfen, indem er ihren Rucksack trug. Das ist umso nobler gewesen, als es ihm in seiner Position als Leiter der Sozialabteilung der IG Farben erlaubt war, sich schnell in Sicherheit zu bringen und uns Wracks, die wir waren, unserem traurigen Schicksal zu überlassen. Er hat sich immer bemüht, uns ein Dach über dem Kopf und Nahrung zu besorgen.
> Unterzeichnet in Lagord, den 27. August 1951.[75]

---

[75] NL Schneider, Ordner 1949/50. Originalzitat: „Je sousigné Max Lacourt ... certifie ce que suit : Ayant été déporté en Allemagne à Königstein et à Auschwitz – service du Travail Obligatoire Classe 1942, du 2 Juillet 1943 au 14 Mai 1945, j'ai eu l'occasion d'être en contact avec Monsieur l'assesseur Schneider. J'ai pu constater avec quel sens social et quel esprit de justice, il a toujours agi à notre égard. Sur son intervention : de nombreux camarades déficients ou malades ont obtenu un travail correspondant à leur force physique un doucissement presque total des mésures disciplinaires dans notre camp a été obtenu. Il nous a été possible de nous maintenir en bonne santé physique : autorisation de création et

Schneiders Engagement ging ohne Zweifel weit über seinen eigentlichen Aufgabenbereich hinaus. Er unterstützte Toupet dabei, eine eigenständige Institution mit einem bemerkenswerten Binnenleben aufzubauen. Der „Camp Napoléon" hob sich damit von den anderen nationalen Teillagern in Monowitz ab.

Die Patronage Schneiders für ein fast autonom betriebenes Lager eröffnete Toupet außerdem die Spielräume, um sich für die Résistance zu engagieren. Er sprach in einem internen Bericht – sicher die reale Lage übertreibend – von einem „camp de souveraineté française intégrale". Als die Bewachung des Lagers ebenfalls in französische Hände überging, schrieb Toupet stolz nur mit Großbuchstaben in seinen Bericht: „Avec cette dernière mesure nous sommes entre nous!"[76] Vieles spricht dafür, dass Schneider in Toupets Haltung eingeweiht war und er damit direkt die Beziehungen zur Résistance unterstützte. Die durchgehend positive Würdigung Schneiders sowohl durch Toupet und die anderen jungen Franzosen als auch durch die französische Zeitgeschichtsforschung bestätigen diesen Eindruck. Ohne Zweifel ging er damit ein hohes persönliches Risiko ein, das er erst im Braunschweiger Prozess zur Sprache bringen sollte, als er u. a. darauf seine Verteidigung aufbaute.

---

de fonctionnement du service sanitaire de notre camp représentant français à la visite médicale avec possibilité de faire des observations. Il nous a été possible de nous maintenir intactes nos facultés morales : possibilité d'organiser agréablement nos loisirs : foyer, cinema, théatres, kermesses, bibliothèque. Le regime de notre camp a été amélioré. Les catholiques de notre camp ont pu assister à quelques messes célébrés dans la cantine. lors de notre évacuation du camp d'Auschwitz en Janvier, les malades de notre camp ont été évacués par voie ferrée. il nous a été possible de poursuivre notre évacuation par voie ferrée alors que les ressortissants des autres pays pousuivaient leurs route a pieds. au camp de Konigstein, la mesure particulièrement inhumaine nous interdisant de quitter le camp pendant les bombardements a été levée. au camp de Konigstein des vivres supplémentaires ont été distribués aux prisonniers de guerre français en transit dans notre camp. D'autre part, Monsieur Schneider a partagé les souffrances l'évacuation de l'hiver 1945 soutenant moralement les défaillants et n'hésitant pas a les aider à porter leur sac. Ceci est d'autant plus noble, que sa position du Chef du Service Social de l'IG Farben Industrie lui permettait de se mettre rapidement á l'abri et de laisser à leur triste sort les épaves que nous représentions. Il s'est toujours efforcé de nous fournir un toit et la nourriture. Je garde de souvenir un homme profondément humain qui par son courage, sa probité, son sense de la justice et son dévouement à l'être humain a su gagner notre estime, malgré le préjugé défavorable que nous pouvions avoir. Fait à Lagord, le 27 Août 1951"
[76] Die Zitate sind zu finden bei Amouroux, La Grande Histoire, S. 123 f.

6 Von Auschwitz nach Goslar

Als sich am 21. Januar 1945 die Mitarbeiter der IG Auschwitz und die Insassen des Arbeitslagers auf den Weg nach Westen machten, ließen sie die Baustelle in einem schlechten Zustand zurück. Es war nicht gelungen, das Werk produktiv in Betrieb zu nehmen. Lediglich Methanol konnte ab Herbst 1943 produziert werden, das allerdings nur für den Betrieb der werkseigenen Lastwagen und Baumaschinen verwendet wurde. Das eigentliche Ziel der Produktion von Buna konnte nicht erreicht werden. Dürrfeld harrte zwar in völliger Fehleinschätzung der Lage bis zum 24. Januar in Monowitz aus und versuchte sogar noch lange, die Häftlinge und die Angestellten am Abmarsch zu hindern, aber die militärische Lage war längst entschieden, auch er musste schließlich fliehen. Die sowjetischen Truppen erreichten am 27. Januar die von Luftangriffen seit Sommer 1944 – zuletzt am 26. Dezember 1944 und am 16. und 18. Januar 1945 – teilweise zerstörte Anlage.[1] Auch im Lager der Franzosen waren Heizung und Wasserversorgung ausgefallen, es fehlte an frischer Verpflegung. Mehrere Tausend Lagerinsassen von Monowitz machten sich auf den ungewissen Weg nach Westen, der für viele der KZ-Häftlinge, die schon vorher aufgebrochen waren, zum „Todesmarsch" wurde.

Nach allem, was wir wissen, machte sich Schneider zusammen mit einer 1500 Mann starken Gruppe französischer Chantiers und STO-Arbeitern am späten Abend des 21. Januar – Toupet spricht von „minuit" (Mitternacht) – auf den Marsch nach Westen. Das Näherrücken der sowjetischen Truppen und die Luftangriffe hatten das notwendig gemacht. Es ist sicher, dass er nicht – wie sein Vorgesetzter Roßbach – die angeordnete Verlegung seiner Abteilung nach Heidenau bei Dresden mitmachte, sondern bei „seinen" Franzosen blieb.[2] „Das ist ein schrecklicher Leidensweg, der beginnt."[3] Toupet hatte einen detaillierten Marschplan mit genauen Verhaltensvorschriften für seine Gruppe erarbeitet.[4] Es gibt unterschiedliche Angaben darüber, welche Teile der Flucht als Fußmarsch bzw. mit der Eisenbahn durchgeführt wurden. Lacourt erwähnt die Eisenbahn für die Kranken, aber auch für die ganze Gruppe zumindest als Fortsetzung der Flucht, ansonsten sei man marschiert. Bei Toupet taucht der Begriff Eisenbahn nur auf, weil sie versprochen wurde, aber nicht verfügbar war. Er spricht von Fußmärschen, auch Schneider spricht später im Braunschweiger Prozess vom Marsch nach Westen. Genauere Angaben enthält der Bericht von Jean Chassagneux, der vom Fußmarsch von Auschwitz über Rybnik und Gleiwitz bis Loslau kurz vor der tschecho-

---

1 Zu den Wirkungen der alliierten Luftangriffe zuletzt Joseph R. White, Target Auschwitz: Historical and Theoretical German Responses to Allied Attack, in: Holocaust and Genocide Studies 16 (2002), H. 1, S. 54–76.
2 Aus den Recherchen des Operativ-Vorgangs der Staatssicherheit geht hervor, dass Roßbach sich in Heidenau um den Aufbau einer Stickstoffanlage in einem Stollen bemühte und dafür Arbeitskräfte zu beschaffen suchte (BArch, MfS, BV Erfurt, AOP 1265/72, Bd. 1).
3 Bericht Toupets vom Juni 1945, in: Archives nationales, AJ 39 175. Originalzitat: „C'est un effroyable calvaire qui commence."
4 Martin, La mission, S. 318 ff.

slowakischen Grenze berichtet, von dort sei man mit der Reichsbahn in mehreren Etappen über Prag bis in die Nähe von Dresden transportiert worden.

Schneider war es offensichtlich auch gelungen, Restgeldbestände aus Auschwitz nach Pirna zu überführen, wo sich die versprengten Angehörigen der IG Auschwitz trafen. So konnte er dem Stellvertreter Toupets Devaux 3000 Reichsmark zukommen lassen, wie eine Quittung im Nachlass ausweist. Später wurde er beschuldigt, eine Million Reichsmark für seine Zwecke abgezweigt zu haben, eine wenig glaubhafte Unterstellung von unbekannten Informanten an die britischen Militärbehörden, die diese aber aus guten Gründen nicht weiterverfolgten.

Dieser Marsch und die Bahnfahrt nach Westen unter den Bedingungen eines strengen Winters waren eine große und riskante Herausforderung für die Gruppe. Toupet hat anschaulich beschrieben, wie anstrengend der Marsch unter den Bedingungen großer Kälte und fehlender Verpflegung war. Mitte Februar schrieb Pierre Soudidier: „Es gibt kein Tempo und nur die Kälte an den Füssen erklärt, dass jeder sich bewegt."[5] Beim Abmarsch aus Auschwitz aus hatte man nur wenig Verpflegung für drei Tage erhalten. In 15 Tagen, so Toupet, habe man nur drei Mal Lebensmittel erhalten, und seine Versuche, die Marschstrecken von 15–40 km pro Tag zu reduzieren, waren misslungen. Der Marsch wurde immer wieder durch Militärtransporte behindert, die die Straßen verstopften. Die Marschkolonne teilte sich auf und versuchte in umliegenden Dörfern Nahrungsmittel zu kaufen oder zu erbetteln. Schneider sah, welche menschlichen Verluste mit der Lagerräumung verbunden waren, wie viele Schwache und Kranke den Todesmarsch der Lagerinsassen nicht überlebt hatten, er sah die Leichen am Straßenrand.[6] Aber die Gruppe hielt zusammen, und wenn man dem Bericht des geflüchteten französischen Offiziers Lucien Belle glaubt, kamen sie offensichtlich schon am 19. Februar in die Nähe von Bad Schandau, wo Belle auf die Mannschaft von Toupet traf und von ihm versorgt wurde, bevor er sich mit einem Kameraden allein auf den Rückweg machte.[7] Um die Mitte März kamen sie gemeinsam nach Pirna, dann nach Heidenau bei Dresden, wo die Gruppe aus der Entfernung den Angriff alliierter Bomber auf das „Elbflorenz" ansehen musste, ein Eindruck, den Schneider später immer wieder als besonders erschreckend bezeichnete. Aus den unterschiedlichen Berichten lässt sich leider keine verlässliche Chronologie der Fluchtetappen im Detail rekonstruieren, es gibt keine genauen Tagebuchaufzeichnungen. Irgendwo in Sachsen kommt es noch einmal zu einer gefährlichen Situation für Toupet und seine Gruppe, als Roßbach – Schneiders direkter Vorgesetzter in Monowitz – Toupet der Sabotage bezichtigte, woraufhin die Gestapo ihn und seine 800 Franzosen festsetzte. Aber: „Schneider beendete die Situation, indem er zu uns kam und erreichte, dass die Fest-

---

5 Pierre Soudidier aus der Gruppe von Toupet zitiert nach Arnaud, Französische Zwangsarbeit, S. 18.
6 „Von Helmuth Schneider habe ich gehört, dass es ein grauenhafter Anblick gewesen sei, im Schnee erfrorene Häftlinge sitzen oder liegen zu sehen." (Aussage Roßbachs in: Arolsen Archives, NI 14287)
7 Zum Bericht Belles siehe IHTP, ARC 095.

nahme aufgehoben wurde."⁸ Kurz darauf übergab Schneider Toupet auch seine Pistole, um sich im Notfall besser schützen zu können.

Aber er und seine Freunde dachten während des Aufenthalts in Königstein bereits an die Zukunft und stellten Bescheinigungen über Schneiders unterstützendes Verhalten in Auschwitz aus, die seine Hilfen für die Franzosen belegen sollten. So findet sich auf dem Briefpapier der in Auschwitz tätigen französischen Firma („Laminoires et Tréfileries de Paris") die Bestätigung von Pierre Lafort, dem Direktor der Firma, für Helmut Schneider:

> „Ich möchte nicht ihr energisches Eingreifen nach meiner Einkerkerung im Gefängnis von Auschwitz vergessen, das zu meiner schnellen Befreiung führte."⁹

Des Weiteren existiert ein Brief Toupets für Schneider vom 13. April 1945. Hier gibt er seine erste warmherzige Würdigung der Hilfe des deutschen Freundes zu Protokoll. Nur ein Satz sei wörtlich zitiert, er ist charakteristisch für den gesamten Brief:

> „Ich habe bei Ihnen immer Unterstützung und Schutz gefunden, eine so beständige, spontane, mutige und besondere Freundschaft, dass mir die Erinnerung an Sie immer heilig sein wird."¹⁰

Diese Bescheinigung, im Ton sicherlich geprägt von der bewegenden Abschiedssituation, ist die erste einer ganzen Reihe von ähnlichen Aussagen zu seinen Gunsten, in denen seine Hilfe für die Chantiers dokumentiert wurde. Die in Königstein unterzeichnete Bescheinigung unterscheidet sich von den späteren inhaltlich kaum, aber sie wurde noch auf einem offiziellen Briefbogen der Chantiers als Organisation des „État Français", des Vichy-Staates, aufgesetzt. Der Brief Toupets an Walter Dürrfeld vom 1. Mai 1945, in dem er ihm für seine Unterstützung der Haltung Schneiders lobt, wurde bereits erwähnt.

Sowohl diese frühen Bescheinigungen für Schneider wie auch Toupets eigener Bericht vom Juni 1945 sind bemerkenswerte Dokumente. Alle diese Briefe belegen eine strategische Planung der beiderseitigen Zukunft, deren Aussichten ungewiss erscheinen. Beide Männer erkannten offensichtlich die auf sie zukommenden möglichen Probleme: Schneider sah eine Situation voraus, in der ihm die französischen Zeugnisse

---

8 Bericht Toupets vom Juni 1945, in: Archives nationales, AJ 39 175. Originalzitat: „SCHNEIDER finit par nous rejoindre et obtient que le consigne soit levée."
9 Der Brief ist enthalten in: NL Schneider, Mappe Frankreich. Die Rettung Laforts wird auch erwähnt in der Schutzschrift Schneiders im Braunschweiger Prozess. Das gilt ebenfalls für Marie-Louise de Villermin, eine Sozialbetreuerin der „Chantiers", die Schneider ebenfalls aus dem Gefängnis herausholen konnte. Originalzitat: „Je suis bien loin d'oublier également votre intervention énergique lors de mon incarcération à la prison d'Auschwitz qui a eu pour résultat de me faire rapidement libérer."
10 Der Brief vom 13.4.1945 ist im NL Schneider, Gelbe Mappe Frankreich, zusammen mit einem englischen und deutschen Übersetzungsentwurf. Originalzitat: „J'ai toujours trouvé près de vous un appui, une protection, une amitié si constants, si spontanés, si courageux et si délicats, que votre souvenir sera pour moi sacré."

hilfreich sein könnten, Toupet seinerseits ahnte, dass man ihn in Frankreich der Kollaboration bezichtigen würde – was dann ja auch tatsächlich geschah. Deshalb entwickelten beide eine gemeinsame Strategie zur Verteidigung ihrer Vergangenheiten in Auschwitz, gewiss auch ein Indiz für das Wissen um ihrer beider riskantes Verhalten.

Die Wege von Schneider und Toupets Restgruppe müssen sich irgendwann nach der Abfassung dieser Bescheinigungen in Königstein getrennt haben. Schneider wurde von den französischen Freunden mit dem „Choral des adieux" verabschiedet. Seine beeidigte Anwesenheit beim Verfassen von Toupets Brief an Dürrfeld vom 1. Mai 1945 spricht dafür, dass er erst nach diesem Zeitpunkt Königstein in Richtung Goslar verließ, wo er wahrscheinlich Anfang Mai eintraf.[11]

Aus den verschiedenen Berichten über den Marsch und die Fahrt nach Westen wird ersichtlich, welch gefährliche Situationen Schneider mit „seinen" Franzosen durchgestanden hatte, und man versteht dann besser, warum aus diesen Männern Freunde für das Leben wurden.[12] In seinem Nachlass hat sich eine Liste mit den französischen Heimatadressen der Freunde erhalten, die in diesen Tagen erstellt worden sein muss. Man wollte miteinander in freundschaftlichem Kontakt bleiben.

Wie aber kam Schneider von Auschwitz über Dresden ausgerechnet nach Goslar? Er war zwar im nicht weit entfernten Helmstedt aufgewachsen,[13] aber es gab bislang keinerlei Beziehung zu der Stadt am Harz, die für sein weiteres Leben so wichtig werden sollte. Es war vielmehr seine Frau, die die Entscheidung für Goslar allein getroffen hatte, denn sie war mit den kleinen Kindern – damals 6 und 3 Jahre alt – in einem besonderen Transport schon etwas früher aus Auschwitz evakuiert worden. Sie war zunächst nach Halle gekommen, ihrem letzten Vorkriegswohnort, als ihr Mann noch bei der IHK arbeitete. Als sich dort aber herausstellte, dass die Wohnmöglichkeiten nicht ausreichend und sie bei entfernten Verwandten nicht willkommen waren, nahm sie Kontakt zu einer Studienfreundin aus Göttinger Zeiten auf, die in Goslar wohnte und sie einlud, dorthin zu kommen. Dies konnte sie aber nur deshalb tun, weil sie irgendwo unterwegs bei einer Übernachtung zufällig die Schwiegermutter dieser Studienfreundin Lorle Grillo getroffen hatte. Diese hatte ihr berichtet, dass ihre Schwiegertochter – evakuiert aus dem Ruhrgebiet – gerade in Goslar lebe. Die alte Freundschaft aus Göttinger Studienzeiten – sie hatten bei der gleichen Zimmerwirtin gewohnt – bewährte sich in der Not, irgendwie ergab sich dort auch die Chance auf eine Wohnung,

---

11 Vgl. dazu den Bericht von Toupet über den Weg von Auschwitz nach Frankreich, in: Archives nationales, AJ 39 175. Die erwähnten Briefe von Lafort und Toupet aus Königstein (Sachsen) sind im NL Schneider, Mappe Frankreich. – Zum Choral in Königstein vgl. Traumatinische Irrfahrt, S. 334 f.
12 Für die Behauptung Schygas (Vortrag 2014, S. 4), Schneider sei eine „recht komfortable Flucht" aus Auschwitz gelungen, sehe ich keinen Beleg. Sowohl der Hinweis Roßbachs als auch die Berichte Toupets, Lacourts, Belles und Chassagneux' legen seine Begleitung der Franzosen nahe, deren Marsch und Reise man kaum als komfortabel bezeichnen kann, das Gegenteil war der Fall.
13 Schneider war nicht in Goslar aufgewachsen, wie Schyga (Goslar, S. 282) schreibt, sondern hatte in Helmstedt Volksschule und Gymnasium besucht. Er verfügte deshalb auch nicht über alte Bekanntschaften vor Ort, wie Schyga vermutet.

so dass bald der Umzug nach Goslar glückte. Im Nachhinein kann man das alles nur als eine glückliche Verkettung von Zufällen ansehen, die die Familie schließlich wieder in Goslar vereinte.

Denn Schneider hatte diese Ortsveränderung seiner Frau – wie auch immer – in Erfahrung bringen können, folgte ihr nach Goslar und sollte dort mit seiner Familie eine neue Heimat finden. Über diese Phase der Familiengeschichte ist ganz wenig bekannt, angesichts der schlechten oder gar fehlenden Zug- und Postverbindungen muss das alles mit großer Unsicherheit und Gefahren verbunden gewesen sein. Hier ist man auf spätere Erzählungen der Eltern für die Töchter angewiesen, die aber nie systematisch gesammelt oder gar aufgezeichnet wurden.

Gemessen an der allgemeinen Unsicherheit der ersten Nachkriegsmonate gestaltete sich der Beginn des neuen Lebens in der praktisch unzerstörten Stadt Goslar insgesamt erstaunlich erfreulich. Spenden sorgten für die erste Möblierung der Wohnung. Was aber viel wichtiger war, Helmut Schneider konnte sehr schnell wieder in seinen Beruf als Jurist einsteigen und damit den Lebensunterhalt seiner Familie sichern, sein erstes Gehalt als Stadtassessor belief sich auf 584,26 Reichsmark. Trotz eines schweren Unfalls seiner jüngeren Tochter, die im Frühjahr 1945 kurz vor ihrem dritten Geburtstag auf der Breite Straße von einem LKW angefahren wurde, und trotz einer gefährlichen Tuberkuloseerkrankung seiner älteren Tochter überstand die Familie diese schwere Zeit. Im berüchtigten Hungerwinter 1946/47 schilderte Rudolf Wandschneider, damals noch Oberbürgermeister, später Oberstadtdirektor von Goslar, dessen Nachfolger Schneider bald werden sollte, die bedrohliche Versorgungslage in Goslar:

> „Der Winter ist mit mindestens 20 Kältegraden hereingebrochen, und er hat verheerend unter den Holzbeständen aufgeräumt. In vielen Kellern stehen die Kartoffelkisten leer, und wenn nicht schnellstens Nährmittel und Konserven als Ersatz herangeschafft werden, so hörte man in der letzten Ratssitzung, so könnten sich ‚hunderte nicht einmal eine warme Mahlzeit mehr kochen'. Auf wie vielen Weihnachtsbäumen haben wohl Kerzen gebrannt? Der und jener hatte noch etliche Stummel vom vorigen Jahr. Der und jener konnte einem Schwarzhändler 6–8 Mark für ein Baumlicht in die Hand drücken. Die übrigen 90 % sind über einen Kerzenstumpf froh, wenn allabendlich das Licht ausgeht."[14]

Man mag daran erkennen, vor welche Herausforderungen Schneider und seine Kollegen im Magistrat in diesem Jahr und in den kommenden Jahren gestellt waren und weiter sein würden. Er begann seine Laufbahn am 15. Juni 1945 zunächst als juristischer Berater der Stadtverwaltung mit dem Titel „Stadtassessor", übernahm die Leitung des Dezernats für Wirtschaft und des Verkehrsamtes und wurde schon im Frühjahr 1947 zum Stadtdirektor ernannt. Dieser Einstieg in die Stadtverwaltung vollzog sich erstaunlich zügig.[15] Das Protokoll der ersten Magistratssitzung nach dem Kriege vom 21. Juni 1945 weist ihn bereits als Teilnehmer der Sitzung aus, ein bemerkenswert

---

[14] Zitiert nach Schyga, Goslar, S. 101.
[15] Die Daten nach der Personalakte Schneider im STA Goslar.

schneller Wechsel von der IG Auschwitz in die Stadtverwaltung Goslars. Gerade einmal fünf Monate lagen zwischen dem Abmarsch aus Auschwitz und dieser Magistratssitzung.[16]

Die schönste Bestätigung seiner Rolle als anerkannter Verwaltungsfachmann mit weiterführenden Ideen lässt sich seiner Beurteilung durch britische Offiziere entnehmen, die im Vorfeld des zweiten Entnazifizierungsverfahrens im April 1947 eine Art politisches Profil von ihm erstellten. Nicht ohne Anerkennung schrieben sie über ihn:

> „Schneider ist diesem Team [der Militärregierung – WS] seit den frühen Tagen der Besetzung bekannt, als er juristischer Berater der Stadt Goslar war. Er machte sich bald durch harte Arbeit und herausragende Initiative einen Namen. Der SPD trat er nach einigem Zögern bei, da er nicht überzeugt war, dass es den lokalen Führern der SPD gelingen würde, die Mehrheit der ziemlich soliden Bürger Goslars zu gewinnen. Seine Einschätzung erwies sich als richtig, denn Goslar ist heute ein starke CDU-Bastion. Schneider hat nie eine große Rolle in der SPD gespielt, und hat sich bei einer Reihe von Gelegenheiten als kritisch ihr gegenüber erwiesen. Er hat es geschafft, mit den Vorsitzenden und Offiziellen der anderen Parteien auf gutem Fuß zu stehen, ebenso mit den führenden Kreisen von Handel und Industrie und den Gewerkschaften.
> Schneider ist gegenüber der Militärregierung immer kooperativ gewesen, obwohl darauf hingewiesen werden muss, dass er kein Unterwürfigkeitstyp ist und dass er es nicht fürchtet, seine Meinung zu sagen, selbst dann, wenn sie kritisch ist. Er sagte einmal zu dem Unterzeichneten, ‚ich kann mir vorstellen, dass einmal ein Zeitpunkt kommen könnte, wo ich mich weigern würde, mit Ihnen und der Militärregierung zusammenzuarbeiten. Sollte dies eintreffen, was ich nicht hoffe, werde ich Sie schriftlich benachrichtigen'. Kommentar: ‚Ein nützlicher Verbündeter, aber ein gefährlicher Feind.'
> Er hat sich bei mehreren Gelegenheiten als hilfreich für die Intelligence [den brit. Nachrichtendienst] erwiesen, sein Rat ist immer originell gewesen. Er hat uns immer wieder überrascht, weil er extrem gut informiert und hilfreich war.
> Schneider hat sich auch einen Namen gemacht in Verbindung mit der Volkshochschule, die vorwiegend auf seine Initiative hin verwirklicht worden ist. Er hat ebenfalls ein schmales Buch mit politischen und philosophischen Gedanken unter dem Namen Georges Jacques Déplaisant veröffentlicht (er ist ein großer Bewunderer der französischen Kultur)."[17]

Die britischen Offiziere wussten um seine Tätigkeit in Auschwitz, ihr zustimmender Bescheid vom 15. Juli 1947 beruhte also nicht auf der Unkenntnis seiner Vergangenheit, wie dies im Übrigen schon bei seiner ersten lokalen Prüfung 1946 der Fall gewesen war.[18]

Neben seiner Tätigkeit für die Stadt beantragte er auch die Zulassung als Rechtsanwalt. Dazu bedurfte es der Unterstützung des befreundeten Kollegen Dr. Hörstel, bei dem er die notwendige Praxiserfahrung sammeln konnte, bald erhielt er die dafür erforderliche Zulassung. Allerdings wird man bei der angestrebten Anwaltszulassung eher von einer Vorsorge für den Notfall ausgehen müssen, denn mit der Übernahme

---

16 Schyga, Goslar, S. 28.
17 Dabei handelt es sich um die „Kleine Fibel", o. O. o. J. (1946). Dazu auch Kapitel 11 im vorliegenden Band.
18 Schyga hat in Goslar, S. 285, seine Äußerung aus dem Vortrag von 2014 insoweit korrigiert.

des Amtes des Stadtdirektors hatte er sich verpflichten müssen, keine anwaltliche Tätigkeit neben seinem Amt auszuüben. Aber es war ihm wichtig, über eine berufliche Alternative zu verfügen, immerhin bezahlte er 1949 noch die Beiträge für die Rechtsanwaltskammer in Braunschweig.

Der bisherige Oberstadtdirektor Dr. Rudolf Wandschneider (seit 1947 in dieser Funktion, vorher Oberbürgermeister) war ein älterer, oft kranker Beamter, der zudem im Rat der Stadt vielen Anfeindungen ausgesetzt war. Seine andauernde scharfe Kritik an der britischen Besatzungsmacht fiel im Goslarer Rat immer stärker unliebsam auf und führte dann 1948 schließlich dazu, dass er in Pension gehen musste und Schneider sein Nachfolger wurde.

Dieser Wechsel an die Spitze der Verwaltung kam nicht von ungefähr. Schneider konnte sich inzwischen auf ein verlässliches Netzwerk an Unterstützern im Rat der Stadt verlassen, zudem sprachen seine Erfolge als aktiver Verwaltungsfachmann deutlich für ihn.[19] Vor allem sein sogenanntes Flughafenprojekt, also die Wohnbebauung des ehemaligen Flugplatzes, sicherte ihm viel Aufmerksamkeit und Zustimmung. Zudem hatte er lange den Puffer zwischen dem zuweilen aggressiven Wandschneider und dem Rat sowie den Briten gespielt. Er hatte sich in jeder Hinsicht als nützlich, ja hilfreich für die Stadt erwiesen, warum sollte man auf diesen Fachmann verzichten, als man einen neuen Mann an der Spitze der Verwaltung brauchte? Obwohl es insgesamt 74 Bewerber auf diese Stelle gab, verzichtete er auf ein umfangreiches Bewerbungsschreiben, erklärte am 18. September 1948 brieflich nur sein Interesse an dieser Position und wurde am 22. Oktober mit 24:3 Stimmen in das Amt gewählt. Am 4. Januar 1949 bestätigte das niedersächsische Kabinett Helmut Schneider als Oberstadtdirektor.[20] Er war am Ziel, vorläufig jedenfalls, auch wenn sich in der Stadt selbst der Protest einer Gruppe von Bürgern durch ein anonymes Schreiben artikulierte, die den Zeitpunkt seiner Wahl so kurz vor den anstehenden Gemeinderatswahlen kritisierten.

Seine Amtseinführung am 10. Februar wurde in einem festlichen Akt begangen, bei dem die Festredner seine Qualitäten hervorhoben, wobei besonders seine Wirtschaftserfahrungen betont wurden, ohne dass man dabei den Ort Auschwitz erwähn-

---

19 Die Vermutung Schygas (Goslar, S. 187), dass Frau Schneiders verwandtschaftliche Beziehungen in Goslar eine Rolle gespielt hätten, entbehrt der Grundlage. Frau Schneider kannte in Goslar bei ihrer Ankunft lediglich ihre Freundin aus Göttinger Studienzeiten, die selbst – wie schon erwähnt – erst während des Krieges aus dem Ruhrgebiet nach Goslar evakuiert worden war und danach auch wieder ins Ruhrgebiet zurückkehrte. Auch sein Hinweis auf die freundschaftlichen Beziehungen zu Dr. Ernst Schulze, dem Vorsitzenden des Entnazifizierungsausschusses, und zu Oberbürgermeister Dr. Wandschneider oder dem Stadtrat Dr. Otto Fricke trägt nicht. Es waren keineswegs „alte" Bekanntschaften, sondern diese können erst nach seiner Ankunft in Goslar entstanden sein. Wenn er denn „gut vernetzt" (ebenda, S. 186) war, wovon man sicher ausgehen kann, dann waren das neue Beziehungen aus den Arbeitszusammenhängen in Rat und Verwaltung.
20 Die Kabinettsprotokolle der Hannoverschen und Niedersächsischen Landesregierung 1946–1951, Teilbd. 1, Hannover 2012, S. 413 (Niederschrift über die 36. Sitzung am 4. Januar 1949).

te.²¹ Schneider selbst bedankte sich mit dem Hinweis auf seine Erfahrung in Wirtschaft und Verwaltung und zeigte sich – keineswegs unbescheiden – sicher, „dass der Rat der Stadt in mir einen Mann gewählt hat, der auf Grund seiner beruflichen Vergangenheit eine untrennbare Synthese darstellt zwischen kaufmännischem Denken und überkommenem verwaltendem und juristischem Denken". Er war überzeugt von sich, das spürt man an seinen Formulierungen, die man inhaltlich nur schwer nachvollziehen kann:

> „Verwalten kann man nicht lernen, das ist mir in den Jahren meiner beruflichen Tätigkeit längst bewusst und klar geworden. Ein Verwaltungsmann wird geboren. Und ich hoffe, dass ich als solcher geboren bin."

Trotz dieser erheblichen Übertreibungen sollte Schneider In der Tat ein außerordentlich aktiver und vielseitig tätiger kommunaler Spitzenbeamter werden, der neben seinem eigentlichen Amt eine große Zahl von Führungspositionen in der Kommunalwirtschaft und im Fremdenverkehrswesen bekleidete, zum Teil auch auf Bundesebene.²² Für die Annahme, dass Schneider einmal für einen Staatssekretärsposten in der Landesverwaltung vorgesehen war, findet sich kein wirklich belastbarer Beleg außer einer von dem ehemaligen Oberbürgermeister Jürgen Paul geäußerten Vermutung.²³ In seinem Tagebuch erwähnt er zwar auch einmal diese Möglichkeit, betont aber zugleich die enorme Freiheit, die er bei seiner Amtsführung in Goslar habe.²⁴ Dies wäre in einer politischen Führungsfunktion in der niedersächsischen Landesregierung sicher nicht mehr der Fall gewesen.

Daneben trat er als kultureller Motor seiner Stadt hervor: Die Einrichtung der Volkshochschule schon im Krisenjahr 1946 war ihm ein Herzensanliegen.²⁵ Er eröffnete sie mit einer für ihn typischen, fulminanten Rede und setzte damit ein unübersehbares Zeichen seiner intellektuellen und kulturellen Ambitionen. Er forderte darin die „Überwindung der Krise der europäischen Kultur und Wirtschaft aus dem Geist des Abendlandes". Das war sicher eine Thematik, die weit über das hinausging, was dem städtischen Publikum aus diesem Anlass eigentlich zuzumuten war, denn in der Volkshochschule ging es zunächst um sehr basale Kurse zur beruflichen Weiterbildung.²⁶ Auch die Bewilligung des Goslarer Kulturpreises und dessen erste Verleihung an Ernst Jünger im Jahre 1956 passte in diese hochfliegenden kulturellen Ambitionen, die einen

---

21 Vgl. Personalakte Schneider; Redeauszüge auch bei Schyga, Goslar, S. 281 f.
22 Nach dem längeren „Enthüllungsartikel" in der GZ vom 11.9.1999. 30 Jahre nach seinem Tod standen Schneiders Personalakten jetzt zur Verfügung. Eine Liste in seiner Personalakte zählt insgesamt 34 lokale und überregionale Funktionen auf.
23 Artikel in der GZ vom 11.9.1999.
24 NL Schneider, Tagebuch 1967.
25 Dazu auch Schyga, Goslar, S. 151, allerdings ohne Erwähnung von Schneiders besonderen Bemühungen darum.
26 Vgl. Helmut Schneider, Die Krise der europäischen Kultur und Wirtschaft und ihre Überwindung aus dem Geist des Abendlandes. Vortrag anlässlich der Eröffnung der Volkshochschule Goslar am 17. Mai 1946. In der Druckfassung umfasst er 16 eng bedruckte Seiten.

Mann zeigen, der sich von dem reinen Verwaltungsgeschäft intellektuell nicht befriedigt fühlte. Seine engen Kontakte mit Schriftstellern wie z. B. Ernst von Salomon, dem Verfasser des entnazifizierungskritischen „Fragebogens",[27] und mit Ernst Jünger oder dem General Hans Speidel mögen dies belegen. Auf sie wird noch zurückzukommen sein.

Doch die Ambitionen des frisch ins Amt eingeführten Oberstadtdirektors sollten noch einmal in eine Krise geraten, die unmittelbar danach seine weitere Laufbahn in Frage stellen sollte. Denn schon im Februar 1949, gerade eine gute Woche nach seiner Amtseinführung, wurde Schneider von seinem Amt suspendiert und sein Vermögen unter Sequester gestellt, ein Treuhänder sollte es in Zukunft verwalten. Er hatte mit insgesamt drei Verfahren zu kämpfen: dem wiederaufgenommenen Entnazifizierungsverfahren, dem staatsanwaltlichen Ermittlungsverfahren wegen mehrerer Anklagepunkte (Verbrechen gegen die Menschlichkeit in Auschwitz, doppeltem Meineid in Nürnberg, Fragebogenfälschung und der gemeinschaftlichen Körperverletzung) und schließlich dem Disziplinarverfahren, das er auf Druck der Stadt gegen sich selbst beantragt hatte. Was war geschehen? Dazu müssen wir zunächst einen Blick auf das amerikanische Militärgericht werfen, das in Nürnberg 1947/48 neben anderen Prozessen auch den Fall VI (IG Farben) verhandelte. Dort gehörte sein ehemaliger Chef Walter Dürrfeld zum Kreis der Hauptangeklagten, und Helmut Schneider hatte sich dazu bereit erklärt, für seinen ehemaligen Chef auszusagen.

---

[27] Dazu Leßau, Entnazifizierungsgeschichten, S. 7 ff.

7 „Nichts Illegales oder Strafbares gesehen"
Zeugenaussage im IG-Farben-Prozess 1947/48

Am 13. Mai 1947 hatte in Nürnberg vor dem Militärgerichtshof der Vereinigten Staaten von Amerika mit der Einreichung der Anklageschrift der Prozess gegen 23 Angeklagte aus der Führungsetage des IG-Farben-Konzerns, der sogenannte Case VI, begonnen. Den prominenten Industriellen wurden fünf Anklagepunkte zur Last gelegt, die – sehr kurz zusammengefasst – von der Anzettelung und Führung eines Angriffskriegs, der Plünderung in den annektierten Gebieten Europas, der Teilnahme am Sklavenarbeitsprogramm und der Genozidpolitik, der Mitgliedschaft in verbrecherischen Organisationen bis zum gemeinsamen Plan zur Verschwörung gegen den Frieden reichten.

Abb. 8: Anklagebank im Nürnberger IG-Farben-Prozess. Urteilsverkündung am 29./30. Juli 1948 (stehend: Dr. Walter Dürrfeld)

Die politischen Vorbedingungen für eine erfolgreiche Durchführung dieses Prozesses auf der US-Seite waren keineswegs günstig. Die amerikanische Großindustrie stand dem Verfahren gegen die deutschen Industriellen eher kritisch gegenüber, und der Hochkommissar McCloy machte General Telford Taylor, dem Chefankläger, schon vor Prozessbeginn klar, dass er die Kriegsverbrecherprozesse möglichst bald beendet sehen wollte.[1] Es ist hier nicht der Ort, die komplizierten politischen und völkerrechtlichen Voraussetzungen der Anklagepunkte genauer zu behandeln, die von allen An-

---

1 Vgl. dazu Grietje Baars, Capitalism's Victor's Justice? The Hidden Stories behind the Prosecution of Industrialists post-WWII, in: Kevin J. Heller/Gerry Simpson, The Hidden Histories of War Crimes Trials, Oxford 2013, S. 163–192, hier S. 178.

geklagten sämtlich dezidiert zurückgewiesen wurden.[2] Schaut man sich in den Beständen des US Holocaust Memorial Museums die Filmaufnahmen von der Verlesung der Anklagepunkte und der Reaktion der Angeklagten am 14. August 1947 an, dann überrascht die im Brustton der Überzeugung und ohne jede Schüchternheit oder gar Selbstzweifel vorgetragene Aussage „Nicht schuldig" bzw. „Auf keinen Fall schuldig" auf die Frage des Vorsitzenden des Gerichtshofs.[3] Dies gilt auch für Walter Dürrfeld, einen der Hauptangeklagten, obwohl er kein Mitglied des Vorstands gewesen war.[4] Von einer denkbaren Nachdenklichkeit oder gar einem Schuldbewusstsein ist hier nichts zu spüren.

Selbstverständlich hatten die Angeklagten schon seit 1946 alles unternommen, um sich auf den Prozess und die zu erwartenden Anklagepunkte vorzubereiten. Mit über 4000 Dokumenten und 102 Entlastungszeugen stemmten sie sich gegen die massiven Vorwürfe, wobei sie von einer Gruppe qualifizierter deutscher Anwälte und Berater aus der Großindustrie unterstützt wurden.[5] Selbst Dürrfelds Frau hatte – wenn auch vergeblich – alles unternommen, um Entlastungszeugen für ihren Mann aufzutreiben.[6]

Wie der Auftritt Schneiders in Nürnberg zustande kam, ist nicht eindeutig zu klären. Man kann vermuten, dass sich die IG-Farben-Anwälte darum bemühten, die „richtigen" Zeugen für die Verteidigung zu versammeln.[7] Schneider erklärte jedenfalls später in seinem eigenen Verfahren vor dem Landgericht Braunschweig, er habe in Nürnberg freiwillig für Dürrfeld ausgesagt. Damit wollte er den möglichen Verdacht ausräumen, er habe durch seine Aussage für ihn etwa negative Folgen für sich selbst befürchten müssen. Man muss aber feststellen, dass das Erscheinen vor diesem Gericht und damit dessen Anerkennung für Schneider eine Überwindung darstellten. Grundsätzlich sah er kein Recht bei den Siegern, über die Besiegten zu Gericht zu sitzen, ein Gedanke, der sich durch alle Schriften der folgenden Jahre zieht. Schon 1946 schreibt er in seiner „Kleinen Fibel":

---

2 Zur inneramerikanischen Vorgeschichte dieser Prozesse vgl. Kevin John Heller, The Nuremberg Military Tribunals and the Origins of International Criminal Law, Leiden 2011.
3 USHMM, Film RG Nuernberg: RG-60.2915 | Film ID: 2368.
4 Zu Dürrfeld vor Gericht vgl. Hörner, I. G. Farbenindustrie, S. 253 ff.
5 Zum Prozessverlauf muss der Hinweis auf die knappe Überblicksdarstellung von Annette Weinke, Die Nürnberger Prozesse, München ²2015 genügen und die informative, die reiche Sekundärliteratur gut zusammenfassende Studie von Stephan H. Lindner, Aufrüstung – Ausbeutung – Auschwitz. Eine Geschichte des I. G.-Farben-Prozesses, Göttingen 2020 sowie die neuere systematische Studie von Kim Christian Priemel, The Betrayal. The Nuremberg Trials and German Divergence, Oxford/New York 2016 erwähnt werden. Die Analyse der Anwälte findet sich bei Hubert Seliger, Politische Verteidiger? Die Verteidiger der Nürnberger Prozesse, Baden-Baden 2016. Den entwickelten Stand der NMT-Forschung dokumentiert der Band von Kim C. Priemel/Alexa Stiller (Hrsg.), NMT. Die Nürnberger Militärtribunale zwischen Geschichte, Gerechtigkeit und Rechtschöpfung, Hamburg 2013.
6 Nach Priemel, Betrayal, S. 211.
7 Zur Vorbereitung der Anwälte durch besondere Betreuer aus der Großindustrie vgl. Seliger, Politische Verteidiger?, S. 225 ff., zu Dürrfeld S. 241.

> „Niemals kann jedoch in dieser Maßnahme des Siegers ein Richterspruch, also ein Rechtsprechungsakt anerkannt werden, welcher international respektiert zu werden beanspruchen könnte. Das ‚Gericht', welches der Sieger für diesen Fall gebildet haben mag, ist keines, sondern eine rein politische Instanz, ihr ‚Urteil' lediglich politische Exekutiv-Verfügung, die erst nach der ‚Tat' vom Sieger geschaffene vermeintliche ‚Rechtsnorm', aufgrund deren er abgeurteilt wird, ist reine Direktive für die Begründung der erwarteten politischen Exekutivmaßnahme."[8]

Und in sein Tagebuch schreibt er:

> „Es ist ein bitteres Geschick, Deutscher zu sein. Und es ist eine Schande, dies zu empfinden und zu bekennen. Ich suche den Weg aus diesem Dilemma. Ich allein? Wer wird uns helfen, den Weg in die Freiheit zu finden?"[9]

Angekommen in Nürnberg vertraut er am 21. September 1947 seinem Tagebuch das „sportliche Behagen" darüber an, General Telford Taylor telegrafiert zu haben, selbst den Termin seines Erscheinens vor Gericht bestimmen zu können, um sich gleich darauf dieses Gefühls zu schämen. Er empfindet Unterlegenheit und „ein Gefühl des Neids zugleich, dass ich – der ich ein Recht glaube für mich in Anspruch nehmen zu können, mit diesem Mann und den Alliierten auf der Grundlage völliger Gleichberechtigung zu verkehren". Auf der ersten Fahrt nach Nürnberg denkt er „viel zu viel an die Fragen, die man mir stellen könnte", seine Anspannung ist deutlich erkennbar. Beim Anblick der zerstörten Stadt Würzburg befallen ihn Gedanken zur Relativierung der deutschen Schuld: „Die Schande ist nicht nur eine deutsche, die zivilisierte Menschheit trägt eine gemeinsame Schuld!"[10] Mit diesen Gedanken – ganz ähnlich den schon 1946 publizierten – erreicht er das gleichfalls stark zerstörte Nürnberg, so motiviert er sich für die kommenden Auseinandersetzungen vor dem Gericht. Für ihn besteht kein Zweifel daran, dass es vor dem Militärgericht nicht um die Suche nach Gerechtigkeit geht, sondern allein um die Rache der Sieger. Eine Auseinandersetzung mit dem alliierten Konzept eines Verbrechens gegen die Menschlichkeit als überzeitlicher Norm ist bei dem Juristen Schneider nicht zu erkennen.

Man wird davon ausgehen können, dass das Verteidigerteam, unterstützt von speziellen Arbeitsstäben in den westlichen IG-Farben-Werken, alles tat, um mögliche Zeugen zu ermitteln.[11] In den Unterlagen des Angeklagten Otto Ambros hat sich eine Liste von als „vertrauenswürdig" bezeichneten Zeugen erhalten, zu denen auch Assessor Schneider aus Goslar gehört.[12] In der Tat: Nach seinem Tagebucheintrag vom 25. Sep-

---

8 Georges Jacques Déplaisant (Pseud.), Kleine Fibel, S. 28.
9 Tagebucheintrag vom 21.9.1947.
10 Tagebucheintrag vom 24.9.1947.
11 Hierzu der Beitrag von S. Jonathan Wiesen, Die Verteidigung der deutschen Wirtschaft: Nürnberg, das Industriebüro und die Herausbildung des Neuen Industriellen, in: Kim C. Priemel/Alexandra Stiller (Hrsg.), NMT. Die Nürnberger Militärtribunale zwischen Geschichte, Gerechtigkeit und Rechtschöpfung, Hamburg 2013, S. 630–652.
12 Nach Hörner, I. G. Farbenindustrie, S. 275.

tember 1947 trifft er sich vor dem Verhör durch einen US-Ermittlungsbeamten mit Rechtsanwalt Alfred Seidl, dem Verteidiger Dürrfelds, und es liegt nahe, dass dabei auch die Strategie seiner Aussagen besprochen wurde.

Es gibt im Quellenmaterial keine Hinweise darauf, dass auf Schneider irgendeine Art von Druck ausgeübt worden wäre, um im Sinne der Angeklagten auszusagen, wie dies in der Forschung für andere Zeugen und Mitangeklagte angenommen wurde.[13] Seine enge Beziehung zu Dürrfeld muss allen Beteiligten bekannt gewesen sein, und Dürrfeld wusste offensichtlich, dass er sich auf Schneider verlassen konnte. Im „Zeugenhaus" trifft er auch weitere ehemalige Kollegen. Bei dem Architekten Gustav Murr, der gerade vom Verhör kommt, spricht er seine Vermutung aus, dass dieser „keine sehr würdige Aussage" gemacht habe, offensichtlich projiziert er hier ältere Konflikte auf die aktuelle Situation: „Armer Dürrfeld, gegen wie viele Bleigewichte musst Du kämpfen."[14] Später hatte Schneider allerdings mit Murr brieflichen Kontakt, von Vorbehalten gegen ihn findet sich 1949/50 nichts mehr.

Schneider beteiligte sich am Prozess zunächst durch eine beeidigte Zeugenaussage (rechtstechnisch ein sogenanntes Affidavit) vom 12. Oktober 1947, die im Gerichtsprotoll ca. 20 Seiten umfasst, und dann durch seine zwei Verhörtermine vor Ermittlungsbeamten der Anklagebehörde am 14. Juli, bzw. am 25. September 1947. Das Gericht hatte zur Beschleunigung des Verfahrens beschlossen, manche aus der übergroßen Zahl von Zeugen durch „Commissioner" befragen zu lassen und die Ergebnisse dieser Verhöre schriftlich in das Verfahren einzuspeisen. Schließlich trat er am 14. April 1948 in der Verhandlung vor dem Gericht selbst auf und stellte sich den Verhören, zunächst durch den Verteidiger Dürrfelds und dann durch den Anklagevertreter Emanuel E. Minskoff, einen engagierten, jungen Juristen aus dem amerikanischen Finanzministerium. Dem Chef des Nürnberger Anklageteams, Josiah E. DuBois, war es gelungen, seinen ehemaligen Studienkollegen für die Aufgabe in Nürnberg zu gewinnen, und er war überzeugt, dass Minskoff sich für das Thema „Auschwitz" engagierte, er habe es zu seinem „Baby" gemacht.[15]

Dieses gerichtliche Verhör fand jedoch erst in der Schlussphase des Prozesses am 14. April 1948 statt. Die vorherigen Befragungen durch die Ermittlungsbeamten Alfred H. Elbau und Benvenuto von Halle wurden in nummerierten Punkten zusammengefasst, die in der Hauptverhandlung zur Verfügung standen.[16] Nach seinen Tagebuchaufzeichnungen hielt sich Schneider also mindestens drei Mal in Nürnberg auf.[17] Im Tagebuch kommentiert er die Umstände des Aufenthalts, seine Treffen mit Anwälten,

---

13 Vgl. etwa Stefan H. Lindner, Das Urteil im I. G.-Farben-Prozess, in: Priemel/Stiller (Hrsg.), NMT, S. 405–433, hier S. 412 f.
14 NL Schneider, Tagebuch 1947, Eintrag vom 25.9.1947. Zum späteren Kontakt mit Murr: NL Schneider, Ordner 1949/50.
15 Nach Lindner, Das Urteil im I. G.-Farben-Prozess, in: Priemel/Stiller (Hrsg.), NMT, S. 410.
16 Benutzt in Arolsen Archives, Bestand Auschwitz.
17 NL Schneider, Tagebuch 1947/48.

Anklagevertretern und ehemaligen Kollegen und seine persönlichen Eindrücke relativ ausführlich. Seine noch erhaltenen Tagebuchaufzeichnungen der Nachkriegszeit beginnen überhaupt erst mit den Eindrücken der Aufenthalte in Nürnberg.

Der Grundtenor seines Affidavits wie auch seiner Aussagen im Verhör, die gewiss mit dem Verteidigerteam abgestimmt waren, unterstützten die Verteidigungslinie seines ehemaligen Vorgesetzten. Dieser hatte vor Gericht u. a. einen Lichtbildvortrag gehalten, der das Gericht von der positiven Normalität der Arbeitsverhältnisse in Monowitz überzeugen sollte. Er ging sogar so weit, unverdächtige Arbeitsszenen aus anderen Betrieben der IG Farben als Szenen aus Monowitz auszugeben.[18]

Dürrfeld hatte in seinem eigenen Verhör seinen Lebenslauf geschildert und sich dabei als unpolitischer und lösungsorientierter Techniker stilisiert, der Weisungen seiner Vorgesetzten ausführte, seine Parteimitgliedschaft als automatische Folge seiner Mitgliedschaft im NS-Fliegerkorps – er war Segelfluglehrer – erklärte und von der durch den Vorstand gesteuerten Entwicklung seines Engagements in Auschwitz berichtete. Er sah sich als treuer Gehilfe seines Unternehmens und als seinem Land verpflichteter Bürger, der in der Situation der Not keine Möglichkeit sah, etwas anderes zu tun, als was ihm aufgetragen wurde. Dürrfeld wurde von Dr. Alfred Seidl aus München verteidigt, dem „radikalsten aller Nürnberger Anwälte", einem ehemals bekennenden Nationalsozialisten, der sich selbst als „treuer Soldat der Bewegung" gerühmt hatte und von Hermann Göring für sein Auftreten in Nürnberg das Prädikat erhielt, ein wahrer „deutscher Anwalt" zu sein.[19]

Die Angeklagten, allen voran Otto Ambros, hatten sehr bald erkannt, dass sich die Anklage vor allem auf das brennende Thema Auschwitz und die Ausnutzung der Häftlinge für Sklavenarbeit – den „count three" der Anklage – konzentrieren würde. Schneiders Affidavit, das er in Goslar verfasst hatte, bestätigte diese Linie.[20] Gleich zu Beginn nahm er auch zur Standortfrage des Werks Stellung, obwohl jedem klar sein musste, dass er als Nichtmitglied der IG-Farben-Führung nichts Relevantes dazu aussagen konnte. Er war ja erst im Oktober 1941 ins Werk gekommen, als diese Entscheidungen längst gefallen waren, er konnte also bestenfalls aus zweiter oder dritter Hand berichten. Das lässt darauf schließen, dass die Verteidigung glauben machen wollte, den Angeklagten wäre der Standort des Werks diktiert worden, sie hätten die Existenz des KZ Auschwitz und damit den Einsatz der Häftlinge nicht einplanen können und sie hätten zudem alles getan, um das Los der ihnen somit aufgezwungenen Häftlinge zu verbessern. Schneider blieb hier der Grundlinie der IG-Farben-Anwälte treu und bestärk-

---

18 Seine Zeugenaussage in: ND, Rolle 12, fol. 11615 ff. Zu seinen Aussagen und zu seinem Lichtbildvortrag vgl. http://www.wollheim-memorial.de/de/walther_duerrfeld_18991967#_edn4 (14.4.2023).
19 Zu Seidl vgl. Seliger, Politische Verteidiger?, S. 552, das Zitat S. 358, und ders., Political Lawyers: The Example of Dr. jur. Alfred Seidl, Defence Attorney at the Nuremberg Trials and Bavarian Interior Minister, in: Magnus Brechtken (Hrsg.), Political and Transitional Justice in Germany, Poland and the Soviet Union from the 1930s to the 1950s, Göttingen 2019, S. 251–264.
20 ND, Rolle 65, fol. 37 (Dü-651).

te sie noch dadurch, dass vor allem die nahen Kohlegruben, die Kalkvorkommen, die Wasserläufe in der Nähe der geplanten Baustelle und nicht die Existenz des im Aufbau befindlichen KZ die Entscheidung der Standortfrage beeinflusst hätten.

> „Die Tatsache, dass sich in der Nähe der Baustelle das KZ Auschwitz befand, dürfte für die Wahl des Standorts keinen Einfluss ausgeübt haben, weil die Arbeitskräftefrage auch ohne Einsatz von KZ-Häftlingen zum Zeitpunkt des Planungsbeginns durchaus lösbar erscheinen durfte."

Schneider bezog sich bei dieser Aussage allein auf „verschiedene Unterhaltungen und sonstige Besprechungen mit Herrn Dr. Dürrfeld und anderen Herren der Firma". Für einen sich immer wieder auf Tatsachen berufenden Juristen wie Schneider („Ich glaube nur, was ich sehe") war das eine bemerkenswert unklare Aussage, deren Absicht erkennbar sein musste. Sie wurde im späteren Kreuzverhör vom Ankläger zu Recht kritisch aufgegriffen.

Er ging dann auf die Entstehung von Lager III ein, das zunächst als Arbeitslager für deutsche Arbeiter geplant war, dann aber für die beim Bau eingesetzten Häftlinge genutzt wurde, um ihnen – so die Sicht der IG Farben – den belastenden täglichen 6-km-Marsch vom Stammlager zur Baustelle zu ersparen. Grund dafür sei im Wesentlichen der Wunsch nach einem „nützlicheren und vernünftigeren Arbeitseinsatz der Häftlinge" und größeren Einfluss auf die Verpflegung der Lagerinsassen gewesen. Die SS sah allerdings in den Problemen der Bewachung während der Märsche den Hauptgrund für diese Variante der Umnutzung des Lagers Monowitz. Schließlich lenkte beide Seiten die Absicht, durch die Trennung der Arbeitskräfte vom Stammlager die Ausbreitung weiterer Epidemien (Fleckfieber) zu verhindern, die am 21. Juli 1942 schon einmal die Bauarbeiten am Werk für Wochen stillgelegt hatten.

Zur Deckung des Bedarfs an Arbeitskräften sei es Dürrfeld und ihm vor allem darum gegangen, freie Arbeitskräfte über die zuständigen Arbeitsämter zu erhalten, um den Einsatz „freiheitsberaubter Arbeitskräfte" – so seine Bezeichnung für die Häftlinge – möglichst zu vermeiden. Die weiteren Aussagen bezogen sich vor allem auf die Unterbringung, die ausreichende Verpflegung, vor allem die immer wieder als soziale Wohltat erwähnte „Bunasuppe",[21] und die allgemeine Fürsorge für die Arbeitskräfte, womit fast immer nur die deutschen und ausländischen Arbeiter gemeint waren. Auf die Behandlung der KZ-Häftlinge ging Schneider nur insoweit ein, dass er die Einzäunung des Lagers als Fortschritt begrüßte, weil sie den Einfluss der SS im Lager geschwächt habe. Natürlich wurde auch erwähnt, dass Dürrfeld das Schlagen der Häftlinge durch die Kapos mehrfach verboten habe. Schneiders Aussage deckte sich in diesem Punkt im Wesentlichen mit den Aussagen Dürrfelds, obwohl dieser sich viel ausführlicher äußern konnte.

---

21 So wurde auf der IG-Baustelle die warme Suppe genannt, die mittags den Häftlingen ausgegeben wurde. Die IG Farben stellte das als eine besondere soziale Leistung dar, obwohl diese dünne Gemüsebrühe keinen wirklichen Nährwert hatte.

Als Schneider schließlich am 14. April 1948 in Nürnberg zum Verhör vor dem Militärgericht gebeten wurde,[22] ging es den Anklägern in der Hauptsache um die zentralen Punkte seines Affidavits. Doch zunächst durfte sich Alfred Seidl, der Verteidiger Dürrfelds, überaus ausführlich dem Verfahren der Beschaffung normaler deutscher und ausländischer Arbeiter, der Zahl der Fremdfirmen und ihrer Befugnisse und der Rolle der DAF (Deutsche Arbeitsfront) in den einzelnen 8 Teillagern, die zum Komplex Monowitz gehörten, widmen. Schneider unterstrich in seinen Antworten die vorzüglichen Wohnbedingungen in den Lagern und vergaß dabei auch nicht, hier schon auf sein besonders bevorzugtes Franzosenlager hinzuweisen, das als eine Art Modelllager bezeichnet wurde. Er zögerte auch nicht, – zumindest kurz – das besondere Vertrauen, ja die Sympathie und Dankbarkeit der Franzosen herauszustellen, die ihn sogar in Goslar besuchten.

Erst nachdem diese Fragen erschöpfend behandelt worden waren, kam Seidl auf die Insassen des KZ zu sprechen, die von den IG Farben zum Arbeitseinsatz herangezogen worden waren. Hier drehte es sich um die Frage, warum für die KZ-Arbeiter ein eigenes Lager errichtet worden sei. Dies begründete Schneider in der gleichen Weise wie Dürrfeld mit der angestrebten Erleichterung für die Häftlinge, denen man den anstrengenden Marsch vom Stammlager zur Baustelle ersparen wollte. Seidls Art der Fragestellung war insgesamt so angelegt, dass er die Vorwürfe der Anklage Punkt für Punkt aufgriff und dann Schneider die Gelegenheit gab, diese Vorwürfe der Reihe nach zu entkräften. Gegen Ende dieses Teils des Verhörs konnte aber auch Seidl nicht umhin, den Zeugen nach seinem Wissen um die hohe „Fluktuation" der Häftlinge und die Existenz des Vernichtungslagers Birkenau zu fragen. Zur Frage der „Fluktuation" sagte Schneider, dass es der IG nicht gelungen sei, „die entscheidenden Gründe und Ursachen der starken Fluktuationsbewegungen" zu erfahren. Zu Birkenau antwortete er sehr bestimmt, dass er während seiner Zeit in Auschwitz nicht die „leiseste Idee" von der Existenz eines solchen Lagers gehabt habe und wiederholte diese Behauptung, der man kaum Glauben schenken kann, auch im Kreuzverhör. Befragt, ob es ihm während seiner ganzen Zeit in Auschwitz nicht in den Sinn gekommen sei, dass die Beschäftigung der KZ-Häftlinge „illegal and punishable" „in itself" – so die genaue Formulierung in der Übersetzung – gewesen sei, antwortete Schneider in heute nur schwer nachvollziehbarer Weise.

Diese Frage hätte für ihn die Gelegenheit sein können, zumindest ein differenzierteres Bild der Lage in Auschwitz aus seiner Sicht vorzutragen, er hätte auch seine im kleinen Kreis der Kollegen geäußerten Bedenken artikulieren können. Doch die Antwort blieb ganz im Ton seines Affidavits und seiner Aussagen im Verhör: „No, I cannot say that, that that ever occured to me." Er habe sich nach 1945 viele Gedanken über diese Frage gemacht. Man laufe große Gefahr, sagte er, auf die Dinge, die damals zwischen 1941 und 1945 geschehen seien, aus der Perspektive von heute zu schauen. „I consider that wrong." Damals, jedenfalls soweit er das von sich selbst beurteilen kön-

---

[22] ND, Rolle 12, fol. 11385–11440.

ne, habe er in seiner Zeit in Monowitz „nichts Illegales in der Tatsache" sehen können.²³ Man kann diese Aussage nur als bewusste Falschaussage deuten, sie passt nicht zu den kritischen Überlegungen, die er im kleinen Kreis schon in Auschwitz geäußert hatte.

Vielleicht wollte Schneider hier noch mehr sagen, aber er wurde mitten im Satz vom Anklagevertreter unterbrochen, der monierte, dass in den Fragen und Antworten die Absicht erkennbar sei, Meinungen und Einschätzungen herbeizuführen, die in diesen Fall unerheblich seien. Man kann diese Unterbrechung seiner Aussage nur bedauern, vielleicht wäre er hier noch etwas ausführlicher über die Differenz der Perspektiven zwischen der Zeit vor 1945 und der unmittelbaren Nachkriegszeit eingegangen, aber die Chance wurde vertan. So blieb der deprimierende Eindruck seiner Aussage in Nürnberg, dass damals die Art und Weise der Beschäftigung der KZ-Häftlinge in Monowitz rechtens gewesen sei. Hier blieb Schneider ebenfalls ganz der Linie der Farben-Manager treu, die alle bei ihren Besuchen in Monowitz nichts Außergewöhnliches in der Nachbarschaft bemerkt haben wollten.²⁴ Im Übrigen verwies Schneider auf die Frage nach Alternativen des Häftlingseinsatzes auf einen Befehlsnotstand der Mitglieder der IG Auschwitz. Hätte man sich den Anweisungen der SS über den Häftlingseinsatz widersetzt, so seine durch nichts belegte Schutzbehauptung, wäre man ohne Zweifel selbst im KZ gelandet.²⁵ Damit traf er sich mit der generellen Verteidigungslinie der angeklagten Vorstandsmitglieder, die alle diese Entschuldigung für sich in Anspruch nahmen und damit bei der Mehrheit der Richter auch Zustimmung fanden. Allein Richter Hebert schrieb dazu ein „dissenting vote".²⁶

Als Emanuel E. Minskoff, der Vertreter der Anklage, sein Kreuzverhör begann, konnte sich Schneider ausrechnen, dass jetzt der schwierigere Teil des Verhörs beginnen würde.²⁷ Er konnte nicht wissen, dass Minskoff in diesen Tagen eine sehr kritische Meinung über die Deutschen entwickelt hatte. In einem privaten Brief an einen ehemaligen Kollegen warf er ihnen vor, dauernd ihr Schicksal zu bejammern, ohne aber einmal nach den Gründen für die Zerstörung von Städten oder Fabriken zu fragen. Er vermisste auch jede Art von „feeling of guilt" für den Kriegsausbruch und für die Massenvernichtung von Menschen.²⁸ Man merkt an der veränderten Tonlage, dass jetzt Zeuge und Anklagevertreter zuweilen recht spitzfindig miteinander umgingen. Hier stritten zwei etwa gleichaltrige Juristen, und Schneider – der wiederholt als Dr. Schneider angesprochen wurde – zögerte nicht, seine ganzen Qualitäten zum Einsatz zu brin-

---

23 ND, Rolle 12, fol. 11407.
24 So Priemel, Betrayal, S. 227.
25 Vgl. ND, Rolle 12, fol. 11400.
26 Vgl. dazu Alberto Zuppi, Slave Labor in Nuremberg's I. G. Farben Case: The Lonely Voice of Paul M. Hebert, in: Louisiana Law Review 66 (2006), S. 495–526, hier S. 517.
27 Das Kreuzverhör umfasst in ND, Rolle 12 die Seiten 11385–11438.
28 USHMM, Minskoff-Papers, Correspondance 1944–1950, Brief an J. Friedman vom 2.2.1948.

gen, und versuchte, seinen Befrager zu verunsichern. Dies fiel ihm umso leichter, als er unerwartete Hilfe vom Vorsitzenden Richter Curtis Shake erhielt. Denn von ihm wurde Minskoff einige Male aus formalen Gründen in seinen Fragen unterbrochen, die er dann korrigieren und neu stellen musste.

Alles in allem kann man das Verhör als in der Sache wenig ergiebig bezeichnen. Minskoff konzentrierte sich auf Detailfragen, die Schneider nicht in Verlegenheit bringen konnten, ihn zuweilen sogar dazu verleiteten, den Anklagevertreter zu belehren oder ihm gegenüber anzudeuten, dass seine Frage „logisch" wenig sinnvoll war. Schneider bat ihn auch betont höflich darum, Fragen präziser zu stellen, und ließ damit seine subtile Kritik an der Art der Fragestellung erkennen. Sogar der Vorsitzende Richter belehrte Minskoff einige Male, so dass dieser mehrfach eine Frage umformulieren musste, um den vom Richter definierten formalen Anforderungen des Verfahrens zu genügen. Kein Wunder, dass Schneider in seinem Tagebuch die objektive Haltung des Richters lobte.

Spannend wurde die Befragung gegen Ende des Verhörs noch einmal, als Seidl seinen Zeugen Schneider nach einem Vorfall fragte, der sich in der Vorbefragung durch den Mitarbeiter der Anklagebehörde Dr. Benvenuto von Halle ereignet hatte.[29] Schneider sagte aus, dass dieser Vertreter der Anklage ihn gefragt habe, ob er seine Fragen „vernünftig" beantworten wolle. Schneider hatte sofort die Zumutung erkannt und scharf geantwortet, dass er geistig völlig gesund sei und deshalb wohl vernünftig antworten werde. Von Halle sollte darauf gesagt haben, dass er von ihm „nützliche" („useful" sagt das englische Protokoll) Antworten hören wolle, was Schneider natürlich als „nützlich" im Sinne der Anklage interpretierte, zumal von Halle danach gedroht habe, er habe die Mittel, um ihn zu „einer nützlichen Aussage zu pressen". Diese Szene ist deshalb von Interesse, weil sie später in der Öffentlichkeit und zunächst auch vor dem Braunschweiger Gericht als Beweis für Schneiders angebliche „Falschaussagen" verwendet wurde, eine Unterstellung, die durch das Nürnberger Protokoll eindeutig widerlegt wird.[30] In einer am 31. Oktober 1949 auf Bitten eines IG-Anwalts verfassten eidesstattlichen Erklärung vertiefte Schneider diese Beschuldigung noch, wenn er von Halle vorwarf, weitere einschüchternde Aussagen gemacht zu haben. So habe er ihn gefragt, was er denn sagen würde, wenn er durch die Aussage für Dürrfeld seine Stelle

---

29 Nach den bisherigen Recherchen handelt es sich bei B. von Halle um den Sohn von Sylvia von Harden, früher Sylvia von Halle, den sie um 1920 zur Welt brachte. Er emigrierte später nach Amerika. Sein Vater war der Schriftsteller Ferdinand Hardekopf. Vgl. dazu Marie Gispert, „Je pensais que tu étais beaucoup plus grande : Otto Dix et Sylvia von Harden", in: Cahiers du MNAM 118 (2011–2012), S. 3–21, hier S. 9. Die Alfred H. Elbau Papers im USHMM enthalten nichts zum Nürnberger Prozess.
30 ND, Rolle 12, fol. 11434 f. Damit ist der Artikel der Zeitung „Freiheit" gemeint, der Schneider 1948 so scharf angriff, dass er sich nachträglich beim Vorsitzenden Richter schriftlich beschwerte.

verlieren würde. Schneider hatte natürlich sofort die Chance genutzt, seinen Verhörer seinerseits unter Druck zu setzen.[31]

Deutlicher wird das gereizte Klima zwischen Minskoff und Schneider noch in seinem Tagebucheintrag, der das Verhör als Erfolg feiert:

> „12 Uhr. Ich trete in den Zeugenstand. [unleserlich]... beginnt. 12.30 Mittagspause. 13.30 Fortsetzung bis 16.30 Uhr. Die Anklage geführt von Herrn Minskoff mit 3 Assistenten, unter ihnen Elbau und v. Halle. Ich halte gut durch, entwickle mich im Laufe der Zeit zu immer größerer Freiheit und Sicherheit. Die Anklage hat wiederholt schwere Augenblicke und im Ganzen keinen leichten Stand. Sie hat mich jedenfalls nicht umwerfen können; das Spiel steht am Schluss 1:0 für die IG und wohl noch besser für mich. Am Schluss kommt es noch zu einem netten – hoffentlich für mich in seinen Auswirkungen nicht gefährlichen – Knalleffekt, als ich befragt durch Seidl schildere, wie v. Halle die erste Vernehmung mit mir eingeleitet hat: ‚Sie wollen eine vernünftige Aussage machen?' und: ‚Sie müssen sich darüber im Klaren sein, dass ich im Verhör Mittel genug zur Verfügung habe, Sie erforderlichenfalls zu einer brauchbaren Aussage zu pressen'. RA Dix erreicht, dass mein Brief an v. Halle, in welchem ich auf Unzulänglichkeit des v. Halle-Protokolls hingewiesen habe, dem Gericht vorgelegt wird. Seidl erklärt sich sehr befriedigt von meinem ‚Début' und übermittelt mir Dürrfelds Dank. Die IG-A(uschwit)z- Männer, die im Publikum der Verhandlung beigewohnt haben (Häfele, Häseler, Gruhn, Hackenschmidt, Brüstle) schütteln mir nach dem Ende des Kreuzverhörs mit heißen Backen die Hand. Ich bin froh und zufrieden, dass die Anklage mich nicht hat umwerfen können. Den besten Eindruck auf mich hat der Vorsitzende Mr. Shake gemacht: überlegene Ruhe, objektive Haltung, keinerlei Zeichen von Animosität gegen die IG oder die Angeklagten."[32]

Aus heutiger Sicht muss man feststellen, dass der Vertreter der Anklage in diesem Verhör keine gute Arbeit leistete und damit gegen Schneider nicht ankam. Ihm lag zu diesem Zeitpunkt bereits die ausführliche Aussage von Martin Roßbach vor, der sich nicht gescheut hatte, in klaren Worten und sehr detailliert über die Zustände in Monowitz zu sprechen. In der Gegenüberstellung mit seinen Aussagen hätte er Schneider durchaus in Verlegenheit bringen können, denn Roßbach hatte die Wirklichkeit in Monowitz ganz anders beschrieben.

Roßbach war ein Mann, der nach seiner Promotion in Volkswirtschaft in der Arbeitsverwaltung in mehreren Positionen Karriere gemacht, und schließlich als Bürovorstand zu den IG Farben gefunden hatte, die ihn dann nach Auschwitz versetzt hatten. Er ließ in seiner Aussage am menschenverachtenden System der Arbeit in Monowitz keinen Zweifel und lieferte auch interessante Einblicke in das Binnenverhältnis der IG-Auschwitz-Führungsebene.[33] So berichtet er etwa über den Disput zwischen dem Oberingenieur Max Faust und Dürrfeld über den Einsatz von KZ-Häftlin-

---

[31] Der Rechtsanwalt der IG Farben Dr. R. W. Müller hatte ihn um diese Aussage gebeten, um alle vermeintlichen Prozessverstöße der Anklage zu dokumentieren. Dazu auch Schneiders spätere Bemerkungen zur Parteilichkeit der Anklagebehörde in: Tagebuch eines Leidenden, S. 67.

[32] Tagebucheintrag vom 14.4.1948.

[33] Dabei ist festzustellen, dass Roßbach schon vor dem eigentlichen Prozessbeginn gegen die IG Farben im Jahr 1946 seine erste Aussage gemacht hatte. Diese findet sich auch im BArch in seiner MfS-Akte, BV Erfurt, AOP 1265/72.

gen, den Faust abgelehnt habe. Auch Roßbachs spätere Aussagen, die durch die Berichte eines IM an die Staatssicherheit herangetragen wurden, lassen keinen Zweifel daran aufkommen, dass er und damit auch Schneider sehr genau wussten, was mit den nicht mehr arbeitsfähigen Häftlingen geschah. Er sprach offen diese für ihn schwere Zeit an und behauptete von sich, möglichst lange den Abtransport kranker Häftlinge verhindert zu haben, da er von deren Ermordung – wie jeder andere in seinem Umfeld auch – gewusst habe.[34]

Auch beschrieb Roßbach – wie ebenfalls schon erwähnt – ziemlich detailliert die Aufgaben von Schneider in der Verwaltung, viel genauer, als dieser sie selbst skizziert hatte. Darüber hinaus verdanken wir ihm einen interessanten Hinweis auf Diskussionen unter den leitenden Mitarbeitern in der Verwaltung der IG Farben, die Helmut Schneider als einen Mann erkennen lassen, der offensichtlich teilweise im Dissens zu seinem Vorgesetzten Dürrfeld stand und sich ein eigenes Bild der Situation zu machen wusste. Besonderes Interesse muss deshalb die folgende Aussage Roßbachs finden, die schon früher erwähnt wurde:

„In einem bestimmten Personenkreis, der sehr klein war, zu dem Walter Dürrfeld nicht gehörte, sondern zum Beispiel Eduard Baar von Baarenfels, Sylla, Helmuth Schneider – konnten wir offen über die ganze Schinderei des Häftlingseinsatzes, über den schon verlorenen Krieg und über die Wahnsinnsherrschaft der NSDAP sprechen. In diesem Kreis waren wir beispielsweise auch über die von der IG-Werksleitung erlassene Bestimmung außerordentlich entrüstet, wonach bei Luftangriffen Häftlinge nicht in Deckung gehen durften."[35]

Diese Aussage wurde auch von dem IG-Mitarbeiter Sylla – der sich selbst als ehemaligen KZ-Insassen bezeichnete – in seiner Nürnberger Aussage bestätigt, wo er von Gesprächen mit Baar von Baarenfels berichtete, die sich um die schlechte Unterbringung und Behandlung der Häftlinge drehten.[36] Baar selbst sprach in seiner Nürnberger Aussage von der beklemmenden Atmosphäre des Lagers und dem Eindruck der dort arbeitenden Häftlinge als „Parias und Arbeitstieren", aus denen man die höchstmögliche Leistung herauspressen wollte.[37] Man erfährt aus solchen Aussagen von einem Dis-

---

[34] Die Aussage ist zu finden in: BArch Berlin, MfS, HA xx, Nr. 3623, fol. 24 und 51.
[35] NI 14287, benutzt in der Dokumentensammlung zu Auschwitz der Arolsen Archives, Dok. 82350137 ff. Der österreichische christlich-konservative Politiker Eduard Baar von Baarenfels, ein ehemaliger österreichischer Vizekanzler, war nach seiner Verhaftung 1938 und nach Aufenthalten u. a. im KZ Dachau 1941 durch Beziehungen zur Verwaltung der IG Farben nach Auschwitz gekommen, wo er in verschiedenen Funktionen arbeiten konnte. Schneider besuchte ihn nach ihrem Treffen in Nürnberg und nach brieflichen Kontakten 1949/50 in den 1960er Jahren noch einmal in Saalfelden, er starb 1967. Bei Sylla handelt es sich um ein Mitglied der Verwaltung der IG Auschwitz, der ab 1943 u. a. für den Verkauf von Häftlingskleidung an Mitglieder der IG Auschwitz zuständig war. Vgl. auch Wagner, IG Auschwitz, S. 268, Anm. 316.
[36] Arolsen Archives, Bestand Auschwitz, Dok. 82350484. Beide Männer waren auch mit der Entlausung von Kleidungsstücken der Vergasungsopfer beschäftigt und waren deshalb wohlinformiert über die Vorgänge im Vernichtungslager, von denen so auch Schneider erfahren haben muss.
[37] Arolsen Archives, Bestand Auschwitz, Dok. 82350599.

sensverhalten unter den IG-Angestellten, dessen Ausmaß und Wirksamkeit zwar schwer zu bestimmen sind, dessen Existenz aber nicht zu bezweifeln ist. Gleiches gilt auch für den Dürrfeld-Kollegen Dr. Karl Braus, dem von Halle im Verhör bestätigt hatte, dass er „mit Ass. Schneider" in Auschwitz gewillt war, „relativ sauber zu bleiben".[38] Schneider erinnerte später in einem Brief an Baar von Baarenfels vom April 1949 an die „gemeinsamen Offenheiten" während nächtlicher Chianti-Unterhaltungen, „über die sich Adolf der Selige geärgert hätte, wenn er sie hätte hören können, intolerant, wie er nun einmal war". Umso mehr überrascht auch bei ihm die Differenz in der Beschreibung der Zustände in Auschwitz zwischen Baar von Baarenfels und Schneider.[39]

In jedem Fall hat Schneider diesen Kreis und dessen Diskussionen in den späteren Verhören bewusst verschwiegen, obwohl er ganz offensichtlich zu diesem vertrauten Kreis von Kollegen gehörte, die unter sich offen darüber sprechen konnten, was in Auschwitz an Verbrechen geschah. Er vermied es auch, sich detaillierter zu seinen engen Beziehungen mit den französischen Freunden auszulassen, kein Wort fiel über Toupets Verbindungen zur Résistance, die ja dazu hätten führen können, die Hauptstädte der Alliierten früher über die Existenz der Todesfabrik zu informieren. Es muss offenbleiben, was Schneider letztlich dazu bewogen hat, in Nürnberg in der Hauptverhandlung der mit den IG-Farben-Anwälten abgesprochenen Verteidigungslinie treu zu bleiben, als sein Insiderwissen zur weiteren Aufklärung zu nutzen, wie das sein alter Hauptabteilungsleiter Roßbach tat. In den Quellen finden sich keine Hinweise auf einen durch die IG Farben ausgeübten Zwang oder gar Drohungen gegen ihn, um eine Aussage im Sinne Dürrfelds zu erwirken. Dagegen spricht auch, dass er den erwähnten Dankesbrief Toupets an Dürrfeld vom 1. Mai 1945 zu den Prozessakten gab.

Vor diesem Hintergrund lohnt es sich, noch einmal einen genaueren Blick auf die Aussagen Schneiders in den Einzelverhören zu werfen. Hier ergibt sich ein etwas differenzierteres Bild, denn Schneider zeigte ein sonst nicht dokumentiertes, erkennbares Mitgefühl mit den Häftlingen, deren schlechte Behandlung er nicht verstanden und deren elendes Aussehen ihn betroffen gemacht habe. Vor allem aber erkennt er die Verbrechen von Birkenau an und gibt zu, dass er sie wahrgenommen hat, wenn auch der Weg zur Erkenntnis verklausuliert und gewunden ist:

„Das Wort ‚Vergasung' ist mir in meiner ganzen Auschwitzer Zeit nicht begegnet, wohl aber sind mir immer wieder zahllose Gerüchte begegnet über Verbrennungen von Menschen im Bereich des KZ-Auschwitz, und zwar habe ich das zuerst etwa Anfang 1942 gehört. Es gab in Auschwitz eine Zeit, – diese Zeit genau festzulegen, ist mir aber, wenn ich es gewissenhaft mit meiner Aussage nehme, nicht möglich – aber jedenfalls war es die eine Zeit, in der sich in Auschwitz ein Geruch sehr stark bemerkbar machte, über den wir zuerst naiv und arglos uns die Köpfe zerbrachen. Das muss wahrscheinlich auch 1942 gewesen sein, 1942 oder 1943. Ich habe dem Gerücht immer wieder geglaubt, und zwar längere Zeit, es handele sich um Verbrennungen, die im Lager

---

[38] 2. Verhör Karl Braus' in ND, Rolle 33, NI-14722, fol. 823. Diese Aussage machte von Halle nach dem ersten Verhör Schneiders.
[39] NL Schneider, Ordner 1949/50, Brief an Baar von Baarenfels vom 1.4.1949.

vor sich gingen, nachdem dort Epidemien wie Fleckfieber herrschten. Ich habe etwa bis zum Frühjahr oder Anfang Sommer 1944 allen Ernstes diese Erklärungen mit Epidemien usw. noch geglaubt. Aber dann kam ein Erlebnis, welches mich erschüttert hat in dieser Frage, und welches bei mir nun doch Zweifel an der Richtigkeit meiner bisherigen Annahme ausgelöst hat. Einer meiner Bürovorsteher, Georg Heydrich, erzählte mir, er habe mit einem SS-Führer oder – Wachmann des Hauptlagers-Konzentrationslager Auschwitz – einen Abend in einer Gesellschaft verbracht, und dieser SS-Mann habe eine Art moralischen Kater und unter Tränen, mit allen Zeichen einer starken Erschütterung, erzählt von den Scheiterhaufenverbrennungen. (Es sollten Scheiterhaufen errichtet worden sein – die ich nicht gesehen habe, ich habe aber auf mehrere Kilometer Entfernung solche Feuerscheine gesehen, aber ich kann nicht unter Eid aussagen, dass ich wusste, dass es Scheiterhaufen gewesen sind). Dieser SS-Mann habe also erzählt, es seien sogar lebende Menschen hineingeworfen worden, von diesem Augenblick an habe ich meine Ruhe, wenn ich es so sagen darf, verloren gehabt. Ich habe mit meiner Frau über diesen Vorfall gesprochen."[40]

Diese Aussagen sind im Verhör mit zwei Mitarbeitern der Anklagebehörde gemacht worden. Benvenuto von Halle und Alfred H. Elbau verhörten Schneider zum ersten Mal am 14. Juli 1947 und am 4. März 1948 und fassten die Ergebnisse der Befragungen in einzelnen Punkten (13 Einzelpunkte bei Elbau 1947 und 16 bei von Halle 1948) zusammen.[41] Zwischen den Aussagen im Kreuzverhör sowohl durch Dr. Seidl als auch durch Minskoff und den vorausgegangenen Sonderverhören bestehen deutliche Unterschiede hinsichtlich der Detailliertheit der Aussagen wie auch der Haltungen Schneiders gegenüber den Vorgängen in Monowitz. Sie wurden jedoch im Kreuzverhör im Mai 1948 nicht hinreichend thematisiert, insofern ist man erstaunt über diese argumentative Schwäche in der Vertretung der Anklage, die ja viel deutlicher die Differenzen hätte herausarbeiten können. Es erstaunt auch, dass Minskoff nicht Schneiders Aussage aufgriff, in Monowitz „nichts Illegales" gesehen zu haben, für einen Juristen eigentlich eine unhaltbare Aussage. Schneider sagte im Verhör selber, dass es keine Unterschiede zwischen dem Commissioner-Verhör und der Aussage in der Hauptverhandlung gebe, was allerdings einer genauen Prüfung nicht standhält. Im Übrigen bezeichnete er sich selbst als „Mann der dritten Garnitur".

Bemerkenswert ist auch, dass keine französischen Zwangsarbeiter als Zeugen herangezogen wurden, während die Aussagen der britischen Kriegsgefangenen aufmerksam wahrgenommen wurden. Am 19. Februar 1948 erwähnt Schneider im Tagebuch zwar ein weiteres Affidavit „bezüglich Toupet-Brief" (damit muss der von Schneider zu den Akten gegebene Dankesbrief Toupets an Dürrfeld vom 1. Mai 1945 und seine Bestätigung gemeint sein), aber dies scheint keine weitere Rolle gespielt zu haben.

Vielleicht hingen diese Nachlässigkeiten und Versäumnisse der Anklage zu diesem Zeitpunkt aber auch mit der veränderten Einschätzung der Vereinigten Staaten gegenüber den Kriegsverbrecherprozessen insgesamt zusammen, die zunehmend kritischer

---

[40] Aussage Schneiders bei Dr. von Halle am 4.3.1948, in: Arolsen Archives, Bestand Auschwitz, NI 14156, Dok. 82350379 ff. Hermann Langbein wird später diesen Bericht in sein Buch „Menschen in Auschwitz", S. 504 aufnehmen.
[41] Verhör Elbaus vom 14.7.1947, in: Arolsen Archives, Bestand Auschwitz, Dok. 82350385 ff.

wurde und sich auf die Prozessführung in Nürnberg erkennbar auswirkte. Am 4. März 1948 hielt Schneider in seinem Tagebuch eine aufschlussreiche Unterhaltung mit von Halle fest, die offensichtlich nach dem Verhör stattfand:

> „In der Unterhaltung erklärte von Halle u. a.: Der Kopf Dürrfelds sei nicht mehr in Gefahr. Der Prozeßverlauf sei anders als erwartet gewesen, vor allem aber habe sich die psychologisch-politische Grundsituation des Prozesses ganz wesentlich gewandelt. Heute würde man diesen Prozeß nicht mehr beginnen können. Das Leitmotiv der Nürnberg-Prozesse sei gewesen, daß die USA sich vorgestellt hätten, sie könnten eine neue Welt schaffen; inzwischen habe man erkennen müssen, daß dies mißlungen sei und daß auch die alliierte Seite Unrecht getan habe, welches die Prozeßführung eigentlich nicht mehr erlaube. Im Übrigen sagte von Halle im Zusammenhang noch: Wenn die IG-Angeklagten beweisen könnten, daß sie nicht die Grundlinie des Dritten Reiches gewollt und bejaht hätten, daß sie nicht gegen die Juden etc. vernichtend eingestellt gewesen seien usw., dann müßten und würden die IG-Angeklagten freigesprochen werden."[42]

Diese amerikanische Perspektive auf den weiteren Prozessverlauf vom März 1948 – also kurze Zeit vor der Urteilsverkündung in Nürnberg – war neu für Schneider, sie hatte sich nach den ersten Verhören noch nicht in dieser Deutlichkeit ergeben. Aber sie spiegelte eigentlich nur im Kleinen die breite inneramerikanische Kritik am Prozess gegen die IG Farben wider, vor allem aus Kreisen der Großindustrie und deren Vertretern im US-Kongress, aber auch von führenden amerikanischen Juristen.[43] Sie hatte sicher auch Auswirkungen auf das eher milde Urteil, gerade im „count three", gegen das sich nur Richter Hebert in einem wirkungslosen „dissenting vote" auflehnte. Schneiders Aussagen zu Gunsten Dürrfeld hatten keinen Effekt, er wurde wie sein Chef Ambros zu 8 Jahren Gefängnis verurteilt, konnte aber schon 1951 nach der Amnestie durch den Hochkommissar John J. McCloy das Gefängnis verlassen. Das verwundert nicht angesichts eines Richters Morris, der schon bei Prozessbeginn Angst davor hatte, dass die Russen das Gericht in Nürnberg überrennen könnten, bevor der Prozess zu Ende sei.[44] Anfang März 1948 war Schneider von den Verhören in Nürnberg erleichtert nach Goslar zurückgekehrt und hatte befreit von dieser Last in sein Tagebuch notiert: „Gefühl tiefer Beruhigung und Freude, wieder bei Barbara und den Kindern zu sein. Das ist das Glück!"[45] Er konnte noch nicht ahnen, welche Konsequenzen seine Aussagen in Nürnberg in den kommenden Jahren für ihn zeitigen würden.

---

42 Tagebucheintrag vom 4.3.1948.
43 Vgl. Zuppi, Slave Labour, S. 519. Zur vermuteten Voreingenommenheit der Richter in diesem Fall vgl. die Argumente bei Kevin John Heller, Nuremberg Military Tribunals, S. 90 ff.
44 Zuppi, Slave Labour, S. 523.
45 NL Schneider, Tagebuch 1947/48, Eintrag vom 4.3.1948.

8 „Nur Statist meines eigenen Schicksalsfilms"
Erneute Entnazifizierung und Strafprozess

Die Aussage im IG-Farben-Prozess zugunsten seines ehemaligen Vorgesetzten Dürrfeld sollte für Schneider nicht ohne Folgen bleiben. Ein Reporter der „Freiheit", einer kommunistisch orientierten Zeitung aus Halle,[1] griff seine Zeugenaussagen in der Hauptverhandlung auf und machte daraus einen reißerischen Bericht über den Auftritt des Stadtdirektors, der zwar in vieler Hinsicht übertrieben und bewusst oder unbewusst falsch war, der aber doch eine gewisse Wirkung in der interessierten Öffentlichkeit erzielte. Schneider habe zwei Meineide geschworen, denn er habe den amerikanischen Ankläger zu Unrecht beschuldigt, ihn zu einer „passenden" Aussage bewogen zu haben, und er habe im Fragebogen falsche Angaben über seine Vermögensverhältnisse gemacht. Bei Prüfung des Protokolls des Verhörs, das bereits zitiert wurde, lassen sich diese Vorwürfe nicht bestätigen. Wenn es nicht direkte Verfälschungen waren, dann muss man eher annehmen, dass der Reporter den Gang der Verhandlung einfach nicht richtig verstanden hat. Denn auch die Behauptung des Berichts, dass Schneider wirre Aussagen gemacht habe und deshalb vom Gericht entlassen worden sei, entbehrt – wie wir gesehen haben – jeder Grundlage, eher das Gegenteil war der Fall gewesen.

Dieser Bericht der „Freiheit" war nur die publizistische Begleitmusik zu dem weiteren Vorgehen der britischen Militärregierung, die durch seine Aussagen in Nürnberg sehr bald über Schneiders Tätigkeit in Auschwitz viel besser als bislang informiert war und daraus ihre juristischen Konsequenzen zog. Die Special Branch-Abteilung der britischen Militärregierung nahm sich der Personalie an und erstellte sehr bald eine Dokumentation, die sich zum einen auf Schneiders eigene Aussagen, aber auch auf die Aussagen seines Vorgesetzten Roßbach aus dem Nürnberger Verfahren stützte. Daraus ergab sich nach dem Eindruck der britischen Offiziere, dass sich Schneider und Roßbach während der Zeit in Monowitz ganz offen über die Verhältnisse – die „grausamen Zustände der Sklaverei" – im Lager unterhalten hätten. Roßbach, der inzwischen in der SBZ in Thüringen lebte, war insofern ein besonderer Gewährsmann, als er zwar schon früh (1946) als Zeuge für den Nürnberger Prozess ausgesagt hatte, ihm später aber von der Staatssicherheit nicht mehr erlaubt wurde, zur Aussage im Auschwitz-Prozess aus der DDR auszureisen. Er war inzwischen zum Funktionär der NDPD und zum Betriebsleiter der Papierfabrik Seydel Co. in Bad Tennstedt avanciert, die seinem republikflüchtigen Schwiegersohn gehört hatte.[2] Hintergrund dieser Entscheidung war

---

[1] Dabei muss es sich um die seit 1946 in Halle erscheinende Mitteldeutsche Tageszeitung „Freiheit" handeln, die von der SED herausgegeben wurde.
[2] Grundlage der Aussagen über Roßbach sind die Akten im BArch, MfS, BV Erfurt, AOP 1265/72 und HA XX, Nr. 3623. Vgl. dazu mit detaillierten Quellenbelegen auch Henry Leide, NS-Verbrecher und Staatssicherheit. Die geheime Vergangenheitspolitik der DDR, Göttingen 2007, S. 355. Zum Hintergrund auch Christian Dirks, Die Verbrechen der anderen. Auschwitz und der Auschwitz-Prozess der DDR. Das Verfahren gegen den KZ-Arzt Dr. Horst Fischer, Paderborn u. a. 2006, bes. S. 227.

ein langwieriges „Operativ-Vorhaben" des Ministeriums für Staatssicherheit, das mit enormem Aufwand von Zeugenbefragungen und IM-Einsatz versuchte, ihm „Verbrechen gegen die Menschlichkeit" nachzuweisen und dabei nach eigenem Eingeständnis doch schließlich scheiterte.

Auslöser des Vorgehens der Staatssicherheit gegen Roßbach seit 1964 war ein Artikel im „Neuen Deutschland" vom 9. Februar 1964, in dem sein Name – wenn auch falsch geschrieben (Rossach!) – erwähnt wurde. Mehrfache Anfragen Hermann Langbeins bei der Generalstaatsanwaltschaft der DDR zwischen 1965 und 1969 nach dem Stand des Verfahrens gegen Roßbach, den er für hinreichend verdächtig hielt, wurden nur hinhaltend mit Verweis auf die laufenden Ermittlungen beantwortet, man wollte Langbein offenbar keine näheren Auskünfte über den wahren Stand der Untersuchungen geben.[3]

Die britischen Offiziere trugen eine Reihe von angeblichen Verfehlungen Schneiders und auch bloße Verdächtigungen zusammen, zu denen ihnen aber – eingestandenermaßen – die Belege fehlten. Diese Vorwürfe sollten im weiteren Verfahren als sogenannter „Tatsachenbericht" eine wichtige Rolle spielen, denn er bildete die Grundlage für die jetzt einsetzenden Maßnahmen seines Dienstherrn, dem Verwaltungsbezirk Braunschweig und dem zuständigen Innenministerium. Die Experten der Special Branch hielten Schneider für einen Mann, den man aus dem öffentlichen Dienst entfernen sollte, weil er für die weitere demokratische Entwicklung Deutschlands als zu gefährlich angesehen wurde. Ihre Vorwürfe waren ganz eindeutig, sie entwickelten die These, dass Schneider der Unterstützung des Nationalsozialismus schuldig sei:

> „Darüber hinaus ist aber festzustellen, dass die Tätigkeit eines Abteilungsleiters für Arbeitseinsatzfragen in dem bekannten Werk Auschwitz ohne weiteres mindestens eine Unterstützung des Nationalsozialismus darstellt. Die Art des Aufbaus dieses Werkes, seine Einrichtung und die Zwecke dieses Werkes waren den nationalsozialistischen Tendenzen, wie sie mindestens seit 1939 klar erkennbar waren, dienstbar. Jede organisatorische und leitende Tätigkeit in diesem Rahmen musste den Nationalsozialismus mindestens unterstützen. Die sachlichen Voraussetzungen zur Wiederaufnahme des Verfahrens sind daher gegeben."[4]

Allerdings kann die Bezeichnung „Tatsachenbericht" nicht darüber hinwegtäuschen, dass er mit Unterstellungen und unbewiesenen Vermutungen arbeitete. Schon im ersten Absatz sprach er in Verkennung seiner Aussagen davon, dass Schneider in Nürnberg zwar als Zeuge fungiert habe, dass er die Zeit dort aber vor allem dazu genutzt habe, „um auf der Zeugenbank sich selbst reinzuwaschen und seine Tätigkeit als Leiter der Abteilung für Rechts- und Personalangelegenheiten zu vertuschen". Auch die Annahme, dass Schneiders Tätigkeit in der IG Auschwitz vorher unbekannt gewesen sei, verdreht den wahren Tatbestand, der in den Personalakten der Stadt Goslar hinrei-

---

3 NL Langbein im Österreichischen Staatsarchiv Wien.
4 NLA Wolfenbüttel, 26 NDS, Nr. 1544, auch in der Personalakte Schneider im Stadtarchiv Goslar, Bestand Hauptamt, Zg. 22/84.

chend dokumentiert war, was sich Schneider vor dem Prozess von der Stadt noch einmal schriftlich bestätigen ließ.[5]

Neben der britischen Militärregierung hatte sich aber auch – durch die Briten angestoßen – der Entnazifizierungsausschuss beim „Hauptausschuss für die besonderen Berufsgruppen im Verwaltungsbezirk Braunschweig" für die Personalie Schneider interessiert und das eigentlich schon erledigte Verfahren gegen ihn wiederaufgenommen. Der doppelte Druck des Ausschusses in Braunschweig und der Britischen Militärregierung sorgte nun für gemeinsame Überlegungen zwischen der Stadtspitze und der niedersächsischen Landesregierung, wie in dem Fall des Goslarer Oberstadtdirektors zu verfahren sei, dessen Ernennung das Kabinett wenige Monate vorher noch problemlos zugestimmt hatte. Diese Beratungen gipfelten in einer gemeinsamen Besprechung mit dem Innenministerium, dem Präsidenten des Verwaltungsbezirks Braunschweig und dem Oberbürgermeister am 18. Februar 1949. Das Ergebnis war zum einen die sofortige Beurlaubung des frisch installierten Oberstadtdirektors unter Kürzung seiner Dienstbezüge um ein Drittel und zum anderen die Einleitung eines Strafverfahrens vor dem Landgericht Braunschweig.[6] Nur 8 Tage nach der feierlichen Amtseinführung zum Oberstadtdirektor schien seine weitere Karriere nun wieder erheblich gefährdet. Er sah sich als „Statist im eigenen Schicksalsfilm",[7] wie er seine Briefpartner in diesen Tagen wissen ließ. Zugleich fühlte er sich als Opfer der „heutigen parteipolitischen Idiotie", denn der Prozess – so Schneider im Brief an einen alten Kollegen – sei vom niedersächsischen Justizminister „in sicherer Erwartung des Freispruchs" nur eröffnet worden, um „jeden Anschein des Nepotismus" zu vermeiden, weil der Wirtschaftsminister Otto Fricke auch aus Goslar komme.[8]

Obwohl von den Briten zunächst viele Verdächtigungen ausgesprochen wurden, die sich letztlich aber alle aus der bekannten Berufstätigkeit Schneiders in Monowitz ableiteten, konzentrierte sich die Anklage im dadurch ausgelösten Strafprozess schließlich auf einen eher marginalen, aber scheinbar justiziablen Vorwurf, der auch im Nachhinein juristisch schwer zu verstehen ist. Zunächst hatte ihm die Anklage drei Punkte vorgeworfen: Verbrechen gegen die Menschlichkeit, falsche Angaben im Fragebogen vor dem IMT in Nürnberg und einen Meineid vor diesem Gericht.[9]

Allerdings war schon bald klar, dass diese Vorwürfe nicht zu halten bzw. zu belegen waren. Schon im Oktober 1949 schrieb Schneider an Bekannte und Freunde, dass diese Punkte von der Staatsanwaltschaft fallen gelassen wurden und sich die Anklage auf die „Hundesache" konzentrieren würde, die noch zu erklären ist.[10] Überhaupt gab

---

5 Personalakte Schneider in: STA Goslar, Bl. 101.
6 Ich folge hier der Dokumentation der Vorgänge in der Personalakte Schneider.
7 NL Schneider, Ordner 1949/50, Brief Schneiders an Handloser vom 26.10.1949.
8 So in einem Brief an den alten IG-Kollegen Gruhn vom 22.11.1949.
9 Die definitive Anklageschrift in der Personalakte Schneider (Stadtarchiv Goslar), die freilich alleine die Körperverletzung thematisiert.
10 Im Nachlass befindet sich ein Ordner, der Schneiders Schriftwechsel zwischen April 1949 und Januar 1950 enthält. Er vermittelt einen guten Eindruck von seinen intensiven Bemühungen, geeignete

sich Schneider in diesen Monaten der Zwangsbeurlaubung und der Vorbereitung auf seinen Prozess als ein von seiner Unschuld und seinem baldigen Freispruch fest überzeugter Mann, dem vor allem die Tatsache Sorgen bereitete, dass er keinen Zugriff auf sein gesperrtes Vermögen hatte, außerdem war ihm ein Drittel seiner Bezüge gesperrt worden. Er wartete gespannt auf einen schnellen Prozessbeginn, denn er fürchtete eine geplante Amnestie, die seine Gegner nicht zum Schweigen bringen würde.

Immerhin stellte ihm die Stadt für die Zeit seiner Prozessvorbereitung einen Dienstwagen mit Fahrer zur Verfügung, ein deutliches Zeichen, dass ihn die Führungsgremien „seiner" Stadt auch in dieser schwierigen Situation unterstützen. Die Fraktionsführer beschlossen am 29. März, dass dem Oberstadtdirektor „bei der Durchführung des gegen ihn schwebenden Verfahrens nach Möglichkeit geholfen werden" solle. Sie riskierten damit freilich Widerspruch aus Kreisen der Bevölkerung, denn bald darauf tauchten in der Stadt Anschläge auf, in denen „Bürger der Stadt" eine Gehaltssperre für Schneider und weitere schnelle Aufklärung forderten.[11]

> An die RATSHERREN der Stadt GOSLAR
> Die Bevölkerung fordert von der Stadtvertretung zu wissen.
> 1. Was ist mit dem Oberstadtdirektor Schneider?
> 2. Erhält derselbe noch sein Gehalt und sonstige Bezüge? Wenn ja, dürfte es seitens der Stadtvertretung höchste Zeit sein, diese Zahlung sofort einzustellen. Über 1000 D. M. monatlich! Eine unverantwortliche Vergeudung der Steuerge(l)der der Bevölkerung, wo für Notleidende/Heimkehrer häufig nicht einmal 20 D. M. freigestellt werden können!
> 3. Kann man bei dieser Geheimnistuerei von Demokratie sprechen, der Bevölkerung keine Aufklärung zu geben und Steuergelder an einen Unwürdigen verschwenden!
>
> Die Bevölkerung ist seit längerer Zeit stark beunruhigt, zumal sie weiß, was sie von Herrn Oberstadtdirektor Schneider zu halten hat; dieser wurde s. Zt. gegen den Willen der Bevölkerung von einem Gremium, das an der Wahl dieses Herren offenbar stark interessiert war, kurz vor Ablauf ihrer Mandate noch rasch der Bevölkerung auf..hängt [!], denn bei der neuen Stadtvertretung wäre seine Wahl ausgeschlossen gewesen!
> Falls nicht schnellstens Aufklärung erfolgt, sieht die Bevölkerung sich gezwungen, eine Bürgerversammlung einzuberufen, um in offener Diskussion von den Ratsherren Rechenschaft zu fordern und u. a. auch das zur Sprache zu bringen, worüber die Stadtvertretung bewusst und höchst undemokratisch Stillschweigen bewahrt
> Die Bürger von Goslar[12]

Angesichts dieser Stimmung in der Stadt und der sich abzeichnenden Dauer des Verfahrens gegen Schneider gerieten die Stadträte zunehmend unter Druck und befassten sich auf einer Sitzung des Personalausschusses erneut mit der Frage. Man legte ihm

---

Zeugen zu seiner Entlastung zu finden, und von dem gut funktionierenden Netzwerk der ehemaligen IG-Auschwitz-Mitarbeiter.
11 Hier berichtet nach der Personalakte Schneider im STA Goslar.
12 Nach der Personalakte im STA Goslar, Bl. 108. Zu erinnern ist daran, dass schon unmittelbar nach der Wahl zum Oberstadtdirektor ein anonymer Brief aufgetaucht war, der Schneiders Wahl kurz vor der Neuwahl des Stadtrats kritisierte. Die Urheberschaft der Briefe ist nicht zu klären.

nahe, jetzt ein Dienststrafverfahren gegen sich selbst zu beantragen, was er – wenn auch widerwillig – auch tat. Schneider selbst scheinen diese Vorgänge erstaunlich wenig berührt zu haben, er kümmerte sich intensiv um die Prozessvorbereitung, die sich als aufwändig genug erwies. Besonderes Gewicht legte er dabei darauf, seinen Ruf als Gegner des Nationalsozialismus und als aktiver Helfer der Franzosen belegt zu sehen. Seinem Freund Toupet schrieb er deshalb am 19. Juli 1947, und man spürt diesem Brief die Dringlichkeit der Bitte an:

> Mein lieber Toupet,
> André Laxague hat Ihnen gegenüber schon meine Bewegung und meine Dankbarkeit ausgedrückt: es war wirklich eine große Freude für mich, Ihren Brief und Ihre Bestätigung zu erhalten. Sie kennen meine „Botschaft", die von Laxague übersetzt wurde, und Sie kennen meine Wünsche. Sie haben mir Anlass zu großer Hoffnung gegeben, weil sie mir einige besondere Bestätigungen und ihre Hilfe angekündigt haben. Ich brauche all das, und ich zähle auf Sie, Ihren Mut und Ihr Talent (= Geistesgegenwart). Ich bin noch nicht Sieger, aber ich hoffe, eine Chance zu haben. Diese Schlacht ist nicht sehr angenehm und unglücklicherweise haben meine Ankläger nicht zu viel Intelligenz. Die Gegner ziehen die List vor. Deshalb brauche ich gute Waffen. Ich glaube, ich hoffe, dass Sie mir noch einige starke Waffen liefern können, um den Krieg zu gewinnen. Aber man muss sich beeilen! Sie werden das verstehen, dessen bin ich sicher.
> Mit all meiner Freundschaft immer Ihr.[13]

Am 20. Dezember 1949 von 11 bis 15 Uhr fand endlich die Hauptverhandlung gegen Schneider im vollbesetzten Saal des Landgerichts Braunschweig statt, dessen Direktor zu dieser Zeit ausgerechnet Fritz Bauer war, der spätere hessische Generalstaatsanwalt. Prozessbeobachter aller betroffenen deutschen Behörden, aber auch der britischen Besatzungsmacht waren vertreten. Die vorgetragene Anklageschrift sah von den anderen im Vorfeld erwähnten Vorwürfen (Einweisung von Arbeitern in Arbeitserziehungslager, Meineid in Nürnberg und falsche Angaben im Fragebogen) ab und konzentrierte sich alleine auf den Hauptvorwurf der gemeinschaftlichen gefährlichen Körperverletzung, die „Hundesache".[14] Die anderen Anklagepunkte waren aber – wie Schneider wusste – schon im Sommer fallen gelassen worden. Warum dies im Einzel-

---

[13] Handschriftlicher Entwurf des am 19.7.1947 abgeschickten Briefs in NL Schneider, Ordner 1949/50. Originalzitat: „Mon chèr Toupet, André La(xague) vous à exprimé mon émotion et ma reconnaissance : Il était vraiment une grande joie pour moi de recevoir votre lettre et votre attestation. En attendant vous connaissez mon ‚message', traduit par Lax(ague) et vous savez mes désirs. Vous m'avez donné une espérance énorme parceque vous avez annoncé quelques attestations spéciales et votre aide. J'ai besoin de tout ça et je compte sur vous, votre courage et votre talent (= présence d'esprit). Je ne suis pas encore le vainqueur mais j'espère d'avoir une chance. Cette bataille n'est pas très agréable et malheureusement mes accusateurs n'ont pas trop d'intelligence. Les adversaires préfèrent la ruse. C'est pourquoi j'ai besoin de bonnes armes. Je crois, j'espère que vous pouvez fournir encore quelques armes fortes pour gagner la guerre. Mais il faut se hâter! Vous le comprendrez, j'en suis sûr. Avec toute mon amitié toujours votre!"
[14] Die Anklageschrift in der Personalakte Schneider.

nen geschah, ist nicht mehr zu ermitteln, denn die eigentlichen Prozessakten des Landgerichts sind nicht erhalten.

Der noch verbleibende, wirklich relevante Anklagepunkt aber war der Vorwurf der gemeinschaftlichen gefährlichen Körperverletzung. Schneider sollte nämlich im Winter 1941/42 in seiner Eigenschaft als damaliger Abteilungsleiter des IG-Farben-Werks Auschwitz gemeinschaftlich mit dem Werkschutzmann Max Sauerteig bei der Vernehmung eines jungen zwangsverpflichteten Polen diesen misshandelt bzw. die Misshandlung geduldet haben. Konkret wurde Schneider vorgeworfen, nicht eingeschritten zu sein, als während der Vernehmung der Hund des Werkschutzleiters Sauerteig den polnischen Zwangsarbeiter angesprungen und ihm ins Gesicht gebissen habe. Gefährlich war dieser Punkt deshalb, weil die Anklage dafür eine Zeugin präsentieren, Schneider aber zunächst keinen ihn entlastenden Zeugen aufbieten konnte. Es hätte also Aussage gegen Aussage gestanden.

Schneider hatte natürlich Gelegenheit, sich zur Anklage zu äußern, und behauptete, von dem beschriebenen Vorfall nichts zu wissen. Nach der Aussage der Zeugin habe sich der Vorfall im Januar 1942 abgespielt, zu dieser Zeit sei er selbst in Italien gewesen. Die Zeugin Frau Richter, die bei ihm für kurze Zeit Sekretärin gewesen sei, aber von ihm abgelöst worden war, weil sie seinen Anforderungen nicht entsprach, habe sich dadurch vermutlich gekränkt gefühlt. Außerdem könne es nicht sein, dass der Vorfall durch den Schäferhund Sauerteigs herbeigeführt wurde, denn dieser habe zur fraglichen Zeit nur einen Boxer besessen. Sein Rechtsanwalt stellte nicht nur die Aussagen der Zeugin in Frage, sondern legte dem Gericht auch eine sorgfältig ausgearbeitete 15-seitige „Schutzschrift" vor, die vor allem darauf abzielte, den guten Ruf Schneiders in Auschwitz-Monowitz herauszustellen. Diese Schrift war im Wesentlichen von Schneider selbst konzipiert und inhaltlich vorbereitet worden, denn sie gab detaillierte Informationen über die Arbeitsabläufe der verschiedenen Abteilungen der Verwaltung der IG Auschwitz und belegte alle Aussagen mit den jeweils erforderlichen Zeugenaussagen. Der zentrale Satz der Schrift aber bezog sich auf die Persönlichkeit des Angeklagten, er lautete:

> „Es war nämlich diesen Zeugen und einer großen weiteren Zahl bei der IG Auschwitz beschäftigten Personen durchaus bekannt, daß der Angeschuldigte nicht Nationalsozialist, vielmehr ein Gegner des NS-Systems war, der mutig genug war, überall dort unter Einsatz seiner Person helfend gegen nationalsozialistisches Unrecht einzugreifen, wo ihm dies möglich war."

Als Zeugen wurden dabei nicht nur die ehemaligen Kollegen aus der IG Auschwitz, sondern u. a. auch sein französischer Freund Georges Toupet genannt, der freilich in Braunschweig selbst nicht dabei sein konnte.[15] Er sah sich auch 1949 noch unter politischem Druck, den er seinem Freund so erklärte:

---

15 Die „Schutzschrift" befindet sich in der Personalakte Schneider.

> „Ich kann aus Gründen, die schwierig zu schreiben sind, unglücklicherweise absolut nicht nach Goslar kommen. Aber ich bin nicht ohne wilde und auch dumme Feinde. Man versteift sich darauf, von Kollaboration zwischen Menschen zu sprechen, die lediglich ein gefährliches Spiel gespielt haben, um mitten in den Schrecken des Krieges Menschen und die Ehre zweier benachbarter Völker zu retten."[16]

Die Beweisaufnahme brauchte sich also mit den vorher erhobenen Vorwürfen nicht mehr zu befassen. Für den Vorwurf der Einweisungen in das Arbeits-Erziehungslager durch Schneider gab es keine überzeugenden Beweise und der Vergleich der Protokolle des Nürnberger Militärgerichtshofes hatte längst eindeutig ergeben, dass Schneider keinen Meineid geschworen hatte. „Von dem ganzen Gift ist nur ein einziger Fall übriggeblieben", schrieb er zufrieden an Dr. Handloser. Es verwundert schon, dass sich die Staatsanwaltschaft anfangs überhaupt auf diese speziellen Punkte eingelassen hatte, die ja im Vorfeld sofort hätten aufgeklärt werden können. Im Übrigen gab sich Schneider schon in den letzten Wochen sehr sicher, dass er einen Freispruch erreichen und bald auf seinen „Amtsstuhl" zurückkehren würde. Dabei fällt auch auf, dass der britische Resident Officer für Goslar schon am 1. Juli nach Rücksprache mit seinem regionalen Befehlshaber Brigadegeneral Lingham erklärte, er habe keine Einwände gegen eine Wiederaufnahme des Dienstes durch Schneider, er habe seinerseits die zuvor an ihn abgegebenen Akten an die Staatsanwaltschaft zurückgegeben. Nur wenige Tage zuvor hatte Schneider jedoch – wie erwähnt – auf Wunsch der Stadtverwaltung ein Dienststrafverfahren gegen sich selbst beantragt, insgesamt ein Indiz dafür, dass auf deutscher und britischer Seite unterschiedliche Ziele verfolgt wurden.

Die britische Seite war damit aus dem Spiel, so konzentrierte sich das gesamte Prozessgeschehen letztlich auf eine skurrile Nebenfrage, nämlich den Vorwurf der vorsätzlichen Körperverletzung eines polnischen Arbeiters, hervorgerufen durch den Hund des Werkschutzführers Max Sauerteig während eines Verhörs. Das Gericht versuchte die Glaubwürdigkeit dieser Behauptungen zu klären, indem die näheren Begleitumstände des Vorfalls genau überprüft wurden. Es ergaben sich für das Gericht offensichtliche Zweifel daran, dass die Hauptbelastungszeugin Frau Richter wirklich sicher aussagen konnte, dass sich die Szene, so wie von ihr beschrieben, abgespielt hatte. Zwar bestätigte ihr Ehemann, dass ihm seine Frau den Vorfall so berichtet habe, aber das konnte keine präzise Aussage ersetzen.

Schneider hatte sich im Vorfeld des Prozesses intensiv darum bemüht, unter seinen ehemaligen Arbeitskollegen in Auschwitz geeignete Zeugen für seine Unschuld zu finden. Dabei hatte sich das Netzwerk der ehemaligen IG-Auschwitz-Mitarbeiter und

---

[16] Brief G. Toupets an Schneider vom 6.8.1949, in: NL Schneider, Gelbe Mappe Frankreich. Originalzitat: „Je ne peux malheureusement pas et absolument pas aller à Goslar pour des raisons difficiles à écrire. Mais je ne suis pas non plus sans ennemis féroces et aussi bêtes que possible. On s'acharne à vouloir parler de collaboration entr'hommes qui n'ont fait que jouer un jeu dangereux pour sauver des hommes et l'honneur de deux peuples voisins, au milieu des horreurs de la guerre."

Mitarbeiterinnen hervorragend bewährt, der rege Briefwechsel zeugt davon. Schneider erfreute sich breiter Unterstützung durch die ehemaligen Kolleginnen und Kollegen. Trotz intensiver Suche hatte er aber erst am 5. Dezember 1949 Kontakt mit dem für ihn wichtigen Werkschutzmann Sauerteig aufnehmen und zu einer Aussage vor Gericht bewegen können.[17] Insofern sorgte dessen Auftreten für einen gewissen Überraschungseffekt, war angesichts einer denkbaren Mittäterschaft Sauerteigs aber auch nicht unproblematisch. Aber damit hatte er endlich einen direkten Zeugen zur Unterstützung seiner Aussage zu Verfügung, auch wenn dieser ein schwacher Zeuge war, der kein Interesse daran haben konnte, sich selbst zu belasten. Bei Frau Richter war es – wie sie selbst aussagte – der KZ-Ausschuss Hannover gewesen, der sie schon 1947 und 1948 aufgefordert hatte, belastendes Material gegen Schneider einzureichen. Das ist ein Hinweis darauf, dass Schneider schon seit längerer Zeit im Visier dieser Gruppe stand. Deren Vorwürfe hatte dann die britische Militärbehörde (Public Safety) weiterverfolgt, nachdem die Aussage Schneiders in Nürnberg bekannt geworden war.

Der ehemalige Werkschutzmann Sauerteig galt innerhalb der IG Auschwitz als übel beleumundet und war persönlich eng mit Roßbach verbunden, wie spätere Aussagen übereinstimmend bestätigten. Schneider hatte ihn in der IG wohl eher auf Distanz gehalten, jetzt aber war er auf ihn angewiesen. Dieser tat natürlich auch alles, um den Eindruck zu bestätigen, dass dieser Vorfall gar nicht stattgefunden habe und möglicherweise eine Verwechslung mit einem anderen Fall vorliege. Das Gericht zog sogar einen Hundesachverständigen heran, der über die Angriffslust von Boxerhunden aussagen sollte. Als dann noch ein ärztlicher Gutachter der Zeugin Richter gewisse pathologische Neigungen zuschrieb, war im Grunde schon entschieden, wie dieser Prozess enden würde. Staatsanwalt Heyer hob zwar noch einmal die Aussage von Frau Richter hervor, die er freilich im Verhör selbst in Zweifel gezogen hatte. Andererseits bestätigte er auch den guten Leumund des Angeklagten Schneider im Lager Monowitz, der von mehreren Zeugen bestätigt worden war. Diese Einschätzung wurde später auch in die Urteilsbegründung aufgenommen.

In seinem Plädoyer wies der Verteidiger Schneiders, Rechtsanwalt Gerhard Wilcke, noch einmal auf den Unterschied zwischen dem eigentlichen KZ Auschwitz und dem Bauvorhaben in Monowitz hin. Er betonte, dass – selbst wenn der Vorfall so stattgefunden habe – Schneider kein Tatvorwurf gemacht werden könne, denn er habe diese Tat nicht als eigene gewollt. Auch sei nicht bewiesen worden, dass die Verletzung des polnischen Arbeiters lebensgefährlich gewesen sei. Damit komme dann

---

17 Zum ausführlichen Brief an Schneider und zu seiner eidesstattlichen Erklärung siehe NL Schneider, Ordner 1949/50. Sauerteig hatte eine nicht ganz problemfreie Karriere in Partei und SS absolviert, betonte jetzt aber – wenig glaubwürdig – seinen frühen Austritt aus der SS und seine Distanz zur NSDAP seit 1936.

nur noch einfache Körperverletzung in Betracht, und für diese gelte ohnehin bereits die Verjährungsfrist.[18]

In seinem Schlusswort ging der Angeklagte selbst nicht mehr auf die Vorwürfe ein, sondern beschränkte sich auf den Hinweis, dass er sich als Jurist wohl bessere Begründungen habe ausdenken können, wenn der Vorfall tatsächlich stattgefunden hätte. Er nutzte sein Schlusswort seinerseits zu Vorwürfen gegen das Gericht, nicht das „Kesseltreiben" gegen ihn thematisiert zu haben. Seit 1945 seien gegen ihn die absurdesten Vorwürfe wegen seiner Arbeit in Auschwitz gegen ihn erhoben worden. Kaum einen SS-Dienstgrad habe er danach nicht bekleidet, er sei sogar zum SS-Standartenführer mit Wohnsitz in einer jüdischen Villa in Berlin-Dahlem gemacht worden, von wo aus er jüdisches Vermögen verwaltet habe. Ein heimgekehrter KZ-Häftling habe sogar die Behauptung aufgestellt, er habe ein Konzentrationslager geführt und sei für den Tod vieler Insassen verantwortlich. Als er der Sache nachgegangen sei, habe er ermittelt, dass ein Deutscher, dessen Projekte in Goslar er amtlich nicht habe fördern können, diese Behauptung verbreitet habe.

Was steckte hinter diesem Vorwurf? Tatsächlich ergibt die Durchsicht der Tagebucheintragungen Schneiders, dass am Abend des 5. Oktober 1947 seine Frau einen Telefonanruf entgegennahm, in dem eine männliche Stimme nach dem „Hund von Auschwitz" verlangte. Offensichtlich war dem Anrufer schon der Vorfall bekannt, der dann später vor Gericht eine Rolle spielen sollte. Ähnliche Anrufe wiederholten sich, und sehr bald kam heraus, dass dahinter tatsächlich ein Mann steckte, dessen Antrag auf Einrichtung einer Pfandleihanstalt von der Stadtverwaltung Goslar abgelehnt worden war. Schneiders Versuche, den Antragsteller und dessen Freunde darauf hinzuweisen, dass er diese Entscheidung gar nicht selbst getroffen habe, fruchteten ebenso wenig wie die Einschaltung des Oberbürgermeisters Bruns. Der Vorfall, dessen Details hier nicht weiter beschrieben werden müssen, zeigt immerhin, dass Schneiders Vergangenheit in Auschwitz interessierten Kreisen der VVN (Vereinigung der Verfolgten des Naziregimes) wohlbekannt war und von diesen auch strategisch genutzt wurde.

Aus seiner Personalakte ergibt sich zudem, dass schon 1945 ein Mitglied der jüdischen Gemeinde Goslars Vorwürfe gegen ihn erhoben hatte, die dann aber nach Klärung einer offensichtlichen Verwechslung durch die Gemeinde offiziell zurückgenommen wurden. Wenig später kam es erneut zu Vorwürfen gegen Schneider, als ihn ein enttäuschter abgewiesener Antragsteller für ein Mietwagengeschäft beschuldigte, im KZ Nordhausen als Kolonnenführer tätig gewesen zu sein.[19] Offensichtlich waren solche Anschuldigungen im erregten Klima der unmittelbaren Nachkriegszeit nicht ohne Erfolgsaussichten, da spielte es dann kaum eine Rolle, ob es sich um bloße Gerüchte, gezielte Falschbehauptungen oder einfach Verwechslungen handelte. Auch wenn die

---

[18] Diese Zusammenfassung des Prozessverlaufs nach dem sehr ausführlichen Bericht in der „Goslarschen Zeitung" vom 21.12.1949 und nach der Urteilsbegründung. Die eigentlichen Prozessakten selbst sind nicht mehr verfügbar.
[19] Die Unterlagen zum Vorgang „Rübesamen" befinden sich in der Personalakte Schneider.

Stadt Goslar schon nach den ersten Anschuldigungen im Jahr 1945 eine Gegenüberstellung veranlasst hatte, die eine offensichtliche Verwechslung ergab, und dies auch von der jüdischen Gemeinde bestätigt worden war, war damit der latente Verdacht gegen Schneider nicht dauerhaft ausgeräumt worden. Seine Auschwitz-Vergangenheit erwies sich als fortwährende Bedrohung, was angesichts der dort begangenen Verbrechen, auch im Buna-Komplex, nicht verwunderlich war.

Für die anderen Vorwürfe gegen ihn, die Schneider in seinem Schlusswort erwähnt hatte, lassen sich keine Belege finden. Schneider warf der Anklage vor, diese Zusammenhänge nicht untersucht oder gar aufgedeckt zu haben. Als Jurist hätte er freilich wissen müssen, dass es nicht Aufgabe dieses Gerichts sein konnte, diese Vorgänge zu untersuchen. Er selbst unternahm übrigens auch selbst keinen Versuch, sich strafrechtlich gegen die Behauptungen der kommunistischen „Freiheit" vom 25. Mai 1948 zu wehren, die ja am Beginn der neuen Beschuldigungen gegen ihn standen. Er hatte sich lediglich – allerdings ohne Erfolg – beim amerikanischen Gerichtsvorsitzenden und bei der britischen Militärbehörde beschwert und deren Schutz erbeten.

Solche immer wieder erhobenen Vorwürfe, die sich auf seine Tätigkeit in der IG Auschwitz bezogen, blieben bei Schneider keineswegs ohne Wirkung, zuweilen spielte er mit dem Gedanken, sich aus der Kommunalpolitik zurückzuziehen und – so schrieb er mehrfach an Freunde und Kollegen – in die freie Wirtschaft zurückzukehren oder wieder als Anwalt zu arbeiten. Am gleichen Tag, an dem er mit den Telefonanrufen belästigt wird, schrieb er ermüdet und der Vorwürfe überdrüssig in sein Tagebuch:

> „Ich habe eine unendliche Sehnsucht nach Ruhe, Harmonie, friedlichem Aufbauen. Etwas davon ist erreicht, wenig zwar, aber dieses Wenige ist für unsere heutige Situation schon sehr viel. Wie glücklich und dankbar wäre ich, würde ich auf diesem Wege weiter fortschreiten können. Es gehört sicherlich nicht unbedingt zu diesem Wege der Harmonie, daß ich Oberstadtdirektor werde; ich würde zufrieden sein, wenn ich Menschen nützlich sein und helfen könnte. Vielleicht sollte ich mich doch noch als reiner Strafverteidiger betätigen!?"

Vor dem geschilderten Hintergrund der Beweisaufnahme war es nicht erstaunlich, dass das Gericht unter dem Vorsitz des Landgerichtsrats Rudolf Jäger nach vier Stunden Prozessdauer und relativ kurzer Beratung zu einem Freispruch aus Mangel an Beweisen kam.[20] Für das Gericht hatte die Beweisaufnahme relativ klar ergeben, dass der zuletzt noch übrig gebliebene Vorwurf der vorsätzlichen Körperverletzung nicht zu beweisen sei. Eine Verurteilung kam für das Gericht somit nicht in Frage,

> „denn eine lebensgefährdende Behandlung läge in dem Anspringen durch den Hund und dadurch verursachter Kratzverletzungen nicht. Eine gemeinschaftliche Körperverletzung entfiele deswegen, weil dem Angeklagten gewolltes Zusammenwirken mit Sauerteig und den Willen zur Eigentat nicht nachzuweisen wären. Es käme nur Beihilfe zu einer Tat des Sauerteig in Frage.

---

20 Der Text der Urteilsbegründung vom 1.2.1950 hat sich in der Entnazifizierungsakte Schneiders erhalten (NLA Wolfenbüttel, 3 NDS, 92/1, Nr. 22576), er umfasst 11 Seiten.

> Eine Beihilfe zu einfacher Körperverletzung würde aber zur Einstellung des Verfahrens wegen Verjährung führen."

Zwar legte die Staatsanwaltschaft pflichtgemäß noch einmal Revision gegen das Urteil ein. Aber es konnte kein Zweifel daran bestehen, dass dieser Versuch, Schneiders Auschwitz-Vergangenheit an einer solchen Nebenfrage juristisch zu ahnden, erfolglos bleiben musste. Schon am 9. Januar 1950 ließ das Justizministerium die Stadt Goslar wissen, dass der Oberstaatsanwalt die Revision zurückziehen würde und die Generalstaatsanwaltschaft dem zustimmen werde.

Man kann nicht umhin festzustellen, dass dieser Prozess eigentlich eine Farce war. Gemessen an der Schwere dessen, was in Auschwitz und Monowitz vorgefallen war, konnte der Versuch, einen der systemischen Mittäter der „Vernichtung durch Arbeit" in Auschwitz-Monowitz strafrechtlich durch den Vorwurf eines vermeintlich geduldeten Hundebisses zur Verantwortung zu ziehen, eigentlich nur hilflos wirken.[21] Dieses Resümee zogen auch die britischen Beobachter, die mit diesem Ausgang sehr unzufrieden waren.

Denn die einzigen, die sich über dieses Urteil heftig beschwerten, waren die Offiziere der Special Branch-Abteilung, die sich bemüht hatten, das Belastungsmaterial gegen Schneider zusammenzutragen. Major Smith sparte nicht mit heftigen Vorwürfen gegen den Staatsanwalt und das Gericht. „Major Smith brachte in sehr erregtem Ton seine Empörung darüber zum Ausdruck und äußerte die Absicht, sich sämtliche Beteiligten sehr genau anzusehen und an seine Regierung einen Bericht zu geben, in welcher Weise sich die Entwicklung in Deutschland bereits wieder abzeichne", hieß es in dem Bericht des zuständigen Beamten, der sich die britischen Beschwerden anhören musste. Der gleiche Offizier verwahrte sich im Februar 1950 „empört" auch dagegen, dass Schneider kurz zuvor schon wieder in sein Amt als Oberstadtdirektor zurückgekehrt sei, bevor der Entnazifizierungsausschuss seine Entscheidung gefällt habe. Die Briten kämpften für eine Revision des Urteils und sparten nicht mit heftiger Kritik am Staatsanwalt, dem sie unausgesprochen Parteilichkeit unterstellten.[22]

Die interessante Frage, ob der seit April 1949 in Braunschweig amtierende Landgerichtsdirektor Fritz Bauer, der als strenger Verfolger nationalsozialistischer Verbre-

---

21 Dieser bislang in der NS-Täterforschung meines Wissens nicht benutzte Begriff scheint mir angemessen zu sein, um deutlich zu machen, dass Schneider zwar keine direkte organisatorische und strafrechtliche Verantwortung für das Geschehen in Auschwitz-Monowitz trug, er aber andererseits funktionierender Teil des IG-Farben-Systems der „Vernichtung durch Arbeit" war. Er erfüllt damit nicht die Kriterien des § 25, Abs. 2 StGB. Ich verweise im Übrigen auf den Überblicksartikel von Frank Bajohr, Neuere Täterforschung, Version: 1.0, in: Docupedia-Zeitgeschichte, 18.6.2013.
22 Es fällt auf, dass in den Auseinandersetzungen zwischen den britischen Offizieren und der Justiz niemals auf die NS-Vergangenheit des Personals hingewiesen wurde. So war z. B. der in dem Fall tätige Staatsanwalt Kurt Heyer ein ehemaliger Kriegsgerichtsrat, wie die Liste der in der Bundesrepublik tätigen Nazi-Juristen ausweist, die 1968 von der DDR-Archivverwaltung herausgegeben wurde, in: Braunbuch. Kriegs- und Naziverbrecher in der Bundesrepublik, Berlin 1968, S. 195.

chen gilt und später als hessischer Generalstaatsanwalt die treibende Kraft für den Frankfurter Auschwitzprozess wurde, sich zu dem Urteil äußerte, kann auf der Grundlage des verfügbaren Quellenmaterials nicht definitiv beantwortet werden. Angesichts der Belastung Bauers mit einer Reihe politisch brisanter Prozesse, die zu dieser Zeit am Landgericht Braunschweig geführt wurden, ist es jedoch eher unwahrscheinlich, dass Bauer sich um diesen „Normalfall" eines Hundebiss-Prozesses gekümmert hat.[23]

Aus Hannover meldete sich jedenfalls das Entnazifizierungsministerium und stellte fest, dass trotz des Freispruchs weiterhin genügend Gründe vorlägen, das Verfahren weiter zu betreiben:

> „Auch nach dem freisprechenden Urteil ist Schneider nicht völlig entlastet. Wenn er auch strafrechtlich nicht belangt werden kann, so steht doch fest, dass er in Auschwitz über die Methoden der Behandlung der Häftlinge informiert war und seinerseits in keiner Weise sich dagegen eingestellt hat. Er hat sie somit gebilligt. Dieser Gesichtspunkt darf bei der Entnazifizierung als Belastung nicht außer Acht gelassen werden."[24]

Das war das genaue Gegenteil dessen, was Schneider von sich selbst behauptete, wenn er davon sprach, dass er in Auschwitz „aktive Opposition betrieben habe", „ohne darauf zu sehen, daß ich dabei Kopf und Kragen riskierte". Sein Gesprächspartner aus Auschwitz-Zeiten Hans Deichmann hatte in seinem Zeugnis für Schneider von 1949 ebenfalls so argumentiert.[25]

Auch der Entnazifizierungsausschuss beendete mit dem Urteil des Landgerichts noch keineswegs seine Arbeit. Erst 1951 stellte er definitiv das Verfahren ein, jetzt konnte Schneider wieder ruhiger in die Zukunft blicken. Eduard Baar von Baarenfels, der alte Kollege aus Monowitz, der ihm auch ein entlastendes Zeugnis ausgestellt hatte, gratulierte ihm zum Ergebnis und plädierte bei dieser Gelegenheit auch für eine Amnestie für Dürrfeld, der zu diesem Zeitpunkt noch in Landsberg einsaß. Er sei zu jeder weiteren Hilfe bereit, die dazu beitrüge, „der Gerechtigkeit zum Durchbruch zu verhelfen".[26] Man kann darin einen weiteren Beleg dafür sehen, dass sich die Männer der IG Auschwitz als eine Art Schicksalsgemeinschaft verstanden, die trotz unterschiedlicher politischer Positionen weiter wirkte. Schneider zögerte auch nicht, im Januar und Februar viele Briefe an alte Freunde und Kollegen zu schreiben und über seinen Freispruch zu informieren. Er hatte zu diesem Zweck einen ganzen Stapel von Sonderdru-

---

23 Nach Irmtrud Wojak, Fritz Bauer 1903–1968. Eine Biographie, München 2008, S. 250 ff. finden sich keine Hinweise auf eine Befassung Bauers mit Schneiders Prozess, wie mir die Verfasserin auch nachträglich auf Grund ihrer Materialkenntnis bestätigte. In den Akten der Staatsanwaltschaft Braunschweig im NLA Wolfenbüttel befindet sich nach Auskunft des Archivs kein Material zum Prozess gegen Schneider.
24 Schreiben eines Referenten des Entnazifizierungsministeriums vom 2.6.1950, in: NLA Wolfenbüttel, 26 NDS, Nr. 1544.
25 So die Formulierungen im Brief an Heinrich Werner vom 29.4.1949. Das schon erwähnte Zeugnis Deichmanns liegt im Nachlass Hans Deichmann in der Stiftung für Sozialgeschichte in Bremen.
26 NL Schneider, Ordner 1949/50, Brief Baars von Baarenfels vom 24.4.1950 aus Saalfelden.

cken des umfangreichen Prozessberichts der „Goslarschen Zeitung" (GZ) gekauft, den er befriedigt „ziemlich objektiv und vollständig", „wenngleich nicht eigentlich wohlwollend" nannte.[27]

Schneider hatte den Prozess mit seinen belastenden Begleiterscheinungen unbeschadet überstanden. Der Rat der Stadt beschloss mit 26:1 Stimmen die Aufhebung des Dienststrafverfahrens gegen ihn und nahm eine formelle Neuwahl vor. Die Stadt bewilligte ihm 1951 als „Ostflüchtling" einen Prozesskostenzuschuss in Höhe von 2 400 DM, nachdem er auf Prozesskosten von ca. 11 000 DM hingewiesen hatte.[28] Schließlich wurde ihm auch die einbehaltenen Teile seines Gehalts ausgezahlt. Viele der Goslarer Honoratioren sprachen ihm ihre Glückwünsche aus, sogar die Elektro-Innung gratulierte, die GZ begrüßte seinen Freispruch und die Rückkehr ins Rathaus. Am 13. Februar 1950 war auch sein Vermögen wieder freigegeben worden, dessen Sperrung ihn wohl am meisten getroffen hatte.

---

27 Zum Zitat im Brief an den IG-Anwalt von Rospatt vom 12.1.1950 siehe ebenda.
28 Personalakte Schneider.

9 „En souvenir des nos heures d'angoisse"

Kontakte zu den französischen Freunden

Irgendwo in Sachsen – wahrscheinlich nach dem Verlassen des Lagers Königstein – hatten sich Schneider und seine französischen Freunde im Frühjahr 1945 aus den Augen verloren, aber man blieb gedanklich und emotional weiter verbunden. „Chef" Toupet selbst wurde 1947 in Frankreich für kurze Zeit als Kollaborateur ins Gefängnis gesteckt, bis sich seine Tätigkeit für die Résistance herausstellte.[1] Er hatte schon bei seinem Bericht vom Juni 1945 die Befürchtung gehabt, dass seine Rolle in Auschwitz Gegenstand von Verdächtigungen werden könne, und hatte deshalb von den zwei Seiten des französischen Widerstands gesprochen. Eine Variante habe sich im Maquis (also im bewaffneten Widerstand in Frankreich) abgespielt, die andere – genauso wertvolle – bei den Chantiers und STOs in Auschwitz und in den anderen Lagern im Reich.[2]

Schneider hatte in Goslar zwar schnell eine neue Heimat und eine neue Beschäftigung gefunden, doch es war ihm, seinem Freund Toupet und den anderen Kameraden offensichtlich wichtig, weiterhin in Kontakt zu bleiben, auch wenn die Verbindung über Briefe zunächst schwierig war. Jedenfalls bedauert Schneider in einem ausführlichen Brief vom Januar 1948 an Toupet, dass er lange keine Nachricht mehr von ihm erhalten habe, und dies umso mehr, als er von ihm Dokumente erwartete, die zu seiner Entlastung gegen die Vorwürfe beitragen könnten, die in dem neuen Verfahren gegen ihn erhoben wurden. Diese Dokumente müssen ihn aber im Verlauf des Jahres 1949 erreicht haben, denn Toupet schrieb ihm vor dem Prozess, dass er wegen seiner eigenen Verwicklungen, die er aber nicht näher erläuterte, auf keinen Fall persönlich nach Braunschweig kommen könne.[3]

Der schon mehrfach zitierte Brief Schneiders vom Anfang des Jahres 1948 an Toupet zeigt, dass der Kontakt zwischen den beiden Männern nach dem Ende des Krieges keineswegs abgebrochen war. Mit ihm tauschte er sich über dessen Hochzeit, die Geburt eines ersten Sohnes und andere familiäre Neuigkeiten und das Schicksal der anderen Freunde aus, während er selbst von den Krankheiten seiner Töchter aus Goslar berichtete. Dabei schweifte er aber immer wieder – so wie es seine Art war – in politische Überlegungen ab, für die er sich dann gleich wieder zu entschuldigen pflegte. Gerade im Jahr vor dem Prozess hatte er intensiven Briefaustausch mit André Laxague, der in Gengenbach bei Offenburg neben seinem Studium in Straßburg als Sprachlehrer arbeitete und sich zugleich auf weitere Examen vorbereitete. Laxague spielte in

---

[1] Die Zeitung „L'Aube" hatte am 7.4.1947 die Verhaftung Toupets als „collaborateur" gemeldet und berichtet, dass man ihm vorwarf, Franzosen an die Gestapo gemeldet zu haben, die gaullistische Propaganda gemacht hatten. Ermittelt über https://www.retronews.fr (14.4.2023).
[2] Zu den Schwierigkeiten Toupets nach der Rückkehr nach Frankreich vgl. auch Spina, La France, S. 1069.
[3] Brief Toupets an Schneider vom 6.8.1949, in: NL Schneider, Ordner 1949/50.

der Vorbereitung des Prozesses für Schneider eine wichtige Rolle als Verbindungsmann zu den französischen Freunden. Toupet meldete bald die Geburt eines zweiten Sohnes und versicherte ihn seiner „unerschütterlichen Freundschaft".[4] Zum Prozess hatte er selbst zwar nicht kommen können, aber er hatte dem Freund geschrieben und ihm gewünscht: „Courage, mon cher ami, ma penseé fraternelle ne vous quitte pas"[5]

Angesichts der engen Verbindung zwischen Toupet und Schneider liegt die Frage nahe, welche besondere Beziehung sich zwischen Ihnen seit ihrem ersten Zusammentreffen in Auschwitz entwickelt hatte. In den Quellen finden sich keine direkten Erklärungen für ihre Freundschaft, allein im bereits zitierten Brief von Weihnachten 1944 wird die gemeinsame politische Haltung angesprochen, der sie sich verpflichtet fühlten. Schneider spricht von ihrer gemeinsamen Haltung der „Opposition".

> „Beste Opposition, wie ich leidenschaftlich überzeugt bin, gegen die augenblickliche breite Vorherrschaft jener Minderwertigen, Exponenten der Masse, deren Dilettantismus oder Verbrechertum die Welt ins Unglück zu stürzen begonnen hat. Welch positive Opposition!"[6]

Unabhängig von diesen eher für die Zukunft gedachten Überlegungen, in denen zum ersten Mal der für die weitere Entwicklung Schneiders zentrale elitäre Begriff der „Wenigen" auftaucht, wird man ihre vergleichbare Ausgangslage bedenken müssen. Beide lernten sich als treue Funktionsträger ihres jeweiligen Systems kennen: Schneider als gut funktionierender Jurist der IG Auschwitz, der sich jedoch zunehmend als kritischer Beobachter der Verbrechen in Auschwitz sah, darüber aber nur mit befreundeten Personen sprechen konnte, zu denen wenige engste Kollegen sowie Toupet und Deichmann gehörten. Toupet wiederum war überzeugter katholischer Anhänger des Pétain-Systems, der mit tiefer nationaler Begeisterung seiner Aufgabe als Chantier-Führer nachkam und mit der „Francisque" ausgezeichnet wurde, einem besonderen Ehrenzeichen des Vichy-Régimes, das ihm im August 1944 durch den Marschall verliehen wurde.[7] Beide entfernten sich jedoch im Kontext von Auschwitz von ihrem jeweiligen Bezugssystem, Schneider durch seine kritische Haltung gegenüber dem NS und seine teilweise Unterstützung des französischen Widerstands, Toupet durch seine Zugehörigkeit zum BCRA, dem Netzwerk des Widerstands. Beide durchlebten die gleichen Ambivalenzen, die ihnen auch Probleme bereiten sollten. Toupet wurde 1947 kurzfristig als Kollaborateur inhaftiert, Schneider musste sich 1949 vom Dienst suspendieren lassen, als der Prozess wegen eines vermeintlichen Vergehens in Auschwitz ge-

---

4 Zu den bleibenden Verbindungen zwischen Toupet und Schneider auch Spina, La France, S. 1082 f.
5 Brief Toupets vom 6.8.1949, in: NL Schneider, Ordner 1949/50.
6 Abdruck des Briefs in: Helmut Schneider, Von Tag zu Tag, Goslar 1946, S. 22–33, das Zitat S. 23. Das kleine Büchlein ist nur im NL Schneider vorhanden.
7 Das geht aus einem Brief in CDJC, Dossier Cottin IIIa, 1, fol. 201 hervor. Dabei handelt es sich um ein der fränkischen Streitaxt nachempfundenes Ehrenzeichen, das allgemein das Vichy-System symbolisierte.

gen ihn geführt wurde. Ihrer beider vergleichbare Probleme stärkten noch ihren Zusammenhalt und ihre Freundschaft.

Schneider bemühte sich aber nicht allein um die noch lebenden Freunde, an deren Schicksal er sich interessiert zeigte. In seiner öffentlichen Rede zum Gedenken an die Opfer des Nationalsozialismus am 11. September 1948 gedachte er auch des Franzosen Richard Baudelle, des Chantiers-Anführers aus Blechhammer (Oberschlesien), der im Januar 1945 mit seiner Gruppe junger Franzosen das Lager nach Westen verlassen hatte, aber irgendwo in Oberschlesien schon am 21. Januar von einem Exekutionskommando der SS erschossen wurde.[8] Schneider hatte dies von Baudelles Vater erfahren, der sich vergeblich bemüht hatte, das Grab seines Sohnes ausfindig zu machen. Jetzt, 1948, gedachte er in seiner Rede der Person seines Freundes stellvertretend für alle Opfer des Nationalsozialismus.[9]

Die von Schneider erwarteten Entlastungszeugnisse waren bis zum Januar 1948 ebenso wie andere erwartete Briefe noch nicht in Goslar eingetroffen. Da scheinen postalische Fehler oder vielleicht sogar Zensurmaßnahmen im Weg gewesen zu sein, der „profonde amitié" tat das aber keinen Abbruch. Mit unverkennbarem Stolz berichtete er seinen Bekannten aus der Auschwitzer Zeit, dass die alten französischen „Kampfgenossen" „geradezu in rührender Treue" an ihm hingen und ihn als den Mann feierten, der sie vor den „Russen" in Sicherheit gebracht habe.[10] Dazu passte es, dass einige der französischen Freunde zur Verhandlung vor dem Braunschweiger Landgericht im Dezember 1949 erschienen, allerdings eher zur moralischen Unterstützung des Angeklagten als zur tatsächlichen Aussage vor Gericht. Das war auch nicht erstaunlich, da es bei dem Prozess letztlich um einen Vorwurf ging, zu dem die französischen Freunde in der Sache auch kaum etwas hätten aussagen können. Sie konnten nur die charakterliche Integrität und Hilfsbereitschaft ihres Freundes ihnen gegenüber bezeugen, und daran ließen sie es nicht fehlen.

Gleichwohl war es für Schneider eine gute Erfahrung, die französischen Freunde an seiner Seite zu wissen, die damit das nach dem Freispruch noch weiterlaufende Entnazifizierungsverfahren begleiteten. Dies gilt vor allem für das schon zitierte Zeugnis von Max Lacourt, das ja erst 1951 verfasst wurde. Ein weiteres eindrucksvolles Zeichen der fortwährenden Freundschaft zu Schneider wurden die Büchersendungen, die die französischen Freunde in den folgenden Jahren nach Goslar schickten. Schon 1950 schrieb der Journalist Jean Delage ein faktenreiches, aber eher unkritisches Buch über die Chantiers, das Toupet mit einer bewegenden Widmung an Schneider versah:

---

8 Zu Baudelle vgl. Martin, La mission, passim, sein Bild gegenüber S. 297. Vgl. auch CDJC Paris, Dossier Cottin III 1a, wo Baudelle im Bericht Cottins erwähnt wird.
9 Das Redemanuskript ist enthalten in: StA Wolfenbüttel ND 26 1544. In der GZ vom 14.9.1948 wird kurz über die von der VVN organisierte Veranstaltung berichtet.
10 So im Brief an Dr. Handloser, den er 1944 in Paris besucht hatte, vom 26.10.1949 (NL Schneider, Ordner 1949/50).

> Ihnen lieber und unvergesslicher Assessor Schneider biete ich diese Seiten dieses schlechten kleinen Buches an, wo durch einen Journalisten, der kaum etwas verstanden hat, von einem Abenteuer berichtet wird, das wir gemeinsam während der harten Jahre in einer harten Region erlebt haben:
> In Erinnerung an unsere Stunden der Angst, des Verständnisses und des Vertrauens;
> Und im Zeugnis einer unerschütterlichen Freundschaft, entstanden in der Würde und dem gegenseitigen Respekt, deren seltene Qualität alleine alle Risiken aufwog.
> Ihr Freund
>
> Georges Toupet
> Weihnachten 1950[11]

Ähnliche Worte der tiefen Verbundenheit, ja der Verehrung, fand auch Robert Hervet, der 1962 ein weiteres Buch über die Chantiers schrieb. Die Freunde hatten im Vorsatz des Buches ein Foto von Toupet und der gesamten uniformierten Führungsmannschaft im Lager eingeklebt. Auch hier trug das Titelblatt die Unterschrift Toupets „Avec mon gratitude et mon amitiée profonde", dazu auch die Unterschrift von General de La Porte du Theil, dem alten Befehlshaber der CJF.[12] Mit ihm, der erst 1976 als Bürgermeister seiner Heimatgemeinde starb, hatten Toupet und Schneider noch lange brieflichen Kontakt gehalten.

Seit dem Prozess in Braunschweig und erleichtert durch die besser werdenden Reisemöglichkeiten der 50er Jahre begann jetzt eine Serie gegenseitiger Familienbesuche in Frankreich und in Goslar. Schon 1952 verbrachte Familie Schneider einen vierwöchigen Urlaub auf Schloss Du Bois d'Huré (nördlich von La Rochelle), wo Max Lacourt als Leiter einer sozialen Einrichtung arbeitete. Zuweilen kam auch Toupets Frau Janine allein nach Goslar, oder Schneider brachte im Sommer 1957 seine ältere Tochter Sabine nach Paris, wo er die gerade 17-Jährige in den Zug zu einer von Laxague vermittelten Austauschfamilie nach Bordeaux setzte.[13] Viele Fotos zeugen von gemeinsamen Mahlzeiten und dem freundschaftlichen Beisammensein der Familien. Die Töchter Schneiders entwickelten wie ihr Vater eine besondere Zuneigung zur französischen Sprache, die ihnen geläufig wurde. In diesem Zusammenhang fällt auf, dass die Freunde sich auch Jahre später immer noch in der respektvollen Sie-Form an Schneider wenden, meist sogar mit der Anrede an den „Monsieur Assesseur", offensichtlich eine

---

11 Auf dem Vorsatz von Jean Delage, Grandeurs et servitudes des Chantiers der jeunesse, Préface du Général de La Porte du Theil, Paris 1950. Jean Delage hatte sich schon 1942 als Propagandist der Chantiers mit seinem Buch „Espoir de la France. les chantiers de la jeunesse. Préface du commissaire général de La Porte du Theil" einen Namen gemacht. Originalzitat: „Vous, cher et inoubliable Assesseur Schneider, j'offre les quelques pages de ce mauvais petit livre, où, par un journaliste, qui n'y a rien compris, est relaté une aventure écrite en commun pendant de dures années dans une dure région ; En souvenir des nos heures d'angoisse, de compréhension, de confiance ; Et en témoignage d'une indéfectible amitié, neé dans la dignité et le respect réciproque et dont la rare qualité valait à elle seule, tous les risques. Votre ami Georges Toupet Noèl 1950"
12 Beide Bücher befinden sich im Nachlass Schneider. Das Foto der Führungsmannschaft auch in Martin, La mission, Bildteil nach S. 296.
13 NL Schneider, Tagebuch 1956/57. Zu den familiären Beziehungen vgl. auch Arnaud, Les requis, Abs. 56 mit Anm. 105 auf der Grundlage von Gesprächen mit Toupet und Laxague.

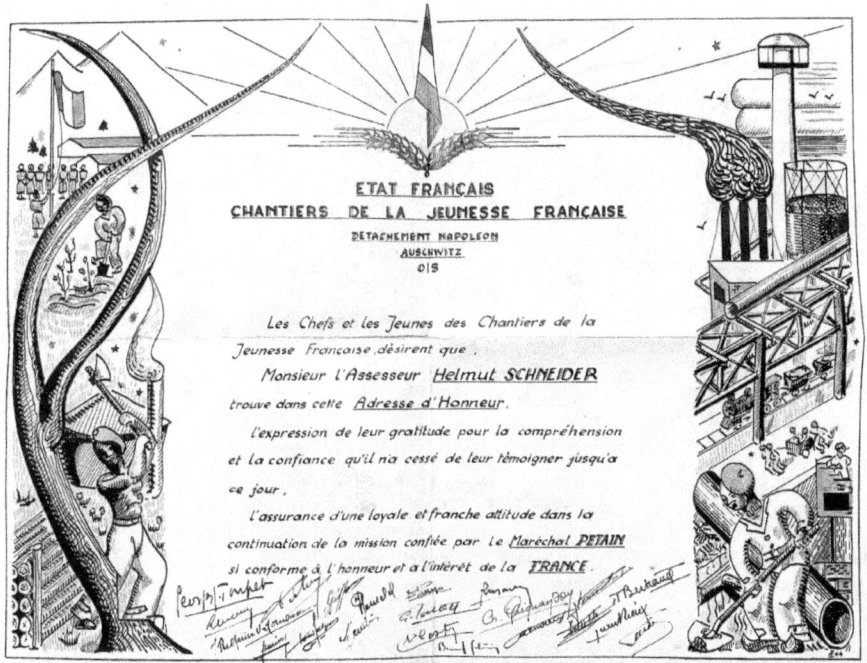

Abb. 9: Ehrenurkunde der Auschwitzer Chantiers für Helmut Schneider[14]

Erinnerung an die Zeit in Auschwitz.[15] Alleine Toupet wagte zuweilen ein „Mon cher Helmüt!" [sic!].[16]

Diese herzlichen Kontakte wurden sicher noch verstärkt durch die bald einsetzenden Bemühungen um eine Städtepartnerschaft zwischen der Kleinstadt Arcachon (in der Nähe von Bordeaux), wo André Laxague inzwischen als Gymnasialprofessor lebte, und der Stadt Goslar. 1961 konnte sie endlich eingerichtet werden. Lange nach dem Tod Schneiders erhielt sein Freund Laxague eine Ehrenplakette der Stadt Goslar, ein spätes Zeichen der deutsch-französischen Verbindungen, die Schneider eingeleitet hatte. Dass all dies in Auschwitz begonnen hatte, werden damals vermutlich nur noch wenige gewusst haben.

---

14 Die Ehrenurkunde ist undatiert, ihre Gestaltung, die Zahl der Unterschriften und der Hinweis auf Marschall Pétain legen allerdings ihre Entstehung schon in Auschwitz nahe, wo auch die technischen Möglichkeiten dazu bestanden.
15 Im Gespräch sprachen sie sich mit ihren Vornamen und „Sie" an.
16 NL Schneider, Mappe Frankreich, Brief s. d. zu Weihnachten 1962.

Abb. 10: Helmut Schneider (2. v. r.) mit seinen französischen Freunden Max Lacourt, Georges Toupet und René Devaux 1952

So wichtig die anhaltende Freundschaft für Schneider und die Franzosen auch war, so kann man nicht verkennen, dass er im Nachhinein zu einer enormen Überhöhung seiner Beziehung zu den französischen Freunden neigte, die in Auschwitz ihren Anfang genommen hatte. 1967 trägt er in sein Tagebuch ein:

> „Auschwitz – das ist mindestens von 1943 an der Verlust des Vaterlandes. Es ging schließlich nur noch um menschliche Bewährung des Einzelnen. Teilergebnis für mich: Die erste deutsch-französische Zelle ist durch mich entstanden. Europa begann damals, zu dieser Stunde als menschliche Bewährungsprobe. Manchmal will es mir heute scheinen, als seien wir damals weiter auf dem Wege gewesen als heute."[17]

Man muss den Eindruck gewinnen, dass er die Erinnerung an die Freunde aus Auschwitzer Zeiten und die dort in seinen Augen vollbrachte „menschliche Bewährung" nutzte, um sich selbst vor einer Gewissenserforschung über diese Zeit zu bewahren und sich freizusprechen. War das nicht eine Variante der „preiswerten Möglichkeit der Selbsterhöhung", von der Ulrich Herbert in diesem Kontext gesprochen hat?[18] Die kritische Frage liegt nahe: Galt die „menschliche Bewährung des Einzelnen", von der er im Tagebuch sprach, nur für seinen Einsatz für die französischen oder italienischen Zwangsarbeiter? Hätte sie nicht mit dem gleichen Recht auch für die „Ostarbeiter" und

---

17 NL Schneider, Tagebuch 1967, undatiert.
18 Ulrich Herbert, NS-Eliten in der Bundesrepublik, in: Wilfried Loth/Bernd-A. Rusinek (Hrsg.), Verwandlungspolitik. NS-Eliten in der westdeutschen Nachkriegsgesellschaft, Frankfurt am Main 1998, S. 93–115, hier S. 110.

die KZ-Häftlinge im Lager Monowitz gelten können, ja müssen? In allen verfügbaren Quellen sowohl aus Auschwitz wie aus der Nachkriegszeit findet sich kaum ein wirklich empathischer Gedanke an die Opfer der Baumaßnahmen der IG Farben. Und wenn sie denn im vertrauten Kreis oder im Gespräch mit seiner Frau geäußert wurden, so hatten sie weder Konsequenzen noch fanden sie einen Weg in seine Aussagen vor Gericht, denn in Monowitz hatte er ja „nichts Illegales oder Strafbares gesehen". Mit dieser schier unverständlichen Aussage, um deren Unrichtigkeit er wissen musste, hatte er in Zukunft zu leben.

10 „Harte Arbeit und herausragende Initiative"
Tätigkeit als Oberstadtdirektor in Goslar bis 1968

Für Helmut Schneider war die Stadt Goslar sicher keine vollkommen fremde Stadt, denn er hatte seine gesamte Schulzeit im gerade einmal 65 km entfernten Helmstedt verbracht. Er wird die Stadt vermutlich gekannt haben, als er im Frühjahr 1945 dort ankam, aber es fehlten alle persönlichen Kontakte oder Beziehungen. Seine Familie war schon vorher aus Auschwitz evakuiert worden, ein freundschaftlicher Kontakt seiner Frau zu einer ehemaligen Kommilitonin war der eher zufällige Grund für diese Ortswahl. Für Schneider sollte sich dieser Ort gleichwohl als Glücksfall erweisen. Er kam relativ schnell in eine engere Beziehung zu in der Stadtgesellschaft führenden Juristen und Geschäftsleuten und fand dann als Stadtassessor und im Verkehrsamt der Stadt eine erste Anstellung. Er machte sich offensichtlich als juristischer Berater der Stadtverwaltung einen Namen und wurde schon im Jahr 1947 zum Stadtdirektor bestellt. Das hing auch damit zusammen, dass der von den Besatzungsbehörden wieder eingesetzte Oberstadtdirektor Rudolf Wandschneider (SPD) durch Krankheit an der Bewältigung der sich häufenden schwierigen Amtsgeschäfte gehindert war. Da kam der energische, gerade 35-jährige Jurist ganz recht. Die erste Entnazifizierung durch den englischen Colonel Hinxman verlief problemlos, obwohl er schon im Dezember 1945 seine Beschäftigung bei den IG Farben in Auschwitz angegeben hatte. Seine dortige Tätigkeit sprach auch nicht gegen eine enge Freundschaft mit dem englischen Resident Officer Major Denis Downer-Kingston und seiner Frau, die ihm bei der Beschaffung von Medikamenten halfen, als seine ältere Tochter 1947 an einer schweren Tuberkuloseerkrankung litt. Auch eine weitere Überprüfung am 18. März 1947 bei der Einstellung zum Stadtdirektor fand keine Gründe, die dagegen sprachen, ihn als „nicht belastet" einzustufen. Auch die britische Militärregierung stimmte dieser Einschätzung zu.

Schneider fügte sich offenbar recht schnell in die Stadtgesellschaft ein, aber er wahrte auch Distanz. Er trat erstaunlicherweise der SPD bei, allerdings ohne dort besonders aktiv zu werden, Ortsversammlungen oder gar Vorstandstätigkeiten waren seine Sache nicht. Über die Gründe seines Eintritts in die SPD hat Schneider keine explizite Auskunft gegeben. Es überrascht deshalb, weil Schneider vom familiären Hintergrund und seiner beruflichen Sozialisation eigentlich nicht dem Typ des klassischen SPD-Mitglieds entsprach. Das Milieu war und blieb ihm fremd, obwohl er sich immer wieder theoretisch mit dem Problem des „Arbeiters" beschäftigte, freilich in einer mit der SPD dieser Jahre wenig kompatiblen Weise. Ob dieser Parteieintritt als deutlicher Bruch mit den konservativen Kräften gesehen werden muss, bleibt offen. Allerdings hat Schneider in einem späteren Gespräch mit seiner jüngeren Tochter gesagt, die SPD sei die einzige Partei gewesen, die sich gegen die Nazis gestellt habe, und deshalb sei er in die Partei eingetreten. Wenn man seine Gegnerschaft gegen die „Deutschen Christen" und Hitlers Rechtspolitik, seine Distanz zur NSDAP schon als Referent der IHK in Halle und seinen Eintritt in die SPD 1945 zusammensieht, dann wird man Grund zur

Annahme finden, dass Schneider in der Tat ein Gegner des Nationalsozialismus war. Der Titel „anti-nazi Schneider", den ihm seine französischen Freunde aus Auschwitz und ihnen folgend die französische Forschung gegeben haben, trifft wohl zu, auch wenn man seine genaue politische Position nur schwer bestimmen kann. Aber reichte das, um Sozialdemokrat zu werden? Ein Tagebucheintrag vom 2. Oktober 1947 ermöglicht eine weitergehende Deutung, die auf den ersten Blick schwer zu akzeptieren sein mag. Er berichtet von einem Gespräch mit zwei SPD-Ratsmitgliedern, es geht um seine anstehende Ernennung zum Oberstadtdirektor und die naheliegende Frage, ob er nicht besser der CDU beitreten solle:

> „Ich habe dargelegt, daß ich Sozialist und zu sehr Sozialist bin, um Angehöriger der CDU sein zu können. Ich sei aber andererseits nicht in allen Fragen mit der Sozialdemokratie einig und zufrieden, vor allem stünde ich sehr kritisch dem Ortsverein Goslar gegenüber."[1]

Dieser erstaunliche Eintrag ist nicht ganz einfach zu verstehen, es gibt keine Hinweise in seinen sonstigen Äußerungen während dieser Zeit, die Anlass gäben, ihn als Sozialisten zu bezeichnen. Aber wenn diese Selbsteinschätzung stimmte, dann wäre diese Haltung wohl der tiefere Grund für den Parteieintritt gewesen, so schwer das zu verstehen sein mag. Dieses überraschende Bekenntnis zum Sozialismus – immerhin vor zwei nicht unwichtigen Ratsmitgliedern der SPD geäußert – passt allerdings überhaupt nicht zu seinem eher rechtsintellektuellen Freundeskreis, den er bald um sich sammelte und von dem noch zu sprechen sein wird. Ein Freund oder Briefpartner aus dem sozialdemokratischen oder gar sozialistischen Umfeld ist nicht zu erkennen. Es passt freilich zu einer von seiner Frau aus ihrer Zeit in Halle mitgeteilten Erinnerung, dass ihr Mann sich morgens vor dem Gang zur Arbeit in der IHK von ihr mit dem Standardsatz verabschiedet habe, sie solle das „Kapital" von Karl Marx lesen, was freilich nicht ernst gemeint gewesen sein muss.[2]

Umso erstaunlicher, ja geradezu unverständlich ist auch vor diesem Hintergrund seine offensichtliche weiter bestehende persönliche Verbundenheit mit seinem alten Vorgesetzten Walter Dürrfeld, der ja Parteigenosse seit 1936 war und nach allen Einschätzungen der Forschung als wesentlicher NS-Täter und mitleidloser Ausnutzer der KZ-Häftlinge in Auschwitz gesehen werden muss.[3] Dieser hielt zudem an den alten Auschwitzer IG-Farben-Verbindungen fest, zum Beispiel wenn er 1964 ausgerechnet seinen alten Vorgesetzten Heinrich Bütefisch, der Mitglied des „Freundeskreises Hein-

---

1 NL Schneider, Tagebuch 1947/48, Eintrag vom 4.10.1947. – Der einzige Beleg für eine Aktivität zusammen mit der SPD – freilich in seiner Funktion als Oberstadtdirektor – ist ein Tagebucheintrag vom 22.2.1948: „SPD-Propagandisten-Arbeitstagung. Begrüßungsansprache gehalten. Kubel kennengelernt. Anschließend Versammlung in Kammerlichtspielen mit Kubel als Redner. Sehr guter Eindruck, ein kluger Mann, ein guter Redner, eine überzeugende Debatte." Ein näherer Kontakt zu Kubel ergab sich trotzdem nicht. Alfred Kubel war Sozialdemokrat, damals Minister für Wirtschaft und Verkehr und später Ministerpräsident von Niedersachsen (1970–1976).
2 So die Erinnerung der jüngeren Tochter an ein Gespräch mit ihrer Mutter.
3 Vgl. Wagner, IG Auschwitz, S. 60.

rich Himmler" gewesen war, für das Große Bundesverdienstkreuz vorschlug.⁴ Trotzdem hatte sich Schneider bereit erklärt, für ihn vor dem IMT in Nürnberg auszusagen, und blieb ihm über die Jahre hinweg freundschaftlich verbunden.

Sicher ist jedenfalls, dass der Eintritt in die SPD keine Karrieregründe hatte, denn im eher konservativen Stadtmilieu Goslars hätte eine Mitgliedschaft in der CDU vermutlich besser gepasst und sicheren Erfolg versprochen. Die CDU hatte die ersten Gemeinderatswahlen mit 47,7 % der Stimmen gewonnen, die SPD kam nur auf 34,6 %. Als Konrad Adenauer im Oktober 1950 zum ersten Bundesparteitag der CDU in die weitgehend unzerstörte Stadt kam, war auf einem Zeitungsbild vom Empfang im Huldigungssaal des Rathauses der SPD-Oberstadtdirektor Schneider mit den anderen Repräsentanten der Stadt unmittelbar hinter Adenauer zu sehen. Schneider verkörperte eine eher konservative Grundstimmung in der Stadt, dazu passte seine kritische Haltung zu seiner eigenen Partei durchaus. Jedenfalls wurde „Genosse" Schneider in der SPD nicht aktiv, wichtiger war ihm wohl die prinzipielle Unterstützung seiner Partei im Stadtrat für seine Linie der Politik in der Stadt.

Abb. 11: Empfang im Rathaus während des ersten CDU-Parteitags in Goslar, 20.–22.10.1950 (Helmut Schneider links hinter Adenauer)

---

4 Zwar erfolgte 1964 die Verleihung durch Bundespräsident Heinrich Lübke, sie wurde allerdings sehr schnell rückgängig gemacht, als seine Vergangenheit bekannt wurde. Vgl. auch Wagner, IG Auschwitz, S. 315. Für den Hinweis auf Dürrfelds Rolle bei dem Vorschlag an das Bundespräsidialamt danke ich Frau Dr. Claudia Moisel (München).

Diese parteipolitische Zurückhaltung machte ihn auch für die konservative Stadtratsmehrheit akzeptabel, etwa wenn er – schwer verständlich – 1953 als offizieller Vertreter der Stadt zusammen mit dem Oberbürgermeister am Begräbnis des ehemaligen Reichsbauernführers Walter Darré teilnahm, dessen Begräbniskosten die Stadt sogar übernahm. Er war zudem mit einflussreichen Männern der Stadt bekannt und half dem bisherigen Verleger der „Goslarschen Zeitung" Karl Krause im Sommer 1946 aus einer misslichen Situation. Da Krause selbst wegen seiner NS-Vergangenheit keine Lizenz zur Herausgabe der Zeitung erhalten hatte, pachtete Schneider zusammen mit dem Prokuristen Ernst Meyer die Zeitung für 25 Jahre und wurde so für kurze Zeit formell zum Zeitungsherausgeber, jedenfalls solange die erzwungene Karenzzeit des alten Besitzers andauerte.[5] Er nahm jedoch auf den Geschäftsbetrieb keinen Einfluss und reagierte damit auch auf Befürchtungen, die in der Goslarer Stadtgesellschaft zunächst geäußert wurden.[6] Da auch die Rückabwicklung des Vertrags im Mai 1949 ohne Probleme über die Bühne ging, konnte man sicher sein, dass man in der Stadt auf den richtigen Mann gesetzt hatte: als Fachmann hoch akzeptiert, effizient und kulturell ambitioniert. Die Stadt vertraute ihm, und so verwundert es nicht, wenn der Stadtrat den zu langen Reden neigenden Oberstadtdirektor 1960 mit großer Mehrheit (24 Ja-Stimmen bei einer Enthaltung) für weitere 12 Jahre in seinem Amt bestätigte.

Schneider kümmerte sich auch intensiv um das kulturelle Leben der Stadt. Ein vorrangiges Projekt war ihm die Einrichtung einer Volkshochschule, die er schon 1946 mit einer Rede eröffnen konnte. In den großen politischen Fragen ging er durchaus konform mit den in der Stadt herrschenden Überzeugungen zur deutschen Einheit und zu den unverzichtbaren deutschen Ostgebieten.[7] Daneben wurde er auch zum Mittelpunkt eines kleinen privaten Freundeskreises des Schriftstellers Ernst Jünger, in dem sich Honoratioren der Stadtgesellschaft zusammenfanden.[8] Sein intensiver Briefwechsel mit Ernst Jünger und die Widmung eines kleinen philosophischen Büchleins, unter seinem französischen Pseudonym (Georges Jacques Déplaisant) geschrieben, an Ernst Jünger, unterstreicht dieses Engagement, über das noch genauer zu berichten sein wird.[9]

Die britischen Offiziere erwähnten im Vorfeld seines Prozesses auch seine (allerdings nur geplante) Herausgeberschaft einer Zeitung oder Zeitschrift mit dem Titel „Der Neue Morgen", für die freilich keine Belege oder gar Exemplare zu finden sind. Die Stadtbibliothek Goslar kennt keinen Bestand einer solchen Zeitung oder Zeit-

---

5 Zum Pachtvertrag vom 10.7.1946 siehe NLA Wolfenbüttel, 26 NDS, Nr. 766 und 999.
6 Die Übernahme der Firma Karl Krause und die Rückabwicklung werden ausführlich geschildert in der detaillierten Darstellung von Schneiders altem Freund Werner Brauns: GZ – res gestae (ca. 1975), in: Archiv der Goslarschen Zeitung.
7 Dazu auf der Basis von Berichten der GZ Schyga, Goslar, S. 358 f.
8 Zu diesem Kreis gehörten Jüngers Freunde aus Goslarer Tagen 1933/34 Hermann Pfaffendorf, ein alter Regimentskamerad Jüngers und späterer Oberbürgermeister, der Privatgelehrte Fritz Lindemann, RA Dr. Hörstel, Werner Brauns und Schneider. NL Schneider, Tagebuch 1956/57.
9 Die Briefe sind zu finden in: Deutsches Literaturarchiv (DLA) Marbach, Nachlass Ernst Jünger.

schrift.[10] Im Briefwechsel des Jahres 1949 mit dem Frankfurter Schriftsteller Hans-Henning Welchert wird das Projekt mehrfach erwähnt, das sich aber nach der Rückübertragung der „Goslarschen Zeitung" an Karl Krause und ihrer Neugründung definitiv zerschlug. Krause hatte aus nicht näher bekannten Gründen die Rechtsgültigkeit des Pachtvertrags von 1946 bestritten, und Schneider sah nach der Entnazifizierung des Vorbesitzers die „moralische Verpflichtung", dem „früheren Eigentümer seine alte Rechtsstellung wieder einzuräumen". Auch angesichts seiner eigenen prekären Situation – er war gerade vom Dienst suspendiert – sah er gute Gründe, einen eventuellen Rechtsstreit zu vermeiden. Hinzu kam auch, dass der dafür vorgesehene leitende Mitarbeiter Heitmeier überraschend im Alter von 39 Jahren verstorben und damit eine wichtige personelle Voraussetzung weggebrochen war.[11]

Schneider war in den 1960er Jahren eigentlich ein gesunder Mann mit einem enormen Arbeitstempo, sowohl im Beruf mit seinen vielen Verpflichtungen, auch außerhalb Goslars, als auch im privaten Bereich. Wie er sein erhebliches Lesepensum, seine Schreibfreude und seinen aufwändigen Briefverkehr neben all dem bewältigte, muss offenbleiben. Mit wachsender Distanz nahm er auch die zuweilen sinnlosen Aktivitäten seines Berufes wahr, mokierte sich über endlose Sitzungen und war dann froh, nach einem vollen Tag mit vielen Terminen abends wieder nach Hause zu kommen: „Müde und gänzlich sinnentleert betritt der Zeitgenosse sein Haus."[12]

Er hatte zwar mit Bedauern seine Gewichtszunahme bemerkt und missmutig kommentiert, aber nichts deutete auf eine gefährliche Erkrankung hin. Den Töchtern waren freilich gelegentliche depressive Schübe des Vaters aufgefallen, die sich vor allem um die Jahreswende einstellten. Sie hatten dieses Verhalten als zu seinem Wesen gehörend hingenommen, auch wenn der Vater ihrer Meinung nach gelegentlich zu viel Alkohol konsumierte. Niemand in seiner Umgebung stellte eine Verbindung mit seiner Vergangenheit her, wie er es selber jedoch schon im „Tagebuch eines Leidenden" von 1952 getan hatte.

Sein Tod ereilte ihn überraschend: Ausgerechnet während einer SPD-Veranstaltung am 23. März 1968 erlitt Schneider nach seiner Rede einen Herzinfarkt und wurde ins Goslarer Theresienhof-Krankenhaus eingeliefert, wo ihn seine Frau noch besuchen konnte. Nach einem zweiten Infarkt aber verstarb er wenig später am selben Tag.[13]

---

10 Dieser Plan für eine Zeitung mit diesem Titel hat auch nichts zu tun mit dem von Schyga (Vortrag 2014, S. 8 f.) erwähnten Ernst-Jünger-Verehrungsclub, für den es keine Belege gibt. Während der Zeitungsplan um 1946/47 und bis 1949 erwähnt wurde, ergab sich der engere Kontakt zu Jünger erst seit Ende 1954. Der nicht belegbare „Neue Morgen" war folglich auch nicht das Cluborgan des sogenannten Verehrungsclubs.
11 Das geht aus einem Brief an seinen Freund Dr. Andreas Martos vom 18.3.1949 und einem Brief an den geplanten Mitarbeiter Welchert vom 27.7.1949 hervor (NL Schneider, Ordner 1949/50). Das Zitat aus dem Brief an Rudolf Gerbert vom 21.11.1949 ebenda.
12 NL Schneider, Tagebuch 1967 s. d.
13 Der Brief Barbara Schneiders an Jünger im DLA Marbach, NL Jünger. Zu den Umständen seines Zusammenbruchs siehe GZ vom 25.3.1968.

Einige Tage später – an seinem Geburtstag – schreibt Ernst Jünger in Rom in sein Tagebuch:

„Den Nachmittag dieses schönen Tages trübte ein Schatten: es kam die Botschaft, daß Helmut Schneider, der Oberstadtdirektor von Goslar, gestorben ist. Ein guter Freund hat mich verlassen: kaum je hat er, seit wir uns kennen lernten, diesen Tag versäumt. Goslar zählt, wie Laon und Überlingen, zu den Städten meiner inneren Landkarte. Ich hielt es nicht für Zufall, daß neben Helmut Schneider ein anderer meiner Freunde, Hermann Pfaffendorf, dort der Bürgermeister war. Ihm und der Witwe schrieb ich sogleich."[14]

Schneider hatte sich noch im Krankenhaus für den Fall seines Ablebens jede öffentliche Trauerfeier verbeten, so blieb es bei einer ganzen Reihe von Todesanzeigen in der „Goslarschen Zeitung" und einer knappen Würdigung in der nächsten Ratssitzung. Der ihm auch privat verbundene Oberbürgermeister Pfaffendorf hob in seiner kurzen Rede neben seinen Leistungen für die Stadt die intellektuelle Eigenständigkeit Schneiders hervor, die ihn zu einem eigenwilligen und suchenden Menschen gemacht habe, gewiss eine treffende Charakterisierung des Freundes.[15]

Sein Tod traf ihn nur ein Jahr nach dem Tod seines alten Vorgesetzten Walter Dürrfeld am 1. März 1967, dem er in Essen-Kettwig noch eine Grabrede gehalten hatte, die in Tönen höchster Bewunderung den Menschen Dürrfeld, die „Reinheit seiner Seele" und den „begnadeten Techniker" pries und den Ort Auschwitz nicht einmal erwähnte, der sie mehr als drei Jahre intensiv miteinander verbunden hatte.[16] Er berichtete darin auch, dass er mit ihm über die Jahre hinweg immer in Verbindung geblieben sei. Man würde gerne wissen, wie die Verbindung der beiden Männer konkret aussah: Hatte man in alter Verbundenheit und mit Stolz über die „großartigen" technischen und organisatorischen „Leistungen" gesprochen, die man in Monowitz gemeinsam „vollbracht" hatte? Hatten sie sich gar über die Erfahrung von Auschwitz und die Bestrafung Dürrfelds ausgetauscht, sich vielleicht insgeheim selbst Vorwürfe gemacht, um miteinander ins Reine zu kommen? Hatte man vielleicht sogar die wichtige Phase ihrer beider Leben in Auschwitz bedauert? Wir werden es nicht mehr erfahren.[17] In sein Tagebuch schreibt er nach der Beerdigung:

„Von W. D. habe ich noch nicht im eigentlichen Sinne Abschied genommen. Habe ich am Ende ‚die eigentliche Bedeutung der Abschiede' noch gar nicht begriffen? Wohl kaum. Hier liegen die Dinge anders entsprechend der Eigenart der Beziehung zwischen ihm und mir, die von Anfang an ganz besonderer Natur gewesen ist; so ist es geblieben – auch jetzt nach seinem Tode noch. Was ist das?."[18]

---

[14] Tagebucheintrag in Rom vom 29.3.1968, in: Ernst Jünger. Siebzig verweht, Bd. 1, Stuttgart 1995, S. 411.
[15] GZ vom 28.3.1968.
[16] Das Manuskript der Grabrede ist im Nachlass Schneider, Ordner 1949/50 erhalten.
[17] Meine Nachfragen bei zwei Söhnen Dürrfelds im November 2021, denen ich für ihre Gesprächsbereitschaft danke, blieben leider ohne konkretes Ergebnis.
[18] Nachlass Schneider, Tagebuch 1967.

Zehn Jahre nach seinem frühen Tod wurde in Goslar eine Straße nach Helmut Schneider benannt. Bis in jüngster Zeit war die Begründung für diese Ehrung des ehemaligen Oberstadtdirektors auf der Homepage der Stadt Goslar nicht völlig korrekt.[19] Der Text sprach davon, dass Schneider als Soldat sich im Krieg 1945 mit einem jungen französischen Studenten namens André Laxague angefreundet habe. Ganz gewiss war Schneider nie Soldat, aber offensichtlich wollte man bei der öffentlichen Ehrung Schneiders darauf verzichten, seine Tätigkeit in Auschwitz noch einmal so deutlich herauszustellen. Die Benennung der Straße nach Schneider war im Grunde eine späte Ehrung für die damals populäre Idee einer Städtepartnerschaft zwischen Arcachon (in der Nähe von Bordeaux) und Goslar, die von Laxague und Schneider eingefädelt worden war. Schon am 17. Juni 1961 reiste eine erste Schülergruppe eines Goslarer Gymnasiums nach Arcachon, und sehr bald darauf begannen dann die wechselseitigen Gegenbesuche. 1965 wurde die Städtepartnerschaft durch Unterzeichnung und den Austausch von Urkunden besiegelt.

---

[19] Ich habe der Oberbürgermeisterin von Goslar deshalb zu einer Überarbeitung des Textes geraten, die erfreulicherweise bereits durchgeführt wurde.

11 „Erinnerndes Überlegen"
Wie verarbeitet man die Erfahrung von Auschwitz?

Nach allem, was wir bislang über das wechselvolle Leben Helmut Schneiders erfahren haben, drängt sich die Frage auf, wie er die ganz unterschiedlichen Haltungen und Erfahrungen seines Lebens verarbeitet hat: Seine frühe Distanz zur NSDAP, seine Rolle in Auschwitz-Monowitz, die Erfahrung der „Schinderei" der KZ-Häftlinge, seine in Nürnberg bewiesene „unerschütterlichste Treue" zu Dürrfeld wider besseres Wissen, die glückliche Erfahrung mit den französischen Freunden, die eigene Entnazifizierung und der Strafprozess. All dies waren widersprüchliche Erfahrungen, die die Frage nach ihrem inneren Zusammenhang, der Auseinandersetzung mit ihnen und auch ihrer Bewältigung nahelegen. Es gibt keine selbst formulierte Lebensbilanz, keinen Versuch, den Knoten seines Lebens aufzulösen. Er legte vor sich selbst keine Rechenschaft über die Zeit in Auschwitz ab, obwohl die Erfahrung immer präsent war und ihn wohl auch belastete. Schon 1952 schrieb er das „Tagebuch eines Leidenden".

Es finden sich zwei dokumentierte Momente, in denen er offen zugibt, über die Geschehnisse in Auschwitz intensiver nachgedacht zu haben: Der eine Moment ist im Verhörprotokoll von Nürnberg dokumentiert, wo er zugibt, dass ihn der Bericht seines Bürovorstehers über Leichenverbrennungen in Birkenau „aus der Ruhe" gebracht habe und er mit seiner Frau darüber gesprochen habe. Der andere Moment findet sich ebenfalls im Verhandlungsprotokoll von Nürnberg, als Dürrfelds Verteidiger Seidl ihn fragt, ob er in Monowitz in der Zeit seiner Tätigkeit dort „etwas Strafbares und Illegales" gesehen habe, und er antwortet, dass er sich seit dieser Zeit viele Gedanken gemacht und sich auch diese Frage gestellt habe – um die Frage Seidls dann aber völlig unglaubwürdig zu verneinen. Wenn ich recht sehe, sind das die beiden einzigen dokumentierten Momente, wo er seine innere Beschäftigung mit dem, was in Auschwitz geschehen war, deutlich erkennen lässt. Ich habe in den späteren literarischen Versuchen keinen weiteren Moment dieser Art gefunden, auch nicht im Prozess vor dem Braunschweiger Landgericht und auch nicht in seinem Austausch mit Ernst Jünger, der ja in seinen Kriegstagebüchern immer wieder die „Schinderhütten" des Regimes gebrandmarkt hatte. Erst kurz vor seinem Tod sollte noch einmal ein letzter Moment der inneren Unruhe entstehen, über den noch zu berichten sein wird.

Helmut Schneider wurde in den Jahren nach 1945 ohne Zweifel zu einem Mann der intensiven Reflexion, die er auch immer wieder schriftlich fixierte. Er war ein Vielleser und Vielschreiber mit einem hochentwickelten historisch-politischen Bewusstsein, immer auf der Suche nach zeitdiagnostischen Erkenntnissen und Anregungen, an literarischer und politischer Bildung hochinteressiert. Er suchte geradezu nach möglichst prominenten Gesprächs- und Briefpartnern, die er gerne zu sich nach Hause einlud, deren Bücher er kaufte oder sich schenken ließ. Beispielhaft kann man Ernst von Salomon nennen, der ihn in den frühen 1950er Jahren in Goslar besuchte. Über andere Gesprächspartner wird noch zu berichten sein.

Es ist nur schwer zu ermitteln, wann genau und aus welchem Anlass er in diese Rolle als Zeitdiagnostiker hineingefunden hat, der damit aber auch öffentlich hervortreten und nach außen wirken wollte. Gab es dafür schon Ansätze vor 1945? Zunächst einmal fällt auf, dass er 1940 noch als Referent der IHK eine Abhandlung über „Kriegsfinanzierung und Steuerreformvorschläge" schreibt und dieser Schrift zwei Jahre später einen ebenfalls privat gedruckten Text über die „Entfaltung der Arbeitskraft" folgen lässt, beides weit über seinen engeren Aufgabenbereich hinausreichend, aber noch im Bereich seiner wirtschaftlichen und sozialen Interessen liegend. Schon als Student hatte er seine kritischen Texte über die „Deutschen Christen" und über die Rechtspolitik des Nationalsozialismus geschrieben, beides freilich nur knapp formuliert und schriftlich erst 1960 überliefert. Aber es gibt Hinweise, dass Schneider schon während der Zeit in Auschwitz zu einem reflektierenden und kritischen Zeitbeobachter wurde, wenn man seinen Brief an Ernst Jünger von 1954 liest. Dieser hatte ihn nach dem Anlass der Schrift „Von Tag zu Tag" von 1946 gefragt, und Schneider antwortete ihm, dass er schon in Auschwitz zuweilen Mitarbeitern „im vertrauten Kreis" Tagebuchauszüge vorgelesen habe, wobei er „oft sehr andächtige Zuhörer fand". Dann führte er weiter aus:

> „Das Tagebuch hat ja – wem schreibe ich das! – in jenen Zeiten nicht nur für die Schreibenden die Bedeutung eines Gesprächspartners gehabt, sondern auch seine ganz besonders tröstliche und stärkende Rolle gespielt, wenn aus ihm vorgelesen wurde, und wir in unserem besonderen Auschwitzer Bereiche neigten, durch die Eigenart des Tagebuchs bedingt, mehr als sonst in Industriebetrieben üblich sein dürfte, zu Nachdenklichkeit, Zweifeln und Gewissenserforschung und dgl. und überraschten gelegentlich durch Handlungen, die dem, was man in jenen Jahren Nationalsozialismus, Geist der Zeit usw. nannte, allzu oft widersprachen."

Hier scheint er seine reflektierende und schriftlich fixierte Zeitbeobachtung begonnen zu haben, die er nach dem Zusammenbruch weiterführte. Man könnte vielleicht seine Tagebuchnotizen und den Austausch darüber im kleinen Kreis der IG-Kollegen als erste Flucht vor der Wirklichkeit von Auschwitz deuten, als bewusstes Festhalten seines Dissenses, als verborgene Distanzierung von seiner Arbeit in einem System, das ihm Kopfzerbrechen bereitete. Leider gibt es dafür keine genauen Belege, doch scheint die Vermutung naheliegend zu sein. Auch der Brief, den er zu Weihnachten 1944 an Georges Toupet schreibt, spricht dafür, der ja Eingang in die erste Publikation „Von Tag zu Tag" von 1946 findet.

In jedem Fall verstärkt sich nach 1945 die schon früh entwickelte Neigung zum Schreiben, ihn treibt ganz offensichtlich der Wunsch, öffentlich zu wirken, auch über sein engeres berufliches Feld hinaus. Neben seiner Tätigkeit als kommunaler Spitzenbeamter beginnt er folglich eine zweite „Laufbahn" als politisch-philosophischer Schriftsteller, dessen Gedanken um die Nation, die Gesellschaft, Masse und Elite und Europa kreisen. Die vorübergehende Übernahme des Verlags der „Goslarschen Zeitung" lässt ihn sogar zeitweise an die Herausgabe einer neuen politischen Zeitschrift denken. Diese Möglichkeit wird jedoch schon 1949 wieder verschlossen, seinen Drang zum Schreiben bremst das aber nicht.

In seiner Stadt gilt er wohl bald als „intellektueller Schöngeist", wie es ein späterer Goslarer Oberbürgermeister einmal formulierte.[1] Alle diese literarischen Versuche bleiben freilich auf einen sehr kleinen Adressatenkreis beschränkt, seine Bemühungen, renommierte Verlage für seine Texte zu finden, scheitern, er bleibt auf Privatdrucke, sorgfältig gebundene maschinenschriftliche Texte und später auf den Selbstverlag seiner Frau angewiesen.

Für Schneider wird die reflektierende Lektüre und ihre schriftliche Fixierung zu einer Art geistigem Überlebens- und Selbstvergewisserungsreflex aus seinem eigenen Lebensoptimismus heraus, wie er gleich in seinem ersten Text von 1946 an einen Freund schreibt:

> „Wäre ich Pessimist, würde mein Wille zu leben nicht so stark sein. Und ich habe sogar noch viel vor! Ich will *überleben*! In der Betätigung dieses Willens sehe ich eine der nützlichsten Beschäftigungen, denen man sich jetzt hingeben kann. Nur wer überlebt, wird noch einmal wirklich schaffen und gestalten können. Bis dahin: sich vorbereiten, sich ‚fit' machen, exerzieren wie ein tüchtiger Heerführer es auch tut. Insofern bin ich auch recht glücklich, daß ich trotz meiner vielen Arbeit – weil sie kein Kommiß, sondern Zivil ist – noch gelegentlich Zeit finde zur Selbstbesinnung. Diese hochwillkommenen, relativ seltenen Augenblicke gilt es zu nutzen. Verstehe darum auch, daß ich sie nicht verwende, um Dir Briefe zu schreiben. Ich halte dafür, daß es richtiger ist, solche ‚freien Stunden' zu füllen mit der Lektüre Schopenhauers, Spenglers oder mit der Niederschrift spärlicher, aber – mir hieb- und stichfest erscheinender – eigener Spekulationen."

Das erste Produkt seiner „eigenen Spekulationen" ist das schon erwähnte schmale Bändchen von 58 Seiten mit dem Titel „Von Tag zu Tag", das er unter seinem eigenen Namen veröffentlichte, obwohl er dafür gar nicht die damals erforderliche Druckgenehmigung besaß.[2] Die Entstehungsgeschichte dieser kleinen, wahrscheinlich auf eigene Kosten gedruckten Publikation, die in einer Auflage von vielleicht 500 oder sogar 1000 Exemplaren, den Buchhändlern – wie Schneider später schrieb – „aus den Händen gerissen" wurde, ist etwas Besonderes, denn sie erfolgte quasi „illegal" und blieb den Engländern solange verborgen, bis alle Exemplare verteilt waren. Erst dann überreichte Schneider das „corpus delicti" stolz dem englischen Kommandanten, ohne damit jedoch eine Bestrafung zu provozieren.[3] Der Text sei auch maschinenschriftlich noch weiter vervielfältigt worden, und ein „Schlaufuchs" in der amerikanischen Zone habe den Text einfach nachgedruckt und neue Texte hinzugefügt.

Schon in dieser ersten Publikation deutet sich das Format an, das seine weiteren Texte prägen sollte: Es sind Sammlungen von Aphorismen, meist gewonnen aus der

---

[1] Oberbürgermeister Jürgen Paul in: GZ vom 11.9.1999.
[2] Goslar o. J. (vermutlich 1946), Nordhauser Druckerei Hans Toegel (Privatbesitz im Nachlass, sonst nicht nachweisbar).
[3] Brief Schneiders an Jünger vom 10.12.1954. Dieser Text von 1946 ist eine der ganz wenigen Publikationen Schneiders, bei denen Jünger den genaueren Anlass der Schrift wissen wollte.

Beobachtung der Zeitereignisse und der Lektüre ihm wichtig erscheinender Bücher. Diese erste Veröffentlichung scheint unmittelbar auf die Ereignisse des Jahres 1945 zu reagieren. Ein erster Teil bezieht sich auf das letzte Halbjahr vor dem Waffenstillstand, in der Sprache angelehnt an die Klagen deutscher Dichter unter dem Eindruck der Verwüstungen des Dreißigjährigen Krieges. Es folgen „Marmorklippenfrüchte" in Anlehnung an Ernst Jünger, der damit zum ersten Mal als Orientierungsfigur aufscheint, und ein Feldpostbrief an seinen (nicht genannten) Freund G., vermutlich Grünlich. Eingefügt ist auch der Brief an seinen Freund Georges Toupet zu Weihnachten 1944, als dieser – wie schon erwähnt – das Fest bei ihm zu Hause in der Nähe von Auschwitz verbrachte. Es folgt dann ein auf Juni 1945 datierter Schlussteil „Nach der Besetzung", der allerdings keine historischen Bezüge aufweist, sondern eher als pessimistische Sicht auf die deutsche Zukunft gesehen werden muss. Darin unterscheidet sich Schneider nicht von den vielen pessimistischen Zukunftsprognosen, die damals von deutschen Intellektuellen, gerade auch von renommierten Historikern, formuliert wurden.[4]

Die nächste Publikation erschien ebenfalls 1946 unter dem Pseudonym Georges Jacques Déplaisant mit dem Titel „Kleine Fibel".[5] Wie der Titel „Fibel" verrät, verfolgte Schneider damit „lehrhafte Ziele", indem er zuweilen ganz kurze Zweizeiler mit längeren Ausführungen (insgesamt 98 einzelne Texte) mischte, die man als Hinweise auf sein intensives Nachdenken über die Geschichte Deutschlands, Europas und der Welt verstehen kann.

Wann Schneider nach 1945 wieder mit dem Schreiben eines Tagebuchs begonnen hat, ist nicht genau zu ermitteln. Der erste erhaltene Band stammt jedenfalls erst aus den Jahren 1947 und 1948, die Aufenthalte am Militärgericht in Nürnberg anlässlich des IG-Farben-Prozess bilden einen verständlichen Anlass dafür. Umso mehr bedauert man, dass für die Zeit in Auschwitz und des Marschs von Auschwitz nach Sachsen keinerlei Aufzeichnungen erhalten geblieben sind, obwohl es sie – wie wir für die Zeit in Auschwitz gesehen haben – gegeben haben muss. Unvollständige Tagebuchbände sind wieder für die Jahre 1956/57, 1966 und 1967 erhalten. Seine ersten Bemühungen, ein Manuskript zum Druck zu bringen, lassen sich für 1952 nachweisen, als er über die Vermittlung des Münsteraner Publizistikprofessors Walter Hagemann und des Dozenten Wilmont Haacke mit einem Text an den Rowohlt-Verlag herantritt, der den Titel trägt „Trauma und Krisis. Tagebuch eines Leidenden". Die Reaktion des Verlags aber kam prompt, der Lektor, in diesem Fall der Schriftsteller Wolfgang Weyrauch, lehnte den Text für eine Veröffentlichung rundherum ab:

> „Wir haben uns hier sehr eingehend mit dem Text beschäftigt. Leider können wir uns mit der Arbeit nicht befreunden. Die geistige Auseinandersetzung, die darin enthalten ist, ist uns nicht klar genug entwickelt. Zum anderen haftet der Arbeit allzu sehr die politische Herkunft des Ver-

---

4 Vgl. Winfried Schulze, Deutsche Geschichtswissenschaft nach 1945, München 1989, S. 46 ff.
5 o. O. o. J., ohne Verlags- oder Druckerangabe.

fassers an. Wir können auch das Manuskript keinesfalls woandershin empfehlen und lassen es gleichzeitig an Sie zurücksenden."[6]

„Trauma und Krisis. Tagebuch eines Leidenden" ist ein fast 200 Seiten langer Text, der dem Leser auch nach über 70 Jahren noch große Schwierigkeiten bereitet. Es ist ein fiktiver Text, auch wenn einzelne Eintragungen mit einem Datum versehen sind. Er erweckt freilich immer wieder den Eindruck, als suche der Verfasser seine realen Erlebnisse zu verarbeiten, so dass der Leser versucht ist, ihn als nachträglichen Kommentar zu seiner Situation 1947/48 zu deuten. Wenn dort vom Internationalen Militärgerichtshof die Rede ist, wenn reale Personen wie etwa der österreichische Politiker Eduard Baar von Baarenfels, den Schneider als Kollegen in Auschwitz kennengelernt, und mit dem er zwischen 1949 und 1960 auch Briefkontakt hatte, als Gesprächspartner im Grand Hotel in Nürnberg auftauchen, wenn ein Anwalt und ein amerikanischer Richter, wenn Anklagevertreter erwähnt werden, dann klingt das wie eine Reportage aus Nürnberg, aber es bleibt doch ein fiktiver Text. Dieser ist zudem keineswegs frei von Wertungen. Und es waren diese Wertungen, die den Lektor Wolfgang Weyrauch, der als Schriftsteller für den radikalen Neubeginn der Literatur nach 1945 eintrat, offensichtlich gestört hatten. Denn Schneider ließ an seiner fundamentalen Kritik am Verfahren des Gerichtshofs in Nürnberg keinen Zweifel aufkommen. Vieles erinnert bei ihm an die überwiegend kritische Wahrnehmung des IG-Farben-Prozesses in der deutschen Öffentlichkeit und an die obsessiven Bemühungen der Industrievertreter, die in Nürnberg verurteilten Kollegen möglichst schnell wieder frei zu bekommen.

Auf der anderen Seite ist es der Text eines Mannes, der an sich entdeckt, dass „ich viel mehr über mich und das für mich Vergangene nachdenke". „Meine Fehler beginnen mir interessant und lehrreich zu werden." Und er schließt den Abschnitt mit der bitteren Analyse seines eigenen „Unglücks":

> „Die Schmerzen wiederum, welche mir die letzten Jahre gebracht haben, sind von der Art, daß jedes Wort darüber erste Ursache des eigenen irreparabel scheinenden Unglücks und neuen Leides des Erzählers sein würde."[7]

Das ist ein Schlüsselsatz für den Mann, der über mehr als drei Jahre in der unmittelbaren Nachbarschaft eines Vernichtungslagers gelebt hatte, es aber nicht schafft, direkt darüber zu sprechen. Er wird nicht deutlicher hier, niemals fällt ein Wort, das den Kern seines „Leidens" benennen würde, aber es ist das „Tagebuch eines Leidenden". Gleichwohl muss die Frage gestellt werden, ob er sich hier nicht selbst bemitleidet oder gar versucht, sich selbst zum Opfer zumachen. Auf der anderen Seite ist sein „Leiden" eine direkte Konsequenz seiner fortwährenden Verdrängung der Auschwitzerfahrungen, die sein weiteres Leben bestimmen werden.

---

6 Der Brief Wolfgang Weyrauchs vom 1.12.1952 im Ms. des Buchs im NL Schneider.
7 Trauma und Krisis, S. 6 f.

Aber Nürnberg ist nur ein Ort des Dramas, es folgen in der Abhandlung analytische Teile zu allgemeinen Fragen der Zeit, zu Führertum und Masse, zur wahren Demokratie und zu vielen Detailfragen des politischen und gesellschaftlichen Lebens, ohne dass ein klares Konzept erkennbar wäre. Dazu kommt, dass der Text insgesamt wieder in der Form einer – zuweilen allerdings längeren – Aphorismensammlung angelegt ist, manchmal nur aus zwei bis vier Zeilen bestehend. Man glaubt, in eine ungeordnete Sammlung von Lesefrüchten geraten zu sein, denen eine durchgehende Ordnung fehlt. Es verstärkt noch den Eindruck des Unsystematischen, wenn das Manuskript mit einem längeren französischen Text zu den „Chef"-Qualitäten endet, der offensichtlich – wieder unter dem Pseudonym Georges Jacques Déplaisant geschrieben – auf die Erfahrungen in der Führung der Chantiers in den deutschen Lagern während des Krieges zurückgreift. Die eindeutigen Bezüge darauf und auf die französische Nation lassen eigentlich nur eine Verfasserschaft seines Freundes Georges Toupet in Frage kommen. Es entsteht hier ein literarisches Verwirrspiel, das durch den ständigen Wechsel von realer Autorschaft, Anonymus und der Anmutung eines ganz anderen Verfassers den Text verkompliziert.

Doch auch diese frühe Abhandlung war nur eine Vorarbeit zu seiner späteren Publikation der „Traumatinischen Reise. Dokumentation einer Lage", einem Text, den man auf den ersten Blick den – wenn auch verschlüsselten – Versuch einer Autobiografie nennen könnte. Jünger gegenüber kündigt er ihn am 9. März 1959 als „einen ganz anderen reichlich philosophischen Text" an.[8] Wohl ahnend, dass er nach den bisherigen Erfahrungen für diese Art von Texten keinen Verlag finden würde, publizierte er den Band im Selbstverlag, dem formell von seiner Frau zu diesem Zweck gegründeten Barbara Schneider-Verlag in Goslar, in dem das Buch 1960 erschien.

Es sollte deutlich geworden sein, dass Schneider sich nach 1945 neben seiner Tätigkeit als Verwaltungsjurist ein ganz neues Tätigkeitsfeld eröffnete, das ihn offensichtlich mehr befriedigte als seine berufliche Tätigkeit, die bald zur – zuweilen lästigen – Routine geworden war. Man kann darin aber auch eine neue Form der Auseinandersetzung mit den von ihm durchlebten kritischen Stationen seines Lebens sehen, die er jetzt zu verarbeiten und einzuordnen suchte. Der von depressiven Phasen nicht freie Mann suchte nach Möglichkeiten, mit den krisenhaften Erfahrungen seines Lebens zurecht zu kommen. Er fand jedoch nicht den Mut, die Erfahrung von Auschwitz direkt anzusprechen und sich mit seinen Handlungsoptionen an diesem Ort des Schreckens auseinanderzusetzen. Man könnte seine literarischen Versuche auch als Flucht in eine höhere Gedankenwelt bezeichnen, zu der er ohnehin neigte. Auch wenn man den schon zitierten Brief an seinen Freund Toupet vom Januar 1948 genauer analysiert, tritt immer wieder seine Neigung hervor, von den konkreten Zusammenhängen und Erfahrungen abzuheben und sie philosophisch zu überhöhen. An zwei Stellen bemerkt er es selber und holt sich dann – sich entschuldigend – selbst in die Realität des beginnenden Jahres 1948 zurück.

---

8 Der Brief im DLA Marbach, Nachlass Ernst Jünger.

Zieht man die Summe seiner kleinen Publikationen bis in die frühen 1950er Jahre, so überrascht ein bemerkenswertes Maß an Mitteilungsbedürfnis, das im Vergleich mit seiner relativen Zurückhaltung vor 1945 erstaunen muss. Wo liegen die Anstöße für diese Art von politisch-philosophischen Ideensammlungen? Prüft man die Texte genauer auf ihre literarischen Verweise und Namensnennungen hin, dann fällt auf, dass Schneider ein umfangreicher Kanon deutscher und europäischer Literatur zu Gebote steht. Die gewiss nicht vollständige Liste reicht von Heinrich und Thomas Mann über Siegfried Kracauer, Karl Marx, Jacob Burckhardt, José Ortega y Gasset, George Bernard Shaw, Arthur Schopenhauer, Gustave Le Bon, Léon Bloy, Friedrich Nietzsche, Robert Musil, Frank Thiess und Otto Flake bis zu Prinz Max von Baden oder dem Göttinger Philosophen Eduard Baumgarten.

Dagegen zeigt sein Bekanntenkreis in und um Goslar, dass er vor allen Dingen Kontakte zu Literaten aus dem national-konservativen Lager suchte, wie etwa dem ehemals jungkonservativen Schriftsteller Hans Schwarz aus Schöppenstedt, der 1949 die Idee für den späteren Friedenspreis des deutschen Buchhandels entwickelte, dem ehemaligen Jünger-Vertrauten Armin Mohler, den Generälen Hans Speidel und Johann Adolf von Kielmannsegg, dem Diplomaten Hanns-Erich Haack oder dem Juristen und Bibliothekar Hans Peter Des Coudres, einem überzeugten Nationalsozialisten, der sich im „Dritten Reich" intensiv um die „Reinheit des deutschen Schrifttums" gekümmert hatte, noch 1944 zum SS-Sturmbannführer befördert worden war und seit 1952 als Leiter der Bibliothek des Max-Planck-Instituts für ausländisches und internationales Privatrecht im Abseits arbeitete.[9] Später sollte er der Bibliograf Ernst Jüngers werden. Mit dem französischen Soziologen und Politologen Julien Freund, einem ehemaligen Sozialisten und Résistance-Mitglied, der später zum Vordenker der Nouvelle Droite werden sollte, diskutierte er stundenlang bei einem Treffen in Straßburg.[10]

In diesem Kreis von Freunden und Briefpartnern findet sich trotz seiner Mitgliedschaft in der SPD kein einziger liberaler oder gar „linker" Autor, kein führender SPD-Politiker aus Niedersachsen, obwohl Alfred Kubel SPD-Landtagsabgeordneter für Goslar war, kein Adolf Grimme, kein Eugen Kogon, kein Walter Dirks, um nur einige wenige Beispiele zu nennen. Die einzige Ausnahme bildet offensichtlich der wesentlich ältere NS-kritische Schweizer Jurist und Journalist Ernst Schürch, mit dem er in engem Austausch stand. Es gab auch keine Kontakte zu Zeithistorikern, die ja vor allem seit dem Frankfurter Wollheim-Prozess von 1953,[11] dem Ulmer Einsatzgruppenprozess von 1958 und dem Frankfurter Auschwitz-Prozess von 1963–65 durch ihre Gutachten in den Mittelpunkt des öffentlichen Interesses rückten. Allein der Göttinger Mediävist Hermann Heimpel wird zu einem Vortrag nach Goslar eingeladen und erhält den Kul-

---

9 Vgl. dazu die Materialsammlung unter https://homepages.uni-tuebingen.de//gerd.simon/ChrCoudres.pdf (15.4.2023).
10 So ein undatierter Tagebucheintrag vom Oktober 1966.
11 Über den Wollheim-Prozess hatte die GZ ausführlich mit einer Tendenz zugunsten der IG Farben berichtet (Schyga, Goslar, S. 366).

turpreis der Stadt. Im Januar 1962 verspricht Schneider stattdessen Ernst Jünger, den Kontakt zu Ernst von Salomon, Hans Schwarz und Hans Peter Des Coudres wieder zu fördern und zu pflegen. Es ist auffällig, dass Schneider weder auf den Wollheim- noch auf den Auschwitz-Prozess reagierte, die die deutsche Öffentlichkeit aufrüttelten und ihn auch persönlich betrafen.

Besonders zu erwähnen ist in diesem Zusammenhang wiederum der Schriftsteller Ernst Jünger, der wohl als wichtigstes Vorbild und hochgeschätzter Briefpartner für Schneider in den 1950er und 1960er Jahren zu sehen ist, nachdem er ihn schon früher literarisch wahrgenommen hatte. Der erste direkte Kontakt zwischen beiden Männern lässt sich auf der Grundlage des Briefwechsels im Nachlass Ernst Jüngers ziemlich genau ermitteln. Am 29. Oktober 1954 bittet Schneider Jünger um einen Termin, um mit ihm eine brieflich noch nicht zu behandelnde „außerordentlich bedeutungsvolle Angelegenheit" zu besprechen.[12] Hinter dieser verschwörerischen Andeutung verbarg sich die Absicht Schneiders, Jünger den neu geschaffenen Goslarer Kulturpreis zukommen zu lassen, und dazu brauchte er dessen vorherige Zustimmung. Jünger war gerne bereit dazu, und bald danach reiste das Ehepaar Schneider nach Wilflingen, wo Jünger seit 1951 wohnte. Man verstand sich offenbar mit dem Schriftsteller und seiner Frau so gut, dass in den folgenden Briefen neben der Preisfrage auch schon über private Vorlieben beim Wein gesprochen wurde.

Dem nächsten Brief legte Schneider auch ein Exemplar seiner kleinen Schrift „Von Tag zu Tag" von 1946 bei und erläuterte dann auf Nachfrage auch die Entstehungsgeschichte des Traktats.[13] In diesem Brief von 1954 wird übrigens das einzige Mal während ihres gesamten Briefwechsels der Ort „Auschwitz" erwähnt. Bald schickt er ihm eine Rede, die er vor dem 33. Deutschen Archivtag in Goslar gehalten hatte, um ihn über die „geistigen und seelischen Nöte eines leitenden Kommunalbeamten" zu informieren.[14] Einer der Teilnehmer notierte in seinen Erinnerungen zu der Rede nur, dass der Oberstadtdirektor die notwendige Objektivität in der Arbeit der Archivare betont habe, „die nicht durch irgendeine Staatsräson behindert werden dürfe", eine Bemerkung, die sicher in Richtung DDR zielte.[15]

So ergab sich ein vor allem seit der Mitte der 1950er Jahre intensiver Briefwechsel, in den zuweilen auch die Ehefrauen Jüngers (Gretha und nach ihrem Tod seit 1962 Lieselotte) eingebunden wurden, wenn der „Gebieter" aushäusig war. Es entwickelte sich eine veritable Freundschaft, durchaus ungewöhnlich für den zuweilen menschenscheuen Käfersammler Jünger. Bald trafen in Goslar die mit kleinen getrockneten Blüten verzierten Briefe des „Meisters" ein und wurden gebührend bewundert. Schneider

---

[12] Alle hier zitierten Briefe im DLA Marbach, Nachlass Ernst Jünger.
[13] Brief an Ernst Jünger vom 30.111954, ebenda.
[14] Der Vortrag ist leider im Tagungsband 49 (1954) der Archivalischen Zeitschrift nicht dokumentiert worden.
[15] Das Zitat findet sich bei Michael Gockel, Rudolf Lehmann, ein bürgerlicher Historiker und Archivar am Rande der DDR. Tagebücher 1945–1964, Berlin 2018, S. 234.

revanchierte sich mit kleinen Aufmerksamkeiten und Hinweisen auf neue Literatur, in der Jünger zitiert wurde oder die ihn interessieren könnte, so etwa auf Hannah Arendts „Elemente und Ursprünge totalitärer Herrschaft" im Jahre 1956.

Schneider bildete auch bald den Mittelpunkt des schon erwähnten kleinen privaten Kreises von Jünger-Freunden in Goslar, dessen Mitglieder sich zuweilen auch zusammentaten, um Jünger in Wilflingen zu besuchen. Der 29. März (Jüngers Geburtstag) wurde zu einem Pflichttermin für den Goslarer Freundeskreis, man entschuldigte sich, wenn die Reise nicht stattfinden konnte. Bei Jüngers Besuchen in Goslar wetteiferte man darum, ihn angemessen zu beherbergen und zu bewirten, das kalte Morgenbad musste auch in Goslar möglich sein. Zu bedenken ist dabei, dass Jünger zwischen 1933 und 1935 auf der Suche nach räumlicher Distanz zu Berlin und zum Nationalsozialismus Goslar zum Wohnort gewählt hatte, wo er vor allem mit seinem alten Regimentskameraden Hermann Pfaffendorf und dem Sammler und Privatgelehrten Fritz Lindemann, dem „Seelenfreund" Gretha Jüngers, engeren Kontakt pflegte.[16] Auffällig ist in jedem Fall, dass in allen Publikationen Schneiders seit 1946 Hinweise auf Jünger zu finden sind, in einem Text von 1946 spricht ein Kapitel wie erwähnt von „Marmorklippenfrüchten", natürlich eine Anspielung auf Jüngers Roman „Auf den Marmorklippen" von 1939, der ihn beeindruckt zu haben scheint.

Abb. 12: Ernst Jünger um 1957

---

16 Zur Biografie Jüngers verweise ich nur auf die umfassende Arbeit von Helmut Kiesel, Ernst Jünger. Die Biographie, Berlin 2007.

Offensichtlich hatte sich zwischen Jünger und Schneider eine so enge Beziehung entwickelt, dass Jünger mit seiner Frau den Oberstadtdirektor und dessen Familie und Freunde auch mehrfach am Harz besuchte.[17] Im Spätsommer 1967 war Jünger zum letzten Mal mit seiner Frau Lieselotte zu Besuch in Goslar. Schneider findet den Besucher „in erfreulicher Verfassung, jung" und „fast übermütig". Er beschreibt die Stimmung des Besuchs sehr genau, geht vor allem auf die Jünger oft vorgeworfene Kühle, ja Kälte den Menschen gegenüber ein: „Das war weder ein kalter noch ein einsamer Mann. Gott erhalte ihn uns." Schneider beschreibt ein offensichtlich befriedigendes herzliches Zusammensein: „Alles war gut", schreibt er, „Verständnis, Harmonie". Kein Wunder, dass die beiden Freunde weitere Pläne schmiedeten: Man sprach über einen erneuten Besuch in Wilflingen Anfang Oktober und gemeinsame Reisen zu den französischen Freunden nach Arcachon und zum Castel del Monte in Süditalien. „Ein gutes, harmonisches, frohes Zusammensein von halb eins bis halb vier" auf der sonnigen Terrasse, resümierte der Oberstadtdirektor zufrieden.[18]

Er glaubte, den Freund auch gegen publizistische Angriffe verteidigen zu müssen, als etwa Armin Mohler, der ehemalige Sekretär Jüngers, diesen 1962 angriff und ihm in der „Welt" vorwarf, „sein Kapital zu verschleudern", indem er „kleine Literaturpreise" annehme. Schneider protestierte heftig, schon um den Ruf seines Goslarer Kulturpreises zu wahren, lud aber Mohler zu einem Gespräch ein, um mit ihm über Jünger zu sprechen. Jünger lehnte einen solchen Kontakt strikt ab, er wollte nicht einmal mehr den Namen des Mannes hören, der „bei ihm am Tisch" gesessen habe, jetzt aber zur persona non gratissima geworden war.[19]

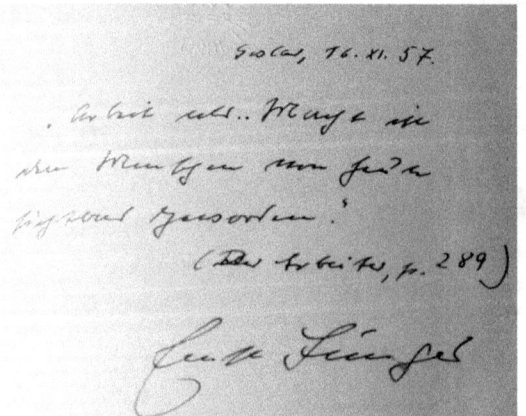

Abb. 13: Widmung Ernst Jüngers in Schneiders Typoscript zu „Jünger. Der Arbeiter" (1957)

---

17 So die Erinnerung beider Töchter Schneiders, die durch den Briefwechsel belegt wird.
18 NL Schneider, Tagebuch 1967, Besuch am 29.8.1967.
19 Vgl. dazu Daniel Morat, Von der Tat zur Gelassenheit. Konservatives Denken bei Martin Heidegger, Ernst Jünger und Friedrich Georg Jünger, 1920 – 1960, Göttingen 2007, S. 434 f.

Nicht nur der Briefwechsel war intensiv, auch das Tagebuch 1956/57 ist voller Einträge über Jünger. Egal, ob es sich um das Gespräch über Jünger mit zwei Theologen am Rande eines Empfangs im Rathaus, das Eintreffen zweier Briefe von ihm oder um das Aufhängen eines gerahmten Fotos von Jünger im Arbeitszimmer handelt, das er ihm geschenkt hatte, Jünger ist immer präsent. Das war auch die passende Vorbereitung für den Besuch des Ehepaars Jünger am 4. Oktober 1956, da am folgenden Tag die Verleihung des Kulturpreises der Stadt Goslar in der Kaiserpfalz anstand. Dazu hatte er Theodor Litt als Festredner eingeladen, nachdem Theodor Heuss abgesagt hatte. Kurz nach Weihnachten erhält er von Jünger „mit guten Worten" einen Vorabdruck der „Serpentara", drei Monate später eine Zeichnung. Da war es fast schon selbstverständlich, dass er Jünger am 28./29. März 1956 zusammen mit seinem Goslarer Freund Walter Hörstel, der Jünger schon länger kannte, zu dessen 68. Geburtstag in Wilflingen persönlich besuchte. Bei dieser Gelegenheit traf er auch den mit Jünger seit dessen Pariser Zeiten im Zweiten Weltkrieg gut bekannten General Hans Speidel, der Jünger und ihn zum Besuch des NATO-Hauptquartiers in Fontainebleau einlud.[20] Schneider bot sich sogar an, bei dieser Reise nach Paris den Chauffeur zu spielen und dabei auch den Freiburger Philosophen Martin Heidegger mitzunehmen, der an dieser Reise zunächst Interesse gezeigt hatte, dann aber darauf verzichtete. Man erkennt hier bei Schneider Züge eines in seinem Ausmaß zuweilen schwer nachvollziehbaren adorantischen Verhaltens, das kaum zu dem intellektuell durchaus selbstbewussten Oberstadtdirektor passt.

In der intellektuellen Auseinandersetzung mit Jünger kann man durchaus einen zuweilen eigenständigen Denker beobachten, etwa in seinen Randnotizen zu Jüngers „Der Arbeiter" von 1932. Dieses Buch nahm er sich während seines Sardinien-Urlaubs 1956 vor und kommentierte Jüngers Text zeilenweise mit seinen eigenen Überlegungen dazu, zuweilen mit Bemerkungen wie „glänzend" oder „recte", aber auch mit „problematisch". Dann stellt er „endlich einmal etwas zu Korrigierendes" fest, stellt dem Autor mehrfach „Fragen", sagt „Obacht, Autor", sieht „Korrektur- oder Ergänzungsbedürftiges", bezeichnet einzelne Passagen als „periculose", „warnt" vor einer Seite und hält dem Verfasser auch ein mutiges „Hoppla" entgegen oder konstatiert sogar „einige wenige Stellen sind Irrtümer".[21]

Bei dem eben erwähnten Geburtstagsbesuch in Wilflingen ergab sich auch ein Gespräch mit dem Jünger-Verleger Ernst Klett, der sich an einem Text Schneiders über

---

20 Zu den freundschaftlichen Beziehungen zwischen Jünger und Speidel vgl. Dieter Krüger, Hans Speidel und Ernst Jünger. Freundschaft und Geschichtspolitik im Zeichen der Weltkriege, Paderborn 2016.
21 Diese Bemerkungen beziehen sich alle auf Schneiders Text „Jünger. Der Arbeiter", von 1957. Der gebundene maschinenschriftliche Text umfasst 257 nicht immer ganz beschriebene Seiten und enthält auf dem Vorsatz ein Foto Jüngers und eine auf „Goslar, 16. XI. 57" datierte Widmung, die aus einem Zitat aus dem Buch besteht (S. 289).

den „Arbeiter" interessiert zeigte.²² Der für Schneiders Nähe zu Jünger typische Tagebucheintrag lautet:

> „In Wilflingen längere Gespräche mit Verleger Klett (Stuttgart), der meine Arbeiternoten nun doch haben will, nachdem er mir versprochen hat, daß er meinen Text in keines anderen Hand gelangen lassen werde. Klett war sehr interessiert, von mir über den Arbeiter zu hören Er meinte, daß Jünger noch einmal das Wagnis eingehen müsse, sich zu bekennen. Tage- und Sanduhrbücher seien auf die Dauer keine Probleme für einen Mann wie Jünger, das seien nur Quisquilien. Ganz Ähnliches sagte auch Friedrich Georg J(ünger), dessen Faulheit von Klett lächelnd kritisiert wurde. Gute Gespräche zwischen F. G. J. und mir, u. a. auch über die Aufgabe F. G.s als Poeten. ‚Wir erwarten Verse von Ihnen!' Auch Speidel stimmte ein in Bezug auf Ernst J(ünger) und sein Schaffen – am nächsten Morgen beim gemeinsamen Kaffeetrinken in der ‚Brücke' zu Riedlingen: Jünger müsse seinen Arbeiter noch einmal anpacken."²³

Zum 75. Geburtstag überraschte Schneider sein Idol mit einem mit gedruckter Widmung versehenen Text unter dem Titel „Behauptungen über das große Ganze", der an einigen Stellen an Jüngers „An der Zeitmauer" anknüpfte, aber – wie immer bei Schneider – aphoristisch sammelnd, außerordentlich weitschweifig und unsystematisch angelegt war, eine klare gedankliche Linie ist nicht zu erkennen.²⁴

Worin lag die besondere Anziehungskraft, die Jünger auf den Oberstadtdirektor aus Goslar ausübte? Sieht man einmal von dem konkreten Anlass der Kulturpreisverleihung zum höheren Ruhme Goslars und auch seines Oberstadtdirektors ab, war es zunächst sicher der ästhetische und formale Reiz der klassischen Sprache Jüngers und seiner verbalen Radikalität, die ihn wie viele andere Zeitgenossen anzog. Daneben spielte seine Neigung zur Distanziertheit eine wichtige Rolle. Schneider fühlte sich angesprochen durch die elitäre Anmutung Jüngers, den „Elitismus der ‚Wenigen'", wie es Daniel Morat formuliert hat.²⁵ Dabei konnte er an eigene frühe Überlegungen aus den Jahren 1945/46 anknüpfen, als er im Austausch mit Toupet und seinem Freund G. selbst eine aktivistisch-elitäre Position weiter festigte, in der er sich und die Freunde als Vertreter der „Wenigen" identifizierte.²⁶ Das Suchen nach Seinesgleichen, die Distanz zur Masse und die Warnung vor der Vermassung, beider Selbstwahrnehmung als Unangepasste und Fremde im eigenen Land, all dies lenkte seinen bewundernden Blick auf den in jeder Hinsicht ungewöhnlichen Pour-le-mérite-Träger, Entomologen und Schriftsteller, der in der Abgeschiedenheit Oberschwabens lebend mit ihm die Liebe

---

22 Dabei kann es sich nur um den eben erwähnten Text handeln, eine praktisch Zeile für Zeile vorgehende Glossierung, die man kaum als eigenständiges Buchmanuskript bezeichnen kann.
23 Tagebucheintrag vom 29.3.1957, in: NL Schneider. Das hier angesprochene Manuskript Schneiders über den „Arbeiter" hat sich im Nachlass erhalten.
24 Hier nutzte er wieder das altbewährte Pseudonym Georges Jacques Déplaisant (Goslar 1965, 51 S.) Jünger reagierte ohne jeden Kommentar nur mit seiner aktuellen Veröffentlichung, dem Privatdruck „In Totenhäusern" (Stuttgart 1965).
25 Morat, Von der Tat zur Gelassenheit, S. 479.
26 Schneider, Von Tag zu Tag, S. 34.

zur französischen Kultur und zu mediterranen Landschaften teilte. Letzteres war für beide ein gewichtiges Argument.

Zu bedenken ist auch, dass sich gewisse Parallelen in den Lebenserfahrungen beider Männer feststellen lassen: Beide hatten – wenn auch in ganz unterschiedlichen Rollen – die Grausamkeiten der „Schinderhütten" des „Dritten Reiches" erleben müssen und sahen sich nach dem Krieg gezwungen, über ihre Haltung dazu Rechenschaft abzulegen. Jünger musste sich nach 1945 der Kritik stellen, nur in elitärer Distanz über die deutschen Grausamkeiten im Osten berichtet zu haben, Schneider lebte mit dem Vorwurf, in Auschwitz gewesen zu sein und sich nicht hinreichend erklärt zu haben. Hinzu kommt, dass beide dem Nationalsozialismus keinen aktiven Widerstand entgegengesetzt hatten, ihre Distanz blieb im Stillen. Daraus entstand eine persönliche Beziehung, die – weitgehend unausgesprochen, aber spürbar – eine dauerhafte Bindung erzeugte, noch verstärkt durch beider hoch entwickeltes Bewusstsein des Besonderen, des Elitären. Zudem gerierten sich beide als Gegner des untergehenden liberalen Bürgertums, ohne aber dessen Lebensstil und soziale Werte aufzugeben.

Schneider kultivierte zuweilen sein Anderssein, aus dem er nicht herauskönne, wie er sagte, auch wenn ihn sein täglicher Beruf ständig zu Kompromissen und Anpassungen an sein Umfeld zwang, und er wiederholt von der Arbeitsfron sprach, die auf ihm laste. Er balancierte das mit dem Gefühl des Besonderen aus, das er in seiner Liebe zur Literatur, seinem Umgang mit (für ihn) bedeutenden Menschen, ja vielleicht auch seiner schwierigen Vergangenheit fand. Seine fatale Rolle in Auschwitz und seine Freundschaft mit den Franzosen hatte ihn wie sein Vorbild Jünger auf eine ihm historisch bedeutsam dünkende Ebene gehoben. Dieser Selbstüberschätzung wollte er gerecht werden. Da passte es natürlich sehr gut in dieses Selbstbild, wenn sich Ernst Klett, der Verleger seines Vorbilds Jünger, auch für seine Arbeiten interessierte, dem er sie aber nur mit dem Versprechen überlassen wollte, niemand anderen den Text lesen zu lassen.

Schon 1947, während seines Aufenthalts beim Prozess in Nürnberg hatte er seinem Tagebuch den Satz anvertraut:

> „Auf dem Heimweg vom Theater mußte ich darüber nachdenken, daß meine Umwelt mich beständig herausfordert und zu zwingen versucht, zu sein und zu handeln, wie ich nicht bin, und vorzutäuschen, daß ich so sei wie die mich Umgebenden. Man braucht in dieser Welt bereits einen Kraftaufwand so zu sein, so zu leben, so zu handeln, wie es unserem Wesen entspricht. Von gut oder böse ist dabei noch nicht einmal die Rede gewesen. Nur nicht anders sein als die Anderen. Anders sein verlangt einen Überschuß an Kraft."[27]

Dieses Gefühl des „Andersseins" verstärkte sich eher noch gegen Ende seines Lebens, wenn er im Oktober 1966 in sein Tagebuch schrieb:

---

27 NL Schneider, Tagebuch 1947, Eintrag vom 28.9.1947.

„Das Volk der Bundesrepublikaner ist ‚meines' – und auch wieder nicht. Ich bin nicht so wie die Menschen dieses Landes, ich kann nicht so sein. Ich bin mir meines Andersseins immer wieder sehr deutlich und mich beunruhigend bewußt. Ich weiß mit großer Sicherheit, daß ich nicht so sein kann, und ich bin fest überzeugt, daß ich um meines Seelenheiles willen mir mein Anderssein erhalten muß. Wenn ich mich anpassen würde, wäre ich verloren."[28]

Hier verband sich die bei ihm in Parallelität zu Jünger immer wieder erkennbare elitäre Attitüde mit seiner Distanz zum politisch-kulturellen Mainstream der Bonner Republik. Das ist bemerkenswert für einen Mann, der neben seinem kommunalen Wahlamt in Goslar und dem Aufsichtsratsvorsitz der Stadtsparkasse in gut einem Dutzend weiterer kommunaler Spitzenverbände tätig war, der den Bundespräsidenten Theodor Heuss zum Besuch in Goslar einlud und kaum eine Möglichkeit zur öffentlichen Präsenz und Wirksamkeit ausließ. 1953 ließ er sich sogar einmal in einem blumengeschmückten Hubschrauber auf den eben fertiggestellten Neubau des Karstadt-Hauses einfliegen.[29] Zugleich aber bedrückte ihn der nicht erfüllte Wunsch nach schriftstellerischer Anerkennung. So sah er sich selbst in einer „Form der Emigration", die ihn offensichtlich belastete, ihn aber auch seiner Besonderheit versicherte.[30] Er litt an seinem Anderssein und genoss es zugleich.

Wenn man fragt, wie Schneider nach 1945 auf die unmittelbare deutsche Vergangenheit zurückblickte, ist man auf verstreute Informationen angewiesen. Es gibt keinen zusammenfassenden Text, keine umfassende Analyse, eigentlich erstaunlich für einen Mann, der selbst an verantwortlicher Stelle und in Distanz zum Nationalsozialismus die NS-Zeit erlebt hatte und sich nach dem Zusammenbruch vor Entnazifizierungsbehörden und Strafgerichten verantworten musste, sich gejagt fühlte. Das alles hätte für einen schreibfreudigen Mann wie Schneider genug Anlass geboten, sein Bild dieser Zeit und seine Rolle darin einmal schriftlich zu reflektieren.

Doch es gibt diesen Text nicht, es gibt einzelne Beobachtungen: So begrüßte er in Goslar als Vertreter der Stadt heimkehrende Auschwitzhäftlinge, und er hielt im September 1948 eine öffentliche Rede zum Gedenken an die Opfer des Nationalsozialismus, in der er dafür plädierte, „nach unserem elenden Zusammenbruch von 1945 entschlossen und tatkräftig auf das Menschheitsziel der Ordnung in Freiheit zuzuschreiten". Er sprach abstrakt von der Last der Schuld:

„Von hier aus gesehen türmt sich für uns Überlebende, unter dem moralischen, nicht so sehr dem juristischen Aspekt betrachtet, Schuld auf Schuld, Gewissenslast auf Gewissenslast, Leid auf Leid – eine Last, die wir alle mit uns schleppen, ohne wiedergutmachen zu können, was an menschlichem Leid geschehen und Millionen Einzelner zugefügt wurde."[31]

---

28 Tagebuch 1866, undatiert.
29 Vgl. dazu das Bild in der GZ vom 11.9.1999.
30 NL Schneider, Tagebuch (Oktober) 1966. Auch hier ist die Parallele zu Ernst Jünger unübersehbar, der sich in einem SPIEGEL-Interview (Nr. 33, 1982) als „loyalen Bundesbürger", aber keinen begeisterten bezeichnete, für den immer noch das Deutsche Reich die Realität war.
31 Redemanuskript in: StA Wolfenbüttel ND 26 1544.

Zu bedenken ist hier, dass er diese Rede in der Öffentlichkeit hielt, in den eigenen „Erörterungen" tauchen solche klaren Worte seltener auf.

Und immer wieder finden sich in seinen Tagebüchern und Aufzeichnungen einzelne Bemerkungen zum Nationalsozialismus. So trägt er am 26. Juli 1956 anlässlich eines Abendessens bei der befreundeten Familie Kühnel in sein Tagebuch ein:

> „Wieder wie so oft der beklemmende Gedanke, wie viel nicht wiedergutzumachendes Unrecht Hitler und die Nazis und damit doch ja auch ‚wir', d. h. alle wir westlichen Menschen den Juden angetan haben."[32]

Zehn Jahre später schreibt er in sein Tagebuch den exkulpierenden, aber nachweislich falschen Satz:

> „Die Vernichtung als ein System – die absurde Vorstellung, zu der kaum jemand, der nicht eingeweiht war, gelangte! Nicht einmal die Juden im Vernichtungslager haben begriffen, worum es ging. Den ‚Nachbarn' eines Vernichtungslagers wie etwa selbst A(uschwit)z ging es nicht anders."[33]

Dieser Gedanke der Selbstverantwortung der Deutschen, wenn auch zugleich dessen erkennbare Relativierung, wird erst spät formuliert. Zunächst – unmittelbar nach der Niederlage – überwiegt das Abschieben der Verantwortung auf eine verbrecherische deutsche Führung, zuweilen verbunden mit der Relativierung des Nationalsozialismus. Damit reproduzierte Schneider das wesentliche Entlastungsnarrativ der deutschen Tätergesellschaft nach 1945. In seinen unmittelbar nach Kriegsende geschriebenen Bemerkungen zur Lage heißt es z. B.:

> „Die Verbrechen der nationalsozialistischen Führung schreien gen Himmel! Jedoch: wir dürfen andererseits auch nicht übersehen, daß man heute in absurder Freigiebigkeit wesentliche Teile Deutschlands an Asien übergibt! Vor dem deutschen Volke wird man nun zwar auf Jahrhunderte Ruhe haben; von ihm ist – schon weil es außer seinen Gefallenen noch Millionen durch Hunger oder Deportierung verloren hat und noch verlieren wird – keine neue Kriegsgefahr zu befürchten."

Zum Thema Kollektivverbrechen und Kollektivschuld notiert er:

> „Das schöne Wort ‚Kollektivverbrechen' konnte nur in unserer dekadenten Zeit erfunden werden. Nun also ist es auch mir endlich begegnet. Ich nehme zur Kenntnis: das deutsche Volk hat sich eines Kollektivverbrechens (oder mehrerer?) schuldig gemacht – nach Ansicht derer, die uns besiegten. Es wird interessant sein zu beobachten, wann ich den Begriff des Kollektivverbrechens an sinnvoll in meinen eigenen Gedanken- und Wortschatz aufnehmen und wann ich darüber hinaus die Kollektivschuld des deutschen Volkes anerkennen werde. Heute leugne ich noch voller Überzeugung die Echtheit des Begriffes des Kollektivverbrechens sowohl als auch die Möglichkeit einer Kollektivschuld auf Seiten des deutschen Volkes.

---

32 Tagebuch 1956/57, Eintrag vom 26. Juli 1956.
33 NL Schneider, Tagebuch 1967, undatiert. Der Eintrag widerspricht seinen eigenen Aussagen in Nürnberg.

> Die Unwiderruflichkeit der Geschehnisse, die absolute Erbärmlichkeit und der Grad an Niedrigkeit der Handlungen derer, welche die Führung des deutschen Volkes bis zum Zusammenbruch 1945 darstellten, sind so entmutigend, so furchtbar in ihrer Ballung und so abscheuerregend, daß man ihren Umfang und ihren verbrecherischen Gehalt – von ihren Wirkungen ganz zu schweigen! – erst allmählich erkennt. Dann packt den Überlebenden nur Grauen und panisches Entsetzen, und es bedarf aller Willens- und Seelenkraft, sich aufrechtzuerhalten und unverzagt die Zukunftsarbeit anzupacken. Wie fürchterlich ist das beste Wollen und edelste Streben der Deutschen mißbraucht und irregeleitet worden! Wer kann den Schaden, den die deutsche Seele in den letzten vergangenen Jahren genommen hat, heilen? Uns Deutschen bleibt nur das Vertrauen auf den Schöpfer gerade auch in dieser so gequälten und leidgefüllten Welt und die Hoffnung auf die segensreiche Wirkung der Zeit, jener ewigen Helferin aller Leidenden."[34]

Schließlich muss zumindest noch ein kurzer Blick auf Schneiders umfangreiche Veröffentlichung „Traumatinische Irrfahrt. Dokumentation einer Lage" geworfen werden, die 1960 im Eigenverlag seiner Frau erschien. Das 444 Seiten umfassende Buch bleibt bis heute ein schwer lesbarer und noch schwerer einzuordnender Text, dessen Deutung – auch in seinen einzelnen Teilen – schwerfällt. Er gleicht insofern seinem „Tagebuch eines Leidenden" von 1952, an das er anzuknüpfen scheint, zumal Textstücke direkt übernommen werden. Das Vorwort des imaginierten Herausgebers spricht zunächst davon, dass der Verfasser „in geistiger Verwirrung als Opfer seiner Zeit gestorben" sei, er sei mit dem Manuskript in der Hand eingeschlafen in seinem Krankenzimmer gefunden worden. Ein handgeschriebener Brief an den Herausgeber bat diesen, den Text in „beschränkter Zahl" zu drucken und einem „kleinen Kreis tauglicher Leser" zugänglich zu machen. Über diese erste Ebene der Verwirrung legen sich mehrere weitere Schichten, einmal dadurch, dass Texte verschiedener Verfasser gemischt werden, u. a. von Werner Brauns bzw. seinem Pseudonym Grünlich, Georges Toupet und von Schneider selbst. So wurde schon die Diskussion über die „Deutschen Christen" oder den Vorrang des Rechts vor dem Volk als Beispiel angeführt. Hierbei handelt es sich – soweit das quellenkritisch zu überprüfen ist – um eigene Texte Schneiders, die schon 1933/34 verfasst, jetzt aber erst gedruckt wurden.

Zum anderen entwickelt er eine durchlaufende weitere fiktionale Geschichte, die sich – trotz aller Bemühungen – heute nicht mehr erschließen lässt. Sie handelt vom Kampf zweier Systeme, der Angalen und Mongonen, die sich gegenseitig zu vernichten drohen, einem General, der ein Corps anführt, dessen Befehlshaber sich zu Besprechungen auf Sardinien und Korsika versammeln, für die Arbeitspapiere erstellt werden. Dies alles geschieht an Orten, die mit der Biografie Schneiders teilweise übereinstimmen, wie z. B. die sardische Küstenstadt Alghero im Westen der Insel, wo er einen

---

[34] Alle Zitate aus: Von Tag zu Tag (1946), S. 46 ff. Zur Wahrnehmung der Begriffe Kollektivschuld und Kollektivverbrechen vgl. die treffenden Bemerkungen von Norbert Frei, 1945 und wir. Das Dritte Reich im Bewußtsein der Deutschen, München 2005, S. 145–155, der von der „Kollektivschuld" als einer deutschen Erfindung spricht.

Urlaub verbracht hatte. In diesen roten Faden der Fiktionalität werden wiederum reale Erlebnisse Schneiders eingewoben, die sich durch Personen und Umstände relativ präzise beschreiben lassen, sein Treffen in Nerobello (Nürnberg) mit Baar von Baarenfels, dem alten Kollegen aus Auschwitz-Monowitz. Vor dem Hintergrund seiner Gespräche mit Ernst Jünger und dem Verleger Ernst Klett, auf die schon hingewiesen wurde, fällt ein größerer Textteil auf, der den Arbeiter und die moderne Arbeitswelt behandelt, ein lebenslanges Lieblingsthema Schneiders. Für ein Gespräch mit Ernst Jünger werden Notizen vorbereitet, sein Name scheint auch hier immer wieder als geistiger Leitstern auf, wobei auch erkennbar wird, dass Schneider sich schon seit Beginn der 1930er Jahre mit Jünger auseinandergesetzt hatte. Beim Lesen des Textes ergeben sich unwillkürlich Assoziationen an Jüngers „Marmorklippen", die als literarisches Vorbild gedient haben könnten und hier – literarisch insgesamt wenig überzeugend – genutzt werden. Neben Jünger tauchen viele andere Autoren auf, aus deren Kreis Frank Thiess – ein geschichtsrevisionistischer Exponent der „inneren Emigration" – und Robert Musil herausragen. Alle Autoren werden in kurzen Formaten länger oder kürzer charakterisiert, kommentiert oder kritisiert.

Zuweilen werden auch kurze Beobachtungen eingeschoben, die sich als zeithistorische Kommentare lesen lassen. In jedem Fall sind sie geprägt von der Kritik an der deutschlandkritischen Haltung der Alliierten, dem „Pharisäertum" der Nürnberger Gerichtsverhandlungen und ihm persönlich gegenüber. Mehrfach spricht er von misslingenden Versuchen, in der Bundesrepublik ein demokratisches Staatswesen neu aufzubauen. In diesem Zusammenhang fällt auf, dass er 1948 die in Braunschweig gegründete „Deutsche Union" unter August Haußleiter und Hans-Christoph Freiherr von Stauffenberg positiv wahrnahm und kommentierte, offensichtlich wegen deren Kritik am Modell der parlamentarischen Demokratie à la Weimar.[35]

Seine Skepsis gilt auch der Verbindung Deutschlands und Frankreichs mit dem amerikanisch dominierten Atlantik-Pakt. Er traut weder dem sowjetischen noch dem amerikanischen „Pazifismus", wünscht sich dagegen ein auf deutsch-französischem Kern aufbauendes Europa als dritten Machtfaktor.[36]

Was – wie schon erwähnt – an dieser Stelle und in seinen anderen Texten ganz fehlt, ist die Wahrnehmung oder Kommentierung der weiteren Prozesse um Auschwitz. Es gibt weder Bemerkungen zum ihn ja direkt betreffenden Wollheim-Prozess gegen die IG Farben (1951–1953) noch zum großen Frankfurter Auschwitz-Prozess (1963–1965), in dem der Oberingenieur Max Faust noch einmal aussagte und Schneider auch

---

[35] Tagebucheintrag vom 16.10.1948. Anlass war ein Artikel in der Braunschweiger Zeitung. Zur DU, die später in der Deutschen Gemeinschaft und dann in der AUD aufging. Vgl. Richard Stöss, Vom Nationalismus zum Umweltschutz. Die Deutsche Gemeinschaft/Aktionsbündnis Unabhängiger Deutscher im Parteiensystem der Bundesrepublik, Opladen 1980, S. 70 ff.
[36] Vgl. Traumatinische Irrfahrt, S. 274.

als Mitarbeiter der Sozialabteilung der IG Auschwitz direkt erwähnte.[37] Er scheint diese politisch bedeutsamen Vorgänge jedoch nicht wahrgenommen oder sogar verdrängt zu haben, jedenfalls finden sich in seinen erhaltenen Texten und Tagebüchern keine Reaktionen dazu. Dieser Haltung entspricht auch der gänzlich fehlende Blick nach Polen, wo er immerhin über drei wichtige Jahre seines Lebens verbracht hatte.

Insgesamt ist die „Traumatinische Irrfahrt" kein inhaltlich geschlossenes Buch, es ist die chaotisch organisierte „Dokumentation einer Lage", die verwirrter und hoffnungsloser nicht sein könnte. Ernst Jünger fiel dazu nur ein, den Verfasser zu fragen, warum der Band kein Register habe und gab damit wohl sein verdecktes Urteil ab.[38] Den Schlusspunkt setzt ein Hamlet-Zitat:

„Es ist nicht und es wird auch nimmer gut?"[39]

---

[37] Am 143. Verhandlungstag am 11.3.1953 erwähnte Oberingenieur Max Faust die Sozialabteilung mit Roßbach und Schneider (Auschwitz-Prozess im Fritz Bauer Institut, Tonbandmitschnitt und Transkript).
[38] NL Jünger, Brief vom 3.1.1961.
[39] Shakespeare, Hamlet, 1. Akt, 2. Szene. Im englischen Original: „It is not nor it cannot come to good." Das Fragezeichen fügt Schneider hinzu. Zum Hintergrund des Zitats vgl. Traumatinische Irrfahrt, S. 352.

12 Eine Bilanz?

Üblicherweise erwartet man, am Ende einer biografischen Studie ein schlüssiges Gesamtbild der portraitierten Person zu erhalten. Diese legitime Erwartung zu erfüllen, fällt bei Helmut Schneider allerdings schwer. Das Leben dieses Mannes in wenigen Sätzen überzeugend zusammenzufassen und zu deuten, bereitet Schwierigkeiten. Es bleiben zu viele Widersprüche, die kaum aufzulösen sind, Verhaltensweisen, die nicht zueinander passen. Das macht sicher auch den Reiz dieser Biografie aus.

Wir sehen zunächst einen politisch wachen Studenten, der sich aber keiner studentischen Verbindung anschließt und sich offenbar schon früh vom Nationalsozialismus distanziert und den Eintritt in die Partei verweigert, ohne dass man genau erkennen könnte, wo seine konkreten Konflikt- oder Konsenspunkte mit der Partei lagen. Deutlich erkennbar werden allerdings artikulierte Differenzen in Religions- und Rechtsfragen, völkischer Nationalismus ist ihm fremd, er schätzt die französische Kultur und Sprache. Der junge Jurist spekuliert vermutlich darauf, dass er sich in der freien Wirtschaft besser den Zumutungen der NSDAP entziehen kann, deren Mitglied er – wie sein enger Freund – dezidiert nicht werden will. Er fasst schließlich im IG-Farben-Konzern Fuß, der ihn als eine Art „Staat im Staate" vor Wehrdienst und Partei bewahren kann. Dort findet er in Walter Dürrfeld einen Mentor, der ihn von Pölitz nach Auschwitz mitnimmt und dort zum Mitarbeiter des riesigen Industrieprojekts in Monowitz macht, dessen Aufbau nur durch die menschenverachtende Mobilisierung der Arbeitskraft der KZ-Häftlinge aus dem benachbarten KZ Auschwitz und durch Zwangsarbeiter aus ganz Europa möglich wird. Er wird damit ein gut funktionierendes Teilchen in einem System von Häftlings- und Zwangsarbeit, dem in den wenigen Jahren der Bauzeit wahrscheinlich 20 000 bis 25 000 Menschen zum Opfer fallen. „Vernichtung durch Arbeit" muss man diese Praxis nennen, an der er – wenn auch nur indirekt – mitwirkt, der Begriff des systemischen Mittäters scheint hier angemessen zu sein.

Aber wir lernen in Auschwitz noch einen anderen Mann kennen. Im kleinen und vertrauten Kreis der Kollegen und Freunde legt er Zweifel und Nachdenklichkeit an den Tag, wenn er seine leider nicht überlieferten kritischen Tagebuchnotizen vorträgt. Er nutzt die Gelegenheiten zur Aussprache mit einem kritischen Besucher wie dem deutschen Widerstandskämpfer Hans Deichmann, den er über die Vorgänge in Auschwitz informiert und dem er Einzelheiten über die beginnende Produktion der V1-Waffen in Peenemünde mitteilt, von der er erfahren hatte. Es liegt nahe, dass Deichmann, den Schneider 1949 als „Freund" bezeichnen wird, erst nach diesen bewegenden und aufklärenden Besuchen bei Schneider in Auschwitz den Schritt hin zum aktiven Widerstand in der italienischen Resistenza tut.

Und Schneider kümmert sich schließlich in ungewöhnlich intensiver Weise um die jungen französischen Zwangsarbeiter und „Chantiers de la jeunesse française", deren interne Organisation er aufzubauen hilft und absichert. Er unterstützt sie, wo immer er kann, auch gegen die SS und den Werkschutz. Der Anführer dieses Lagers wird sein persönlicher Freund. Man könnte sagen, er verdrängt seine Arbeit für die IG

Auschwitz durch seine Sorge um die jungen Franzosen im Lager II B-West, gleich neben der großen Baustelle, er wird zum „Franzosen-Schneider", wie man ihn im Lager scherzhaft nennt. Ihrem Anführer verschafft er den Freiraum für dessen Kooperation mit den Netzwerken der Résistance und begibt sich damit selbst in große Gefahr. Schließlich begleitet er sie von Januar bis März 1945 auf dem gefährlichen Marsch und der Bahnfahrt nach Westen bis nach Königstein bei Dresden. Er legt sich mit der für ihn nicht ungefährlichen Hilfe für sie eine Art moralisches Ausgleichskonto an.[1]

Aber so sehr er sich für „seine" Franzosen und auch für italienische Arbeiter einsetzt, für Mitleid gegenüber den jüdischen Häftlingen und „Ostarbeitern" in Monowitz gibt es keine belastbaren Belege, obwohl er mit vertrauten Kollegen in Auschwitz über die „Schinderei" der Häftlinge und die „Wahnsinnsherrschaft" der Nazis spricht. Die Frage nach dem trotz SS-Regime verbleibenden und auszunutzendem Spielraum einer menschlicheren Behandlung der KZ-Häftlinge in ihrem Verantwortungsbereich haben sich weder sein Chef Dürrfeld noch er selbst gestellt, auch wenn ihre Handlungsmöglichkeiten durch das SS-Regime begrenzt waren. In ihren Aussagen in Nürnberg imaginieren sie freilich das Gegenteil. Die leise Mahnung seines Freundes Georges Toupet an Walter Dürrfeld, dass eine so große Aufgabe wie die in Auschwitz nicht human sein konnte, bezieht Schneider nicht auf sich. Dieser widersprüchliche Befund von dienstlicher Pflichterfüllung und privatem Dissens charakterisiert seine Doppelrolle in Auschwitz. Noch deutlicher wird diese Ambivalenz, wenn man anerkennt, dass er zwei mit ihm verbundene Männer, Hans Deichmann und Georges Toupet, vielleicht zum Widerstand bewegt bzw. ihn praktisch ermöglicht hat.

Nach der gemeinsamen Flucht mit den Franzosen Richtung Westen und dem bewegenden Abschied von ihnen in Königstein fasst er erstaunlich problemlos Fuß in Goslar, wohin seine Frau eher zufällig schon vorausgezogen war. Er steigt dort innerhalb von knapp vier Jahren zum Oberstadtdirektor auf, tritt überraschenderweise in die SPD ein, ohne sich aber dort wirklich politisch zu Hause zu fühlen und zu engagieren, und baut seine bürgerliche Existenz wieder auf. Seine entlastenden Aussagen wider besseres Wissen für seinen alten Chef Walter Dürrfeld im IG-Farben-Prozess vor dem amerikanischen Militärgerichtshof in Nürnberg 1947/48 bringen ihn selbst wieder in Bedrängnis. Sein Entnazifizierungsverfahren wird unter öffentlichem und britischem Druck erneut aufgenommen. Vor dem Landgericht Braunschweig muss er sich zudem gegen den Vorwurf der gefährlichen Körperverletzung an einem polnischen Zwangsarbeiter in Auschwitz verteidigen, wird jedoch aus Mangel an Beweisen freigesprochen. Seine Karriere geht weiter, 1960 wird er als Oberstadtdirektor für weitere 12 Jahre wiedergewählt.

Die französischen Freunde werden zur Konstante seines Lebens nach dem Weltkrieg. Nach Kriegsende nimmt er so schnell wie möglich den Kontakt zu ihnen wieder auf, ihre Adressen hat er sorgfältig aufbewahrt. Sie überhäufen ihn mit Beweisen der

---

1 Schneider spricht selbst davon, dass er über ein „moralisches Guthaben" verfüge, das werde ihm immer mehr bewusst und stärke seine innere Ruhe (in: Traumatinische Irrfahrt, S. 150).

Dankbarkeit und tiefer Freundschaft, sie stehen ihm in seinem Prozess und dem Entnazifizierungsverfahren mit Zeugenaussagen zur Seite. Daraus entstehen nicht nur enge, fast familiäre Beziehungen, sondern letztlich auch eine Städtepartnerschaft zwischen der französischen Stadt Arcachon und Goslar. Wieder verdrängt er die gründliche Auseinandersetzung mit seiner Vergangenheit durch die sich noch vertiefende Freundschaft mit den Franzosen, die beredtes Zeugnis für den Helfer in Auschwitz und den „anti-nazi" Schneider ablegen. Er will darin sogar – die Bedeutung der Situation und seine Rolle weit überschätzend – eine frühe „erste Zelle" deutsch-französischer Freundschaft erkennen. Die Vermutung drängt sich auf, dass die französischen Freunde somit zum Anlass einer doppelten Verdrängung werden, zuerst in Auschwitz-Monowitz, dann im Goslar der Nachkriegszeit.

Auch seine publizistische Tätigkeit, die er schon 1946 beginnt und mit Engagement, aber ohne äußeren Erfolg weiterführt, scheint eine Flucht auf eine andere Ebene der Auseinandersetzung zu sein. Sie ist nie auf seine eigene Person fokussiert, eher allgemein auf die neuen Orientierungen dieser Zeit bezogen und für deutsche Konservative dieser Jahre nicht ungewöhnlich: Abendland, Europa, der Kampf gegen Vermassung, Parlamentarismuskritik, elitäre Selbstwahrnehmung.

In diesen Orientierungen trifft er sich nicht nur mit seinem rechtskonservativen Bekanntenkreis, sondern auch mit seinem literarischen Idol Ernst Jünger, mit dem ihn seit 1954 ein intensiver Briefwechsel und viele Besuche so stark verbinden, dass Jünger 1968 den Tod seines „alten Freundes" beklagt, als ihn in Rom die Nachricht von Schneiders überraschendem Ableben aus Goslar erreicht. Jüngers prekäre Rolle als intellektueller „Totengräber der Weimarer Republik" und als Antisemit hat er nie hinterfragt, ihrer beider Lebensparallelen und zuweilen arroganter Elitismus überdecken diese Differenzen. Er hat ebenfalls nie bedacht oder gar offen formuliert, dass er selbst nach eigenem Erinnern schon als Student in München von Hitler abgestoßen war, während sich Jünger zur gleichen Zeit noch von Hitler fasziniert zeigte, auch diese Differenzen bleiben unausgesprochen.[2]

So sehr er sich nach 1945 verbal von den Verbrechen der Nationalsozialisten abgrenzt, so sehr bleibt er seinem alten Chef Dürrfeld in einer schwer erklärbaren „besonderen Beziehung" verbunden. Sie bleibt ein großes Rätsel, auch wenn man sich in Erinnerung ruft, dass persönliche Loyalität und Treue für Schneider erklärtermaßen hohe Ziele waren. Er hält ihm 1967 eine Grabrede, in der – kaum vorstellbar – das Wort Auschwitz nicht einmal vorkommt. Seine Aussagen in Nürnberg für Dürrfeld stehen im klaren Widerspruch zu dem, was er im vertrauten Kreis über Auschwitz gesagt haben soll, wir erkennen eine gespaltene Persönlichkeit. Den Titel seines autobiografischen, aber ohne Verfasserangabe erschienenen Buchs „Traumatinische Irrfahrt" von 1960 könnte man als Motto über sein Leben setzen. In den über zwei Jahrzehnten seines Lebens nach Auschwitz sieht er sich zunehmend in seinem „Anderssein" bestätigt, ja sogar als „Emigrant" im eigenen Land. Diese Art der Selbstwahrnehmung scheint

---

2 Vgl. Helmuth Kiesel, Ernst Jünger. Die Biographie, Berlin 2007, S. 248 und 280 ff.

auch ein Schlüssel für seine frühe Distanz zum Nationalsozialismus zu sein. Er konnte und wollte nicht so sein wie alle anderen, er tat alles, um sich abzuheben.

Am Beginn dieses biografischen Berichts habe ich auf die Kapitelüberschrift „Die in Auschwitz geboren wurden" in Hermann Langbeins Dokumentation über „Menschen in Auschwitz" verwiesen und damit den Widerspruch zwischen den getöteten Kindern im KZ und der in Auschwitz geborenen jüngeren Tochter Helmut Schneiders herausstellen wollen. Wie eine Ironie des Schicksals mutet es an, dass eben dieser Hermann Langbein, der selbst das KZ Auschwitz überlebt hatte und viel für die Erinnerung an Auschwitz getan hat, 1967 in der Vorbereitung dieses Buchs über „Menschen in Auschwitz" an Schneider schrieb. Er wollte in sein Buch auch Aussagen von IG-Angestellten einfügen, die Häftlingen geholfen hatten, und er fragte sie u. a. auch, ob sie an Sabotage gedacht hätten, was aber alle verneinten. Im Rahmen der Recherchearbeit für sein Buch bat er ihn jetzt als einen, „der das System von damals ablehnte", seine Eindrücke aus Auschwitz zu schildern.[3] Seine aufgewühlte Reaktion auf diese Anfrage hält Schneider in seinem Tagebuch fest:

> „Der Sekretär Langbein vom Comité International des Camps schreibt aus Wien. Er will von mir erfahren, welche Eindrücke ich in Auschwitz als einer, der das System von damals ablehnte, gewonnen und wie ich die Probleme, die sich mir dort stellten, gemeistert hätte.
> Ob der Briefschreiber wohl ahnt, wie viele Fragen sein Brief auslöst? Ob Briefschreiber Langbein wohl ahnt, wieviel Zweifel und Skeptizismus von mir überwunden werden müssen, bevor ich auf sein Begehren eingehen kann?"[4]

Eigentlich war dies eine ganz normale Frage nach seinen Erfahrungen in der IG Auschwitz, und man hätte erwarten können, dass Schneider – wie einige seiner Kollegen –

---

3 Zu Langbein vgl. Katharina Stengel, Hermann Langbein. Ein Auschwitz-Überlebender in den erinnerungspolitischen Konflikten der Nachkriegszeit, Frankfurt am Main/New York 2012 und Brigitte Halbmayr, Zeitlebens konsequent: Hermann Langbein (1912–1995). Eine politische Biografie, Wien 2012.
4 Nachlass Schneider, Tagebuch 1967; sein Antwortbrief ist zu finden in: Österreichisches Staatsarchiv (ÖStA) Wien, NL Langbein. Die interessante Frage, woher Langbein wusste, dass Schneider jemand war, der „das System von damals ablehnte" kann derzeit nicht beantwortet werden. Immerhin kannte Langbein die Aussage Schneiders im Verhör mit von Halle, in der er von seinem Bürovorsteher Heydrich berichtet, der von einem SS-Mann Details über Verbrennungen von Menschen erfahren hatte. Vgl. Langbein, Menschen, S. 504. Aus den Nürnberger Verhören und Aussagen, die Langbein natürlich gut kannte, geht diese Charakterisierung jedenfalls nicht hervor. Nach dem Schriftwechsel zwischen Langbein und dem Generalstaatsanwalt der DDR seit 1965 beschäftigte sich Langbein im Kontext des Auschwitz-Prozesses auch mit der Rolle Martin Roßbachs in Monowitz und war vermutlich in diesem Zusammenhang auf den Namen Schneiders gestoßen, zumal die Namen Roßbachs und Schneiders im Verhör von Max Faust im Auschwitz-Prozess genannt worden waren. Langbein schien es unvorstellbar, dass jemand wie Roßbach, der so lange eine „Schlüsselfunktion" in dem Buna-Werk innehatte, „keine Mitverantwortung an den Verbrechen" gegenüber den Häftlingen tragen sollte (Langbein an Generalstaatsanwalt der DDR vom 2.5.1969, NL Langbein). Langbein wusste sicher nicht von den langwierigen und letztlich vergeblichen Bemühungen der Stasi, Roßbach eine relevante Beteiligung an Verbrechen gegen die Menschlichkeit nachzuweisen.

eine entsprechende Antwort niederschreiben würde. Er hätte aus diesen drei Jahren und vier Monaten genug berichten können, er hätte einen differenzierten Bericht geben können, der Langbeins Buch um wichtige Aspekte erweitert hätte. Und schließlich: Er hätte auch den Widerspruch zwischen seiner Nürnberger Aussage zugunsten Dürrfelds und seinen Gesprächen mit Toupet und Deichmann aufklären können. Aber wir spüren, wie sehr ihn diese Anfrage bewegt. Schneider entschloss sich erst nach langem Zögern zu einer Antwort an Langbein, die aber keine wirkliche Antwort war.[5] Denn die Bitte des österreichischen Altkommunisten berührte schmerzhaft den Punkt in seinem Leben, den er über zwei Jahrzehnte verdrängt hatte, nämlich eine wirklich persönliche Auseinandersetzung mit seiner Rolle in Auschwitz und damit, wie er seine Probleme dort gemeistert hatte. Jetzt bewahrheitete sich der Satz, den er schon 1952 in seinem „Tagebuch eines Leidenden" niedergeschrieben hatte:

> „Die Schmerzen wiederum, welche mir die letzten Jahre gebracht haben, sind von der Art, daß jedes Wort darüber erste Ursache des eigenen irreparabel scheinenden Unglücks und neuen Leides des Erzählers sein würde."[6]

Man muss Hermann Langbein für diese Fragen dankbar sein, sie berühren den wunden Punkt im Leben Helmut Schneiders, auch sein eigenes andauerndes „Leiden" an seiner Vergangenheit, das ihn seit der Zeit in Auschwitz bedrückte, anders ist dieser Satz kaum zu verstehen. Seine Antwort macht deutlich, dass er mit Auschwitz selbst nach über 20 Jahren immer noch nicht fertig geworden war:

> „Daß Sie sich der Mühe unterziehen wollen, die menschliche Problematik darzustellen, die sich bei denen ergab, welche in der ‚Nachbarschaft' des KZ Auschwitz tätig sein mußten und dem System der damaligen Zeit ablehnend gegenüberstanden, halte ich für ebenso verdienstlich wie schwierig. Ich selbst habe mich mit dieser Problematik immer wieder befaßt, bin aber noch zu keinem Abschlusse meines erinnernden Überlegens gelangt."[7]

Sein früher Tod schon im folgenden Jahr verhinderte den möglichen Abschluss seines Nachdenkens über seine Rolle in Auschwitz-Monowitz.

---

5 Dr. Pia Wallnig im Österreichischen Staatsarchiv stellte mir die Kopie des Antwortbriefes zur Verfügung, die Anfrage Langbeins an Schneider ist nicht erhalten. Anton Pelinka danke ich für die Erlaubnis zur Benutzung des Nachlasses.
6 Trauma und Krisis, S. 6 f.
7 ÖStA Wien, NL Langbein, Antwort auf Langbeins Anfrage vom 3.2.1967 erst am 7.3. Schneider erklärte sich zu einem Gespräch mit Langbein bereit und teilte auch mit, dass er seit Kriegsende mit Martin Roßbach, nach dem Langbein gefragt hatte, keine Verbindung mehr habe und er seine Adresse – vermutlich in der DDR – nicht kenne.

Dank

Dieser Versuch über das Leben Helmut Schneiders verdankt seine Entstehung dem eher zufälligen Hinweis unserer Freundin Christiane Grillo auf ihren Geburtsort Auschwitz im Jahr 1942. Erst dadurch entwickelte sich – wenn auch nach anfänglicher, dem besonderen Ort geschuldeter Zurückhaltung – mein tieferes Interesse am Leben ihres Vaters, an seinem Studium, seiner Rolle in der IG Auschwitz, als Zeuge im Nürnberger Prozess, seiner langwierigen Entnazifizierung und seinem Strafprozess, seiner Arbeit als Oberstadtdirektor von Goslar, seinen Versuchen als philosophisch-politischer Publizist und als Mitglied des Freundeskreises von Ernst Jünger.

Erste Erkundungen im Quellen- und Nachlassmaterial zeigten bald, dass mich hier die wirklich spannende Biografie eines „normalen", aber komplexen Lebens eines deutschen Juristen im 20. Jahrhundert erwartete, das mich nicht mehr losließ, je tiefer ich darin eindrang. Christiane hat mich immer wieder ermutigt, mir dieses Leben genau anzusehen, ohne jede Rücksicht auf familiäre Befindlichkeiten. Sie hat mir vielfach mit Erinnerungen an ihren Vater, an Personen aus seinem Umfeld und Hinweisen auf das Nachlassmaterial geholfen, in die Welt ihres Vaters einzutauchen und alles zu erforschen, was heute noch möglich ist. Ihre ältere Schwester Sabine Lanz unterstützte mich ebenfalls mit ihren Erinnerungen, so dass ich ein lebendigeres Bild ihres Vaters erhielt. Mein alter Freund Dr. Wolfgang Grillo, der das Erscheinen dieses Buchs leider nicht mehr erleben kann, machte sich als Helfer und Sekretär seiner Frau bei der Transkription von Tagebuchstellen verdient, als bewährter Gesprächspartner ohnehin. Ich sollte noch erwähnen, dass mir alles noch vorhandene Material der Familie ohne jede Auflage zur Verfügung gestellt wurde.

Bald aber erweiterte sich der Kreis der sachkundigen Helfer, denn als eindeutiger Nichtspezialist für dieses Thema war ich darauf besonders angewiesen. Ich danke Ulrich Herbert, Norbert Frei, Constantin Goschler, Claudia Moisel, Henning Borggräfe, Katharina Stengel, Karl Heinz Roth, Irmtrud Wojak, Florian Schmaltz und vor allem Sybille Steinbacher, die mich mit ihrer Expertise und Hinweisen unterstützten, ebenso wie ihr früherer Kollege Bernd C. Wagner. Am DHI Paris bin ich Jürgen Finger sehr verbunden, der mir Material aus den Archives nationales und aus dem Centre de documentation juive contemporaine besorgte. Im Institut d'histoire du temps présent (IHTP) Paris danke ich Emmanuelle Pierron für die Digitalisierung von Dokumenten, Malika Rahal für die Genehmigung zur Benutzung. In Niedersachsen unterstützte mich Christine van den Heuvel mit Recherchen, im Landesarchiv Wolfenbüttel Philipp Haas, im Landeskirchlichen Archiv Wolfenbüttel Birgit Hoffmann und Friederike Mischke, im Österreichischen Staatsarchiv Wien Pia Wallnig, im Bundesarchiv Berlin Karsten Jedlitschka und Christian Carlsen, im Landesarchiv Merseburg Jana Lehmann und Stephanie Eifert, in Auschwitz-Oświęcim Piotr Setkiewicz und in Bielitz-Biala Pawel Huznik. Philipp Krause danke ich für die Möglichkeit, das Archiv der „Goslarschen Zeitung" nutzen zu können. Andrea Rudorff half mir mit der Übersetzung polnischer Texte und mit Quellenhinweisen. Ulrich Herbert, meine Schwester Gerda und meine

Frau Marianne unterzogen das Manuskript in einer frühen Fassung aus verschiedenen Blickwinkeln einer kritischen Lektüre, dafür danke ich ihnen. Schließlich möchte ich meinem Münchener Kollegen Hans Günter Hockerts besonders herzlich für seine genaue Lektüre des Manuskripts und viele anregende Hinweise und Diskussionen – leider nur per Email – danken.

Es war für mich ein erfreuliches Gefühl, nach so langen Jahren wieder auf die Hilfe älterer und jüngerer Fachkollegen zurückgreifen zu können, die bereitwillig gewährt wurde. Einladungen in die Doktorandenseminare von Constantin Goschler und Sybille Steinbacher waren willkommene Anlässe zu weiterführenden Gesprächen, ebenso wie die Vortragseinladungen der Buxus-Stiftung in Bochum und des Kulturwissenschaftlichen Instituts in Essen. All das waren erneute Beweise jener kollegialen Verbundenheit, die für mich immer ein besonderer Vorzug meines Fachs war.

Ich danke dem Institut für Zeitgeschichte München–Berlin sowie den Herausgeberinnen und Herausgebern für die Aufnahme der Studie in die Schriftenreihe der Vierteljahrshefte für Zeitgeschichte, Johannes Hürter und Thomas Raithel für die Betreuung der Drucklegung sowie Angelika Reizle für das sorgfältige Lektorat.

Bochum, im Mai 2023   Winfried Schulze

Abbildungen

Abb. 1   Helmut Schneider als Student in Göttingen 1932 (Universitätsarchiv Göttingen) —— **8**
Abb. 2   Übersichtskarte zum Komplex Auschwitz (Foto: Von original graphic by Thomas Maierhofer, reworked by OnlyOneUpload [esp. better colors] – German Wikipedia, Original Graphic, Copyrighted free use,
https://commons.wikimedia.org/w/index.php?curid=5389667, 15.5.2023) —— **19**
Abb. 3   Grafik über die Zusammensetzung der Arbeitskräfte der IG Auschwitz (Bayer AG, Bayer Archives Leverkusen) —— **30**
Abb. 4   Plakat für die „Chantiers de la jeunesse française" (Foto: Par Leroypy – Travail personnel, CC BY-SA 3.0, https://commons.wikimedia.org/w/index.php?curid=26694296, 15.5.2023, s. Coverfoto, hier s/w-Wiedergabe) —— **44**
Abb. 5   Helmut Schneider um 1945 (aus: Chassagneux, Souvenirs, S. 51) —— **47**
Abb. 6   Skizze Toupets über die Situation in Auschwitz-Monowitz mit wichtigen Einrichtungen von Polizei, SS u. a. und Schneiders Büro (IHTP Paris, ARC 095, Papiers G. Toupet) —— **60**
Abb. 7   Führungsmannschaft der CJF Auschwitz (NL Schneider) —— **66**
Abb. 8   Anklagebank im Nürnberger IG-Farben-Prozess am 29./30.Juli 1948 bei der Urteilsverkündung (stehend: Walter Dürrfeld) (© National Archives, Washington, DC) —— **78**
Abb. 9   Ehrenurkunde für Helmut Schneider (NL Schneider) —— **109**
Abb. 10 Helmut Schneider mit seinen französischen Freunden Toupet, Lacourt und Devaux (NL Schneider) —— **110**
Abb. 11 Empfang im Rathaus während des ersten CDU-Parteitags in Goslar, 20.–22.10.1950 (Foto: Goslarsche Zeitung) —— **114**
Abb. 12 Ernst Jünger um 1957 (NL Schneider) —— **127**
Abb. 13 Widmung Ernst Jüngers in Schneiders Typoscript zu Jüngers „Der Arbeiter" (NL Schneider) —— **128**

Abkürzungen

AG	Aktiengesellschaft
AN	Archives nationales
BArch	Bundesarchiv
BCRA	Bureau Central de Renseignements et d'Action
CDJC	Centre de documentation juive contemporaine
CDU	Christlich Demokratische Union
CJF	Chantiers de la jeunesse française
DAF	Deutsche Arbeitsfront
DDR	Deutsche Demokratische Republik
DHI	Deutsches Historisches Institut
DLA	Deutsches Literaturarchiv
DM	Deutsche Mark
DNVP	Deutschnationale Volkspartei
DOF	Délégation Officielle Française
DU	Deutsche Union
GBChem	Generalbevollmächtigter für Sonderfragen der chemischen Erzeugung

G.m.b.H.	Gesellschaft mit beschränkter Haftung
GZ	Goslarsche Zeitung
IG	Interessengemeinschaft
IHK	Industrie- und Handelskammer
IHTP	Institut d'histoire du temps présent
IM	Inoffizieller Mitarbeiter
IMT	International Military Tribunal
KL	Konzentrationslager
KZ	Konzentrationslager
LASA	Landesarchiv Sachsen-Anhalt
MfS	Ministerium für Staatssicherheit
Ms.	Manuskript
NATO	North Atlantic Treaty Organization
ND	Nürnberger Dokumente
NDPD	National-Demokratische Partei Deutschlands
NL	Nachlass
NLA	Niedersächsisches Landesarchiv
NMT	Nürnberger Militärtribunale
NS	Nationalsozialismus
NSDAP	Nationalsozialistische Deutsche Arbeiterpartei
NSV	Nationalsozialistische Volkswohlfahrt
OKW	Oberkommando der Wehrmacht
ÖStA	Österreichisches Staatsarchiv
O. T.	Organisation Todt
PA	Personalakte
POW	Prisoner of War
RA	Rechtsanwalt
RSHA	Reichssicherheitshauptamt
SBZ	Sowjetische Besatzungszone
s. d.	sine dato
SD	Sicherheitsdienst
SED	Sozialistische Einheitspartei Deutschlands
SNCF	Société nationale des chemins de fer français
SPD	Sozialdemokratische Partei Deutschlands
SS	Schutzstaffel
STA	Stadtarchiv
StGB	Strafgesetzbuch
STO	Service du travail obligatoire
US/USA	United States/United States of America
USHMM	United States Holocaust Memorial Museum
VVN	Vereinigung der Verfolgten des Naziregimes

Quellen und Literatur

Archivalische Quellen

Nachlass (NL) Helmut Schneider im Privatbesitz
Niedersächsisches Landesarchiv (NLA) Wolfenbüttel, 26 NDS, Nr. 766, 999, 1544; 3 NDS 92/1, Nr. 22576
Stadtarchiv Goslar, Bestand Hauptamt, Zg. 22/84, Personalakte Helmut Schneider
Landesarchiv Sachsen-Anhalt (LASA) Merseburg, I 528, Nr. 886 (Wochenberichte IG Auschwitz Februar – Juni 1942)
Deutsches Literaturarchiv (DLA) Marbach, Nachlass Ernst Jünger
Archives nationales (AN) Paris, AJ 39 175
Centre de documentation juive contemporaine (CDJC), Paris, Dossier Cottin
Institut d'histoire du temps présent (IHTP), Paris, ARC 095 Papiers Georges Toupet
Bundesarchiv Berlin (BArch), MfS, BV Erfurt, AOP Nr. 1265/72, HA XX Nr. 3623 und HA IX-11, GSTA K.7
Österreichisches Staatsarchiv Wien (ÖStA), NL Langbein
Österreichisches Staatsarchiv Wien, Abteilung Kriegsarchiv, Militärische Nachlässe B 120
Arolsen Archives, International Center on Nazi Persecution, Bestand Auschwitz
Bayer AG, Bayer Archives Leverkusen, Ordner Auschwitz
Stadtarchiv Helmstedt, Melderegister und Firmengeschichte
Stadtarchiv Schkeuditz, Melderegister und Standesamt
Universitätsarchiv LMU München
Universitätsarchiv Göttingen, Matrikelbuch 775
Landeskirchenarchiv Wolfenbüttel, PA 1318 und KB 1148 (1926)
Archiv der Goslarschen Zeitung (GZ), Goslar
Stiftung für Sozialgeschichte des 20. Jahrhunderts Bremen, Bestand 1.02.1 (Nachlass Hans Deichmann), Nr. 289
Archiv des Fritz Bauer Instituts, Posener, Curt: Zur Geschichte des Lagers Auschwitz-Monowitz (BUNA). Unveröffentlichtes Manuskript, undatiert, 53 S.
Nürnberger Dokumente (ND), NI-Serie (Nuernberg Industrialists), online unter: http://www.profit-over-life.org/international/deutsch/main.html
Trials of War Criminals (TWC) before the Nuernberg Military Tribunals under Control Law Nr. 10, Bde. VII–VIII., Washington, DC 1953
United Sates Holocaust Memorial Museum (USHMM), Washington, DC, Minskoff-Papers, Correspondance 1944–1950 und Film RG Nuernberg: RG-60.2915 Film ID: 2368
Wollheim Memorial (http://www.wollheim-memorial.de/de/home)
Archiv Tenhumberg (www.tenhumbergreinhard.de)

Gedruckte Publikationen und gebundene Typoscripte Helmut Schneiders 1946–1965

Finanzielle Mobilmachung und Steuerproblem. Als Manuskript gedruckt, (Privatdruck) Halle 1940, 35 S.
Die Entfesselung der Arbeitskraft, (Privatdruck) Halle 1942, 53 S.
Von Tag zu Tag, Nordharzer Druckerei Hans Toegel Goslar, o. J. (1946).
Die Krise der europäischen Kultur und Wirtschaft und ihre Überwindung aus dem Geist des Abendlandes.
    Vortrag anlässlich der Eröffnung der Volkshochschule Goslar am 17. Mai 1946 (Sonderdruck).
(Pseud. Georges Jacques Déplaisant): Kleine Fibel 1946, (Goslar) o. J. (1946).

Über die Lage. Macht, Geist, Demos. Eine akademische Betrachtung, Goslar 1956, 114 S. Geb. Typoscript.
Trauma und Krisis. Tagebuch eines Leidenden, Goslar 1952, 198 S. Geb. Typoscript.
Jünger. Der Arbeiter, Goslar 1957. Geb. Typoscript, mit eingeklebtem Bild und Widmung von Ernst Jünger auf Vorsatz.
Vora la mar, Goslar 1957, 167 S. Geb. Typoscript.
Traumatinische Irrfahrt. Dokumentation einer Lage, Goslar (Barbara Schneider Verlag) 1960, 444 S.
(Pseud. Georges Jacques Déplaisant): Behauptungen über das große Ganze, Goslar 1965 (Hermann Hübener Verlag KG). Mit gedruckter Widmung an Ernst Jünger zum 75. Geburtstag, 53 S.

Literatur

Albertelli, Sébastien, Les services secrets du Géneral de Gaulle. Le BCRA 1940–1944, Paris 2009.
Aly, Götz/Heim, Susanne, Vordenker der Vernichtung. Auschwitz und die deutschen Pläne für eine neue europäische Ordnung, Hamburg 1991.
Amouroux, Henri, La Grande Histoire des Français sous l'occupation (1939–1945). L'impitoyable Guerre Civile (Décembre 1942-Décembre 1943), Paris 1976.
Angermund, Ralph, Deutsche Richterschaft 1919–1945. Krisenerfahrung, Illusion, politische Rechtsprechung, Frankfurt am Main 1988.
Arnaud, Patrice, Gaston Bruneton et l'encadrement des travailleurs français en Allemagne (1942–1945), in: Vingtième Siècle. Revue d'histoire 67 (2000), S. 95–118, online unter: https://www.persee.fr/doc/xxs_02941759_2000_num_67_1_4597 (11.4.2023).
ders., „Ein so naher Feind". Französische Zwangsarbeiter und ihre deutschen Kollegen in den Industriebetrieben des Dritten Reiches, in: Andreas Heusler/Mark Spoerer/Helmuth Trischler (Hrsg.), Rüstung, Kriegswirtschaft und Zwangsarbeit im „Dritten Reich", München 2010, S. 179–197.
ders., Les requis pour le travail obligatoire et la langue allemande: entre mutisme, utilisation et reappropriation, 2012, online unter: http://books.openedition.org/pufr/11099, (13.4.2023).
ders., Die französische Zwangsarbeit im Reichseinsatz. Working Paper Series A | No. 11, in: Elizabeth Harvey/Kim Christian Priemel (Hrsg.), Working Papers of the Independent Commission of Historians Investigating the History of the Reich Ministry of Labour *(Reichsarbeitsministerium)* in the National Socialist Period, 2017, S. 1–23.
ders., Les STO. Histoire des Français requis en Allemagne nazie 1942–1945, Paris 2019.
Baar von Baarenfels, Eduard, Erinnerungen. 1947 (Typoscript im Kriegsarchiv Wien, Militärische Nachlässe B 120).
Baars, Grietje, Capitalsm's Victor's Justice? The Hidden Stories behind the Prosecution of Industrialists Post-WWII, in: Kevin J. Heller/Gerry Simpson, The Hidden Histories of War Crimes Trials, Oxford 2013, S. 163–192.
Bajohr, Frank, Neuere Täterforschung, Version: 1.0, in: Docupedia-Zeitgeschichte, 18.6.2013, http://docupedia.de/zg/Neuere_Taeterforschung.
Barasz, Johanna, Les „vichysto-résistants": choix d'un sujet, construction d'un objet, online unter: https://books.openedition.org/pur/49015?lang=de (13.4.2023).
Benz, Wolfgang/Distel, Barbara (Hrsg.), Der Ort des Terrors. Geschichte der nationalsozialistischen Konzentrationslager, Bd. 5 (Hinzert, Auschwitz, Neuengamme), München 2007.
Bloch, Marc, Apologie der Geschichte oder Der Beruf des Historikers, München 1985.
Borkin, Joseph, Die unheilige Allianz der I. G. Farben. Eine Interessengemeinschaft im Dritten Reich, Frankfurt am Main/New York 1986.
Chassagneux, Jean (témoignage), STO (Service du travail obligatoire). Auschwitz-Königstein (1943–1945), Village de Forez 2002.

ders., Souvenirs d'un quart de siècle d'un jeune de St.Jean-de-Soleymieux (1922–1948), Cahiers de Village de Forez 2009.

Cüppers, Martin/Matthäus, Jürgen/Angrick, Andrej, Vom Einzelfall zum Gesamtbild. Klaus-Michael Mallmann und die Holocaust-Forschung, in: dies. (Hrsg.), Naziverbrechen. Täter, Taten, Bewältigungsversuche, Darmstadt 2013, S. 7–17.

Deichmann, Hans, Auschwitz, in: 1999. Zeitschrift für Sozialgeschichte des 20. und 21. Jahrhunderts 5 (1990), H. 3, S. 110–116.

ders., Gegenstände. Mit einem neuen Vorwort für die dt. Ausgabe, München 1996.

ders./Hayes, Peter, Standort Auschwitz. Eine Kontroverse über die Entscheidungsgründe für den Bau des I. G. Farben-Werks in Auschwitz, in: 1999. Zeitschrift für Sozialgeschichte des 20. und 21. Jahrhunderts 11 (1996), H. 1, S. 79–101.

Delage, Jean, Espoir de la France. Les chantiers de la jeunesse, Paris 1941.

ders., Grandeurs et servitudes des chantiers de jeunesse. Avec un préface du Général de La Porte du Theil, Paris 1950.

Dirks, Christian, Die Verbrechen der anderen. Auschwitz und der Auschwitz-Prozess der DDR. Das Verfahren gegen den KZ-Arzt Dr. Horst Fischer, Paderborn u. a. 2006.

Dlugoborski, Waclaw/Piper, Franciszek (Hrsg.), Auschwitz 1940–1945. Studien zur Geschichte des Konzentrations- und Vernichtungslagers Auschwitz, Bd. II, Die Häftlinge, Existenzbedingungen, Arbeit und Tod, Oświęcim – Auschwitz 1999.

Eckel, Jan/Moisel, Claudia (Hrsg.), Universalisierung des Holocaust. Erinnerungskultur und Geschichtspolitik in internationaler Perspektive, Göttingen 2009.

Evrard, Jacques, La déportation des travailleurs français dans le III Reich, Paris 1972.

Faron, Olivier, Les chantiers de jeunesse. Avoir 20 ans sous Pétain, Paris 2011.

Finger, Jürgen/Keller, Sven/Wirsching, Andreas (Hrsg.), Vom Recht zur Geschichte. Akten aus NS-Prozessen als Quellen zur Zeitgeschichte, Göttingen 2009.

Frei, Norbert, Vergangenheitspolitik nach 1945. Das Dritte Reich im Bewusstsein der Deutschen, München 2003.

ders., 1945 und wir. Das Dritte Reich im Bewußtsein der Deutschen, München 2005.

ders., Auschwitz und die Deutschen. Geschichte, Geheimnis, Gedächtnis, in: ders., 1945 und wir, München 2005, S. 156 f.

Fulbrook, Mary, Eine kleine Stadt bei Auschwitz. Gewöhnliche Nazis und der Holocaust, Essen 2015.

Garnier, Bernard/Quellien, Jean (Hrsg.), La main-d'œuvre française exploitée par le III Reich. Actes du Colloque de Caen, Caen 2003

Gilbert, Martin, Auschwitz and the Allies, London 1981.

ders., The Question of Bombing Auschwitz, in: Michael R. Marrus, The Nazi Holocaust, vol. 9, The End of the Holocaust, Westport/London 1989, S. 249–305.

Gispert, Marie, „Je pensais que tu étais beaucoup plus grande: Otto Dix et Sylvia von Harden", in: Cahiers du MNAM 118 (2011–2012), S. 3–21, hier S. 9.

Gockel, Michael, Rudolf Lehmann, ein bürgerlicher Historiker und Archivar am Rande der DDR. Tagebücher 1945–1964, Berlin 2018.

Gross, Raphael/Renz, Werner (Hrsg.), Der Frankfurter Auschwitz-Prozess (1963–1965). Kommentierte Quellenedition. 2 Bde., Frankfurt am Main/New York 2013.

Halbmayr, Brigitte, Zeitlebens konsequent: Hermann Langbein (1912–1995). Eine politische Biografie, Wien 2012.

Hamon, Léo, Vivre ses choix. Paris 1991.

Hartmann, Christian (Hrsg.), Hitler. Reden, Schriften, Anordnungen, Bde. III, 2 und 3 (Zwischen den Reichstagswahlen Juli 1928 – September 1930), München 1995.

Hayes, Peter, IG Farben und der IG Farben-Prozeß. Zur Verwicklung eines Großkonzerns in die nationalsozialistischen Verbrechen, in: Auschwitz: Geschichte, Rezeption und Wirkung, hrsg. vom Fritz Bauer Institut, Frankfurt am Main 1996, S. 99–121.

ders., Industry and Ideology. IG Farben in the Nazi Era, Cambridge ²2000.

Heine, Götz-Thomas, Juristische Zeitschriften zur NS-Zeit, in: Peter Salje/Friedrich Dencker (Hrsg.), Recht und Unrecht im Nationalsozialismus, Münster 1985, S. 272–293.

Heller, Kevin John, The Nuremberg Military Tribunals and the Origins of International Criminal Law, Leiden 2011, online unter: https://hdl.handle.net/1887/17757 (13.4.2023).

Henseler, Klaus, Werbung für die Margarine, Cuxhaven 2019.

Herbert, Ulrich, Fremdarbeiter, Politik und Praxis des „Ausländer-Einsatzes" in der Kriegswirtschaft des Dritten Reiches, Berlin/Bonn ²1986.

ders., Arbeit und Vernichtung. Ökonomisches Interesse und Primat der ‚Weltanschauung' im Nationalsozialismus, in: Dan Diner (Hrsg.), Ist der Nationalsozialismus Geschichte? Zu Historisierung und Historikerstreit, Frankfurt am Main 1987, S. 198–236.

ders., Best. Biographische Studien über Radikalismus, Weltanschauung und Vernunft 1903–1989, Bonn 1996.

ders., NS-Eliten in der Bundesrepublik, in: Wilfried Loth/Bernd-A. Rusinek (Hrsg.), Verwandlungspolitik. NS-Eliten in der westdeutschen Nachkriegsgesellschaft, Frankfurt am Main 1998, S. 93–115.

ders., Geschichte der Ausländerpolitik in Deutschland. Saisonarbeiter – Zwangsarbeiter – Gastarbeiter – Flüchtlinge, München 2002.

ders./Orth, Karin/Dieckmann, Christoph (Hrsg.), Die nationalsozialistischen Konzentrationslager, 2 Bde., Frankfurt am Main 2002.

ders., Drei politische Generationen im 20. Jahrhundert, in: Jürgen Reulecke (Hrsg.), Generationalität und Lebensgeschichte im 20. Jahrhundert, München 2003, S. 95–114.

Hervet, Robert, Les chantiers de la jeunesse, Paris 1962.

Hörner, Stefan, Projektion, Rezeption und Realität der I. G. Farbenindustrie AG im Nürnberger Prozess, Inaugural-Dissertation FU Berlin 2010.

ders., Profit oder Moral. Strukturen zwischen I. G. Farbenindustrie und Nationalsozialismus. Bremen 2012.

Huan, Antoine/Chantepie, Frank/Oheix, Jean-René, Les chantiers de la jeunesse, 1940–1944. Une expérience de service civil, Nantes 1998.

Hürter, Johannes/Raithel, Thomas/Oelwein, Reiner (Hrsg), „Im Übrigen hat die Vorsehung das letzte Wort ...". Tagebücher und Briefe von Marta und Egon Oelwein 1938–1945, Göttingen 2021.

Jehn, Alexander/Kirchner, Albrecht/Wurthmann, Nicola (Hrsg.), IG Farben zwischen Schuld und Profit. Abwicklung eines Weltkonzerns, Marburg 2022.

Jones, R. V., The Intelligence War and the Royal Air Force, in: Royal Air Force Historical Society Journal 41 (2008), S. 8–25.

Die Kabinettsprotokolle der Hannoverschen und Niedersächsischen Landesregierung 1946–1951, Teilbd. 1, Hannover 2012, S. 413 (Niederschrift über die 36. Sitzung am 4. Januar 1949).

Kiesel, Helmuth, Ernst Jünger. Die Biographie, Berlin 2007.

Koll, Johannes, Biographik und NS-Forschung, in: Neue Politische Literatur 57 (2012), S. 67–127.

Kramer, Helmut, Schreibtischtäter und ihre vergessenen Opfer. Biographien aus der NS-Zeit und die Probleme institutionalisierter Gedenkkultur, Dähre 2022.

Krouck, Bernard, La mission de Victor Martin à Auschwitz (1943), in: Revue d'Histoire de la Shoah 172 (2011), 2, S. 66–96.

ders., Victor Martin. L'espion d'Auschwitz, Paris 2018.

Krüger, Dieter, Hans Speidel und Ernst Jünger. Freundschaft und Geschichtspolitik im Zeichen der Weltkriege, Paderborn 2016.

Kubica, Helena, Pregnant Women and Children Born in Auschwitz, Oświęcim: Auschwitz-Birkenau State Museum 2010.

Labatut, Philippe, Être jeune en 40. Les chantiers de la jeunesse, une idée originale de Service National, Paris 1985.

Lahusen, Benjamin, „Der Dienstbetrieb ist nicht gestört". Die Deutschen und ihre Justiz 1943–1948, München 2022.

Laborie, Pierre, L'opinion française sous Vichy. Les Français et la crise nationale d'identité, Paris 2001.

Langbein, Hermann, Menschen in Auschwitz, Wien 1972.

La Porte du Theil, Joseph de, Souvenirs, Angoulême 1981.

Leide, Henry, NS-Verbrecher und Staatssicherheit: Die geheime Vergangenheitspolitik der DDR, Göttingen 2007.

Lemmes, Fabian, Arbeiten in Hitlers Europa. Die Organisation Todt in Frankreich und Italien, Köln 2021.

Leßau, Hanne, Entnazifizierungsgeschichten. Die Auseinandersetzung mit der eigenen NS-Vergangenheit in der frühen Nachkriegszeit, Göttingen 2020.

Levi, Primo, Ist das ein Mensch? Ein autobiographischer Bericht, Frankfurt am Main [11]2002.

ders., So war Auschwitz. Zeugnisse 1945–1986, hrsg. von Domenico Scarpa und Fabio Levi. München 2017.

Lindner, Stephan H., Das Urteil im I. G.-Farben-Prozess, in: Kim Christian Priemel/Alexa Stiller (Hrsg.), NMT. Die Nürnberger Militärtribunale zwischen Geschichte, Gerechtigkeit und Rechtschöpfung, Hamburg 2013, S. 405–433.

ders., Aufrüstung – Ausbeutung – Auschwitz. Eine Geschichte des I. G.-Farben-Prozesses, Göttingen 2020.

Martin, Pierre, La mission des chantiers de jeunesse en Allemagne 1943–1945, Paris 2003.

Morat, Daniel, Von der Tat zur Gelassenheit. Konservatives Denken bei Martin Heidegger, Ernst Jünger und Friedrich Georg Jünger, 1920 – 1960, Göttingen 2007.

Müller, Hans-Ehrhard, Helmstedt – die Geschichte einer deutschen Stadt, Helmstedt 1998.

Niessel, A., Les chantiers de la jeunesse, in: Revue des Deux Mondes 66 (1941), S. 470–477.

Orth, Karin, Die Historiographie der Konzentrationslager und die neuere KZ-Forschung, in: Archiv für Sozialgeschichte 47 (2007), S. 579–598.

Pécout, Christophe, Les chantiers de la jeunesse et la revitalisation physique et morale de la jeunesse française (1940–1944), Paris 2007.

ders., Les chantiers de la jeunesse (1940–1944). Une expérience de service civil obligatoire, in: Agora Débats/Jeunessees 47 (2008), S. 24–33.

ders., Les jeunes et la politique de Vichy. Le cas des chantiers de la jeunesse, Histoire@Politique. Politique, culture, société, N°4, janvier-avril 2008.

ders., Pour une autre histoire des chantiers de la jeunesse (1940–1944), in: Vingtième Siècle. Revue d'histoire 116 (2012), S. 97–107.

Pelt, Robert J. van/Dwork, Debórah, Auschwitz. Von 1270 bis heute, Zürich/München 1998.

Plumpe, Gottfried, Die I. G. Farbenindustrie AG – Wirtschaft, Technik und Politik 1904–194, Berlin 1990.

Priemel, Kim Christian, The Betrayal. The Nuremberg Trials and German Divergence, Oxford/New York 2016.

ders./Stiller, Alexa (Hrsg.), NMT. Die Nürnberger Militärtribunale zwischen Geschichte, Gerechtigkeit und Rechtschöpfung, Hamburg 2013.

Rauh, Cornelia/Berghoff, Hartmut, Fritz K. Ein deutsches Leben im 20. Jahrhundert, München 2000.

Roth, Karl Heinz/Schmaltz, Florian, Beiträge zur Geschichte der I. G. Farbenindustrie, der Interessengemeinschaft Auschwitz und des Konzentrationslagers Monowitz, Bremen 2009.

Rousso, Henry, Un château en Allemagne. La France de Pétain en exil. Sigmaringen 1944–1945, Paris 1980.

Rudorff, Andrea (Bearb.), Das KZ Auschwitz 1942–1945 und die Zeit der Todesmärsche 1944/45. Die Verfolgung und Ermordung der europäischen Juden durch das nationalsozialistische Deutschland 1933–1945, Bd. 16, Berlin/Boston 2018.

Rüthers, Bernd/Schmitt, Martin, Die juristische Fachpresse nach der Machtergreifung der Nationalsozialisten, in: JuristenZeitung 43 (1988), S. 369–377.

Salomon, Ernst von, Der Fragebogen, Reinbek 1951.

Sandkühler, Thomas/Schmuhl, Hans Walter: Noch einmal: Die I. G. Farben und Auschwitz, in: Geschichte und Gesellschaft 19 (1992), S. 259–267.

ders., Die Täter des Holocaust. Neuere Überlegungen und Kontroversen, in: Karl-Heinrich Pohl (Hrsg.), Wehrmacht und Vernichtungspolitik. Militär im nationalsozialistischen System, Göttingen 1999, S. 39–65.

Schmaltz, Florian, Die IG Farbenindustrie und der Ausbau des Konzentrationslagers Auschwitz 1941–1942, in: Sozial.Geschichte. Zeitschrift für historische Analyse des 20. und 21. Jahrhunderts 21 (2006), H. 1, S. 33–67.

ders., Das Konzentrationslager Buna/Monowitz, 2009, online unter: http://www.wollheim-memorial.de/files/988/original/pdf_Florian_Schmaltz_Das_Konzentrationslager_BunaMonowitz.pdf (13.4.2023).

ders., Die Totenzahlen des KZ Buna/Monowitz, in: Wollheim-Memorial, 2009, online unter: http://www.wollheim-memorial.de/de/zahlen_der_opfer (13.4.2023).

ders./Roth, Karl Heinz, Neue Dokumente zur Vorgeschichte des I. G. Farben-Werks Auschwitz-Monowitz. Zugleich eine Stellungnahme zur Kontroverse zwischen Hans Deichmann und Peter Hayes, in: 1999. Zeitschrift für Sozialgeschichte des 20. und 21. Jahrhunderts 13 (1998), H. 2, S. 100–116.

Schmitz, Anna-Raphaela, Dienstpraxis und außerdienstlicher Alltag eines KL-Kommandanten: Rudolf Höß in Auschwitz, Berlin 2022

Schulte, Jan-Erik, Zwangsarbeit und Vernichtung: Das Wirtschaftsimperium der SS. Oswald Pohl und das SS-Wirtschafts-Verwaltungshauptamt 1933–1945, Paderborn u. a. 2001.

Schulze, Winfried, Deutsche Geschichtswissenschaft nach 1945, München 1989.

ders., Ego-Dokumente. Annäherung an den Menschen in der Geschichte, Berlin 1996.

Schyga, Peter, Auschwitz und die Nachkriegszeit: Das Beschweigen und die Integration des IG-Farben Funktionärs aus Monowitz H. Schneider in die Stadtgesellschaft Goslars. Eine Veranstaltung von Spurensuche Harzregion e. V. im Anschluss des Gedenkens an die Befreiung des Vernichtungslagers Auschwitz am Mittwoch 29. Januar 2014, Goslar 2014.

ders., Goslar 1945–1953. Hoffnung, Realitäten, Beharrung, Bielefeld 2017.

Seliger, Hubert, Politische Verteidiger? Die Verteidiger der Nürnberger Prozesse, Baden-Baden 2016.

ders., Political Lawyers: The Example of Dr. jur. Alfred Seidl, Defence Attorney at the Nuremberg Trials and Bavarian Interior Minister, in: Magnus Brechtken u. a. (Hrsg.), Political and Transitional Justice in Germany, Poland and the Soviet Union from the 1930s to the 1950s, Göttingen 2019, S. 251–264.

Setkiewicz, Piotr, Häftlingsarbeit im KZ Auschwitz-Monowitz. Die Frage nach der Wirtschaftlichkeit der Arbeit, in: Herbert, Ulrich u. a. (Hrsg.), Die nationalsozialistischen Konzentrationslager, Bd. 2, Göttingen 1998, S. 584–605.

ders., Mortality among the Prisoners in Auschwitz III-Monowitz, in: Pro Memoria. Information Bulletin 26 (2007), S. 61–66.

ders., The Histories of Auschwitz IG Farben Werk Camps 1941–1945, Oświęcim: Auschwitz-Birkenau State Museum 2008.

Spina, Raphaël, La France et les Français devant le service du travail obligatoire (1942–1945). Histoire. École normale supérieure de Cachan – ENS Cachan, 2012, online unter: https://tel.archives-ouvertes.fr/tel-00749560 (13.4.2023).

ders., Histoire du STO, Paris 2017.

ders., Réfractaires et requis du STO. Les exclus du devoir de mémoire, online unter: https://www.cairn.info/revue-defense-nationale-2019-1-page-36.htm (13.4.2023).

Spoerer, Mark, Zwangsarbeit im Dritten Reich, 2008, online unter: www.wollheim-memorial.de (12.4.2023).

Steinbacher, Sybille, „Musterstadt" Auschwitz. Germanisierungspolitik und Judenmord in Ostoberschlesien, München 2000.

dies., Auschwitz. Geschichte und Nachgeschichte, München ^{5}2020.

Stengel, Katharina, Hermann Langbein. Ein Auschwitz-Überlebender in den erinnerungspolitischen Konflikten der Nachkriegszeit, Frankfurt am Main/New York 2012.

dies., Die Überlebenden vor Gericht. Auschwitz-Häftlinge als Zeugen in NS-Prozessen (1950–1976), Göttingen 2022.
Stone, Dan, Histories of the Holocaust, Oxford 2010.
Ueberschär, Gerd R. (Hrsg.), Der Nationalsozialismus vor Gericht. Die alliierten Prozesse gegen Kriegsverbrecher und Soldaten 1943–1952, Frankfurt am Main 1999.
Das Urteil im Nürnberger I. G.-Farben-Prozess, Krefeld 1948.
Vittori, Jean-Pierre, Eux, les S. T. O. Avoir 20 ans sous Pétain, Paris 1982.
Wagner, Bernd C., Gerüchte, Wissen, Verdrängung, in: Frei, Norbert u. a. (Hrsg.), Ausbeutung, Vernichtung, Öffentlichkeit. Neue Studien zur nationalsozialistischen Lagerpolitik, München 2000, S. 231–248.
ders., IG Auschwitz. Zwangsarbeit und Vernichtung von Häftlingen des Lagers Monowitz 1941 – 1945, München 2000.
Wagner, Jens-Christian, Zwangsarbeit in den Konzentrationslagern, in: Helmut Kramer/Karsten Uhl/Jens-Christian Wagner (Hrsg.), Zwangsarbeit im Nationalsozialismus und die Rolle der Justiz. Täterschaft, Nachkriegsprozesse und die Auseinandersetzung um Entschädigungsleistungen, Nordhausen 2007, S. 48–67.
ders., Arbeit und Vernichtung im Nationalsozialismus. Ökonomische Sachzwänge und das ideologische Projekt des Massenmords, in: Einsicht 12 (2014), S. 20–27.
Weinke, Annette, Die Nürnberger Prozesse, München ²2015.
Wickel, Helmut, I.-G. Deutschland. Ein Staat im Staate, Berlin 1932.
Wiesen, S. Jonathan, West German Industry and the Challenge of the Nazi Past: 1945–1955, Chapel Hill 2001.
ders., Die Verteidigung der deutschen Wirtschaft: Nürnberg, das Industriebüro und die Herausbildung des Neuen Industriellen, in: Kim C. Priemel/Alexa Stiller (Hrsg.), NMT. Die Nürnberger Militärtribunale zwischen Geschichte, Gerechtigkeit und Rechtschöpfung, Hamburg 2013, S. 630–652.
Wieviorka, Olivier, Une certaine ideé de la Résistance. Défense de la France 1940–1949, Paris 1995.
ders., The French Resistance, Cambridge, Mass./London 2016.
Wildt, Michael, Generation des Unbedingten. Das Führungskorps des Reichssicherheitshauptamtes, Hamburg 2003.
ders., Das zerborstene Zeitalter. Deutsche Geschichte 1918 bis 1945, München 2022.
White, Joseph Robert, „Even in Auschwitz ... Humanity Could Prevail". British POWs and Jewish Concentration-Camp Inmates at IG Auschwitz, 1943–1945, in: Holocaust and Genocide Studies 15 (2001), H. 2, S. 266–295.
ders., Target Auschwitz: Historical and Theoretical German Responses to Allied Attack, in: Holocaust and Genocide Studies 16 (2002), H. 1, S. 54–76.
Wohl, Tibor, Arbeit macht tot. Eine Jugend in Auschwitz, Frankfurt am Main 1990.
Wojak, Irmtrud, Fritz Bauer 1903–1968. Eine Biographie, München 2008.
Zielinski, Bernd, Staatskollaboration, Vichy und der Arbeitskräfteeinsatz im „Dritten Reich", Münster 1995.
Zuppi, Alberto, Slave Labor in Nuremberg's I. G. Farben Case: The Lonely Voice of Paul M. Hebert, in: Louisiana Law Review 66 (2006), S. 495–526.

Personenregister

Adenauer, Konrad 114
Ambros, Otto 26, 29, 80, 82, 91
Anette, Raymond-Jean 60
Appelt, Gerhard 59
Arendt, Hannah 127
Arnaud, Patrice 42, 46, 54
Azéma, Jean-Pierre 59

Baar von Baarenfels, Eduard 33–35, 52, 88 f., 103, 123, 135
Baudelle, Richard 107
Bauer, Fritz 96, 102 f.
Baumgarten, Eduard 125
Belle, Lucien 70, 72
Bloch, Marc 4
Bloy, Léon 125
Brandl, Johann 51
Brauns, Werner 8–10, 13, 115, 122, 130, 134
Braus, Karl 38, 89
Bruns, Conrad 100
Brüstle, Rudolf 87
Burckhardt, Jacob 125
Bütefisch, Heinrich 23, 29, 113

Chassagneux, Jean 46, 54 f., 67, 69, 72
Cottin, René 49 f., 53, 58

Darré, Walter 115
d'Aubert de Peyrelongue, Joseph 57
Déat, Marcel 52 f., 58
Deichmann, Hans 15, 32, 35–37, 61 f., 103, 106, 137 f., 141
Delage, Jean 57, 107 f.
Déplaisant, Georges Jacques (Pseudonym für Helmut Schneider) 3, 74, 115, 122, 124, 130
Des Coudres, Hans Peter 125 f.
Devaux, René 50, 70, 110
Dirks, Walter 125
Dix, Rudolf 87
Downer-Kingston, Denis 112
DuBois, Josiah E. 81
Dürrfeld, Walter 15 f., 21, 24, 26, 28, 32–34, 38 f., 41 f., 51, 60, 62–64, 69, 71 f., 77–79, 81–84, 86–92, 103, 113 f., 117, 119, 137–139, 141

Elbau, Alfred H. 81, 87, 90
Evrard, Jacques 48

Faron, Olivier 46, 56
Faust, Max 26, 28, 31, 40, 87 f., 135 f., 140
Flake, Otto 125
Freund, Julien 125
Fricke, Otto 75, 94
Frommfeld, Walter 28, 30
Fulbrook, Mary 4
Furioux, Paul 49, 56

Goebbels, Joseph 27
Göring, Hermann 23 f., 82
Grillo, Christiane 2, 13, 21, 61, 73, 91, 105, 108, 112 f., 116, 128, 140
Grillo, Lorle 72
Grimme, Adolf 125
Gruhn, Walter 87
Grünlich *siehe* Brauns, Werner

Haack, Hanns-Erich 125
Haacke, Wilmont 122
Hackenschmidt 87
Häfele, Karl-Heinz 87
Hagemann, Walter 122
Halle, Benvenuto von 81, 86 f., 89–91, 140
Hamon, Léo 59
Handloser, Willi 32, 98, 107
Hardekopf, Ferdinand 86
Harden, Sylvia von 86
Häseler, Karl 87
Haußleiter, August 135
Hayes, Peter 24
Hebert, Paul M. 85, 91
Heidegger, Martin 129
Heimpel, Hermann 125
Heitmeier 116
Held, Richard 7
Helfferich, Karl 15
Heller, Wolfgang 15
Helwert, Georg 21
Herbert, Ulrich 10, 110
Hervet, Robert 108
Heuss, Theodor 129, 132
Heydrich, Georg 90, 140

Heyer, Kurt 99, 102
Himmler, Heinrich 23 f., 27, 114
Hinxman, Colonel 112
Hisard, Gérard 56
Hitler, Adolf 5, 7, 9, 11 f., 18, 50, 89, 112, 133, 139
Höbel, Hermann 17
Hörstel, Walter 74, 115, 129
Höß, Rudolf 19, 24, 41

Jäger, Rudolf 101
Jastrzembski, Theophiel 38
Jünger, Ernst 3, 34, 76 f., 115–117, 119–122, 124–132, 135 f., 139
Jünger, Friedrich Georg 130
Jünger, Gretha 126 f.
Jünger, Lieselotte 126, 128

Kerangal, Charles de 49
Kielmannsegg, Johann Adolf von 125
Klett, Ernst 129–131, 135
Kogon, Eugen 125
Kracauer, Siegfried 125
Kramer, Helmut 5
Krause, Gerd 8
Krause, Karl 8, 115 f.
Kubel, Alfred 113, 125
Kühnel, Familie 133
Kunkel, Wolfgang 8

Lacourt, Max 46, 67, 69, 72, 107 f., 110
Lafort, Pierre 71 f.
Lampe, Adolf 15
Langbein, Herrmann 1, 90, 93, 140 f.
Lanz, Sabine 2, 13 f., 19, 21, 39, 61, 73, 91, 105, 108, 112, 116, 128
La Porte du Theil, Paul Marie Joseph de 33, 42, 48 f., 58 f., 65, 108
Laxague, André 5, 61, 96, 105, 108 f., 118
Le Bon, Gustave 125
Leibholz, Gerhard 8
Levi, Primo 38
Lindemann, Fritz 115, 127
Lingham, Brigadegeneral 98
Litt, Theodor 129
Lotz, Walther 15
Lübke, Heinrich 114

Mann, Heinrich 125
Mann, Thomas 125

Martin, Victor 56
Martos, Andreas 9, 116
Marx, Karl 113, 125
Max, Prinz von Baden 125
McCloy, John J. 78, 91
Meer, Fritz ter 23
Meyer, Ernst 115
Minskoff, Emanuel E. 81, 85–87, 90
Mohler, Armin 125, 128
Moltke, Helmuth James von 35
Monet, Claude 7
Morat, Daniel 130
Morris, James 91
Müller, R. W. 87
Murr, Gustav 81
Musil, Robert 125, 135

Nietzsche, Friedrich 125
Nogueres, Henri 45

Oelker, Otto 11 f.
Ortega y Gasset, José 125

Paul, Jürgen 76, 121
Pétain, Philippe 43 f., 53, 106, 109
Pfaffendorf, Hermann 115, 117, 127
Pfister, Elisabeth 9 f.
Pfister, Fritz 9 f.
Pomès-Barrère, Edouard 57

Remmele, Josef 35
Richter, Edeltraut 97–99
Röhm, Ernst 9
Rospatt, Heinrich von 36, 61 f., 104
Roßbach, Martin 21, 28 f., 32–35, 69 f., 72, 87–89, 92 f., 99, 136, 140 f.
Roth, Karl Heinz 22, 35 f.
Rousso, Henry 45, 59
Rübesamen 100

Salomon, Ernst von 77, 119, 126
Santo, Camill 26
Sauckel, Fritz 43
Sauerteig, Max 33, 97–99, 101
Schmaltz, Florian 22
Schneider, Barbara, geb. Pfister 5, 9–11, 19, 38, 72 f., 75, 90 f., 100, 111–113, 116, 119, 121, 124, 134, 138
Schneider, Katharina, geb. Assmus 7

Schneider, Otto Hermann 7, 10
Schnitzler, Georg von 23
Schopenhauer, Arthur 121, 125
Schöttl, Vinzenz 34
Schulze, Ernst 75
Schürch, Ernst 125
Schwarz, Hans 125 f.
Schyga, Peter 5 f., 72, 74 f., 116
Seidl, Alfred 81 f., 84, 86 f., 90, 119
Shake, Curtis Grover 86 f., 101
Shaw, George B. 125
Smith, Major 102
Soudidier, Pierre 70
Speidel, Hans 77, 125, 129 f.
Spengler, Oswald 121
Spina, Raphaël 43, 46, 48, 59
Stauffenberg, Hans-Christoph von 135
Steinbacher, Sybille 20
Sylla, Gerhard 33, 88

Taylor, Telford 78, 80
Thierack, Otto Georg 27
Thiess, Frank 125, 135
Titus 32
Toupet, Georges Jacques 21, 32 f., 44–72, 89 f., 96–98, 105–110, 120, 122, 124, 130, 134, 138, 141
Toupet, Janine 108

Villermin, Marie-Louise de 71

Wagner, Bernd C. 24
Wagner, Jens-Christian 27
Wandschneider, Rudolf 73, 75, 112
Weber, Adolf 15
Welchert, Hans-Henning 116
Werner, Heinrich 17 f., 103
Weyrauch, Wolfgang 122 f.
Wilcke, Gerhard 99
Wildt, Michael 4
Wipper, Rudolf 14
Wittig, Georg 51
Wohl, Tibor 38

www.ingramcontent.com/pod-product-compliance
Lightning Source LLC
Chambersburg PA
CBHW082040230426
43670CB00016B/2722